人脸特征表达与识别

狄　岚　梁久祯　著

科　学　出　版　社

北　京

内 容 简 介

本书介绍近年来人脸识别领域的关键技术，如特征提取、表示，机器学习以及模式识别方法，重点介绍人脸特征的光照预处理、图像粒表示与流形学习、稀疏表示与字典学习、姿态表情识别、2D 矫正与人脸识别以及深度学习人脸识别等内容。

本书适合作为人工智能、模式识别等相关专业的研究生、高年级本科生的参考教材，也可供相关方向的科研工作者阅读参考。

图书在版编目 (CIP) 数据

人脸特征表达与识别 / 狄岚，梁久祯著. —北京：科学出版社，2019.7
ISBN 978-7-03-061784-2

Ⅰ.①人… Ⅱ.①狄… ②梁… Ⅲ.①面－图象识别－研究
Ⅳ.①TP391.413

中国版本图书馆 CIP 数据核字（2019）第 129789 号

责任编辑：任　静 / 责任校对：王　瑞
责任印制：吴兆东 / 封面设计：迷底书装

科学出版社 出版
北京东黄城根北街 16 号
邮政编码：100717
http://www.sciencep.com
北京厚诚则铭印刷科技有限公司 印刷
科学出版社发行　各地新华书店经销
*
2019 年 7 月第 一 版　开本：720×1000　1/16
2022 年 11 月第五次印刷　印张：16 1/2
字数：329 000
定价：149.00 元
（如有印装质量问题，我社负责调换）

前　　言

　　人脸识别作为人工智能与模式识别领域一个经典的研究课题,几十年来已经积累了丰富的研究成果。近年来,随着人工智能时代的到来,一些新技术为该课题提供了绝好的机遇。特别是深度学习的推动,使得图像识别技术取得前所未有的进展。在正常情况下,人脸识别对机器而言已经不再是问题。在某些领域,动态人脸跟踪、人脸识别技术非常成功,并被应用于影视制作、刑事侦查、门禁系统等。但是,这并不意味着人脸识别技术已经非常成熟,不再有任何问题。人脸识别技术作为一种普遍被人们熟知但又颇具挑战性的课题,还存在许多需要解决的问题,如光照影响、噪声干扰、故意遮挡、姿态表情变化等。这些问题往往对人脸识别的准确性影响较大,在一定的条件下会颠覆原有的方法和效果。

　　作者所在的江南大学机器感知实验室于 2008 年组建机器视觉课题组,开展人脸识别课题的研究。经过 10 余年的工作积累,在人脸特征提取、表达、光照预处理、姿态表情识别、流形学习、稀疏表示、增强学习和深度学习等方面,取得了一些研究成果。本书为这些成果的总结,较为系统地介绍了人脸特征表达与识别方法。

　　本书共分为 9 章:第 1 章为绪论,第 2 章为人脸特征表示,第 3 章为光照预处理与自适应特征提取,第 4 章为流形学习与图像粒计算方法,第 5 章为小波变换与特征提取,第 6 章为稀疏表示与字典学习,第 7 章为特征筛选与人脸表情识别,第 8 章为人脸特征点检测与 2D 矫正,第 9 章为人脸特征检测与深度学习。

　　本书凝聚了课题组成员的研究成果和努力,他们是赵冬娟、王美、吕思思、徐秀秀、李文静、周宇旋、许洁、徐昕、王少华、于晓瞳、刘海涛等。本书的出版得到江南大学学术专著出版基金、常州大学计算机科学与技术重点学科建设基金、江苏省六大人才基金等项目的支持,在此表示感谢!

　　由于作者水平有限,书中疏漏之处在所难免,恳请读者批评指正。

作　者

2018 年 10 月 8 日

目　　录

第1章 绪 论

1.1 人脸识别的目的和意义

生物特征识别技术是指利用人们的身体特征来识别个体身份的技术。生物特征是人的内在属性，具有很强的稳定性和个体差异性。人的生物特征主要包括面孔、声音、指纹、掌纹、虹膜等，目前的识别方法主要是基于这些生物特征展开的。生物特征通常具有以下特点。

（1）普遍性，生物特征必须为人人都有的特征，如手、声音、指纹等；

（2）唯一性，生物特征必须独一无二，如指纹，人人都有但各不相同；

（3）稳定性，生物特征不会随着时间及环境的变化发生根本的变化，如人脸，随着年龄的变化虽然会发生一些细微变化，但基本的轮廓特征不会发生改变；

（4）可采集性，生物特征应能在特定场景下方便地采集；

（5）不可复制性，生物特征应不能被简单地复制，只有这样才可以防止识别系统被欺骗；

（6）非侵犯性，指识别被检测的生物特征时，不应该对被检测人的人身造成侵犯；

（7）市场价值，指在检测与识别生物特征的整个过程中所产生的效益以及费用等，不具备市场价值的识别手段很难得到有效的推广。

相对于其他生物特征识别技术，人脸识别具有以下明显的优势：首先，人脸是由不同的器官以及皮肤组成的，每个人脸的器官和皮肤的形状都有差异性，因此人脸的差异性也比较大，可以保证生物特征识别的精度；其次，人脸识别的过程是可以远距离非接触进行的，整个数据采集过程非常简单并具有良好的可接受性，同时人脸识别可以隐蔽进行，具有较好的安全性；最后，由于人脸的特征非常明显，所以对数据采集设备及分析设备的精度要求不是很高，这使得人脸识别技术可以进行有效的推广，人脸特征具有自然性、方便性和非接触性等优点，使其在安全监控、身份验证、人机交互等方面具有巨大的应用前景。人脸除了在个体识别方面扮演重要角色，在传递感情等方面也起着重要作用。它蕴含了如身份、性别、人种、表情等大量信息，很多研究机构开展了这些方面的研究，如性别识别，其在身份认证、人机接口、视频检索以及机器视觉等方面存在潜在的应用价值。

虽然人脸识别技术的研究已经取得了一些可喜的成果，但是大部分需要在某些严格可控的环境下应用。因此在基于人脸识别的实际应用中仍存在以下问题。

（1）训练数据有限。人脸识别是典型的大类别小样本问题。在实际应用中，仅仅能够获取非常有限并且有效的人脸训练样本，但一些经典和传统的人脸识别方法，如机器学习的方法，甚至是最新的稀疏表示分类方法，一般都需要非常多的训练样本。

（2）遮挡问题。非配合环境下人脸识别的难度较大，遮挡是其中一个非常严重的问题。在监控环境下，被监控对象往往都会戴着眼镜、帽子等饰物，采集到的人脸图像可能不完整，从而影响接下来的特征提取与识别工作。如果遮挡严重，甚至有可能直接导致人脸检测算法失效。因此，研究如何有效地去除遮挡物的影响是一个非常有意义的课题。

（3）姿态变化。姿态问题是目前人脸识别研究面临的另一个技术难点。当人脸姿态（即人脸相对于摄像机的视角）发生变化时，由于投影形变而引起脸部不同部位的拉伸和压缩，以及脸部不同部位的遮挡，二维人脸图像发生很大的变化。这些变化会极大地影响人脸图像的表观，从而使得识别性能变得不稳定。

（4）表情变化。人脸具有非刚性的三维形状，表情的变化会引起人脸几何形状以及脸部特征的变化，从而造成投影的二维人脸图像发生变化，进而导致人脸识别系统性能下降。

（5）复杂的光照变化。光照问题是人脸识别中的一个难点。光照环境的变化会引起人脸表面对光的反射情况发生变化，从而使得二维人脸图像的纹理发生变化。此外由于人脸的三维形状是非凸的，不同的光照环境在二维人脸图像上会产生不同的阴影，人脸图像中部分特征消失。光照变化会引起识别算法的性能急剧下降，根据 FERET（face recognition technology）测试和 FRVT（face recognition vendor test）测试的结果，在室外多变光照环境下，即使当前最好的人脸识别系统，其识别率也会明显下降。因此，解决光照变化对于人脸识别算法的影响是一项十分必要的工作。

1.2　人脸识别的研究现状

1.2.1　国际研究动态

人脸识别大致可以分为三个阶段：第一阶段是起步阶段，该阶段主要着重于研究人脸的面部特征，其基本思想是从人脸的几何特征中提取部分特征参数用于人脸识别，该类方法只计算人脸的形状与结构而忽略人脸的细节，识别率不高，稳定性差；第二阶段是快速发展阶段，在该阶段主要是将人脸看成一个像素矩阵，在不破坏人脸结构的前提下，将人脸投影到一个低维子空间内，降低了计算的复杂度，提高了系统的识别率，其中 Fisher 脸和 Eigenface 是该阶段最具有代表性的研究成果；第三阶段是全面展开阶段，在该阶段，神经网络技术、支持向量机（support vector machine，SVM）、深度学习等新技术纷纷被引入人脸识别中。

近 20 年来，作为机器学习领域非常有意义的工作之一，人脸识别算法被广泛研究。其中将人脸图片视为二维矩阵的思想取得了可观的成果。由于人脸图像的维数比较高，需要将原始的高维数据投影到低维空间中。常用的降维方法包括线性的方法，如主成分分析（principal component analysis，PCA）[1]、线性判别分析（linear discriminant analysis，LDA）[2]以及其他流行的方法如局部线性嵌入（locally linear embedding，LLE）[3]、局部保持投影（locality preserving projections，LPP）[4]、邻域保持嵌入（neighborhood preserving embedding，NPE）[5]等。

近年来，压缩感知理论被广泛研究，很多学者提出了相关的快速求解算法，使得基于稀疏表示的图像分类算法也随之兴起。稀疏表示的理论在图像处理的很多领域，如图像去噪和压缩、图像超分辨率重建[6]、子空间聚类、行为识别[7-10]等领域都得到了应用，并取得了很好的成果。相应地，人脸识别是图像处理领域中一个极其典型的问题，在稀疏表示理论被广泛应用的今天，Wright 等[11]借鉴了子空间理论，成功地利用稀疏表示的思想进行人脸图像分类，提出了著名的基于稀疏表达的分类（sparse representation-based classifier，SRC）算法，其实验结果表明该方法对光照、遮挡等具有很好的鲁棒性。

国外在人脸识别方面的研究比较广泛，如美国得克萨斯大学达拉斯分校的 O'Toole 等[12]，他们主要从感知和心理学角度探索人类感知人脸的规律，如人脸识别与性别识别、漫画效应的关系；还有斯特灵大学的 Bruce 教授和格拉斯哥大学的 Burton 教授合作领导的小组，主要研究人类大脑在人脸认知过程中的作用，并以此建立了人脸认知的两大功能模型[13]；同时他们还研究了熟悉和陌生的人脸的识别规律以及图像序列的人脸识别规律。英国阿伯丁大学的 Craw 小组，主要从视觉机理角度研究人脸视觉表征方法，对空间频率在人脸识别中的作用进行了深入分析[1, 14]；荷兰格罗宁根大学的 Prtkov 小组，通过研究人类视觉系统的神经生理学机理发展了并行模式识别方法[15]。

在用静态图像或视频图像进行人脸识别的领域中，国际上形成了以下几类人脸识别方法：①基于几何特征的人脸识别方法，采用改进的积分投影法提取出用欧氏距离表征的 35 维人脸特征矢量，用于模式分类；②基于模板匹配的人脸识别方法，采用弹性模板来提取眼睛和嘴巴的轮廓；③基于 K-L 变换的特征脸方法，如 Fisher 脸方法等；④隐马尔可夫模型方法；⑤神经网络识别方法；⑥基于动态链接结构的弹性图匹配方法；⑦利用运动和颜色信息对图像序列进行人脸识别的方法等。

1.2.2　国内研究现状

国内在人脸识别领域的研究起步较晚。近年来，国内很多高校和研究机构，如中国科学院计算技术研究所和自动化研究所、清华大学、哈尔滨工业大学、浙江大学、南京理工大学、四川大学、吉林大学等，投入了人脸识别相关工作的研究，并取得了很大进展，理论水平逐步与国际先进水平接轨。国内的研究工作主要集中在三大类方法的研究：基于几何特征的人脸正面自动识别方法、基于代数特征的人脸正面自动识别方法和基于连接机制的人脸正面自动识别方法。

北京科技大学的王志良教授主要研究人工心理，建立了以数学公式为基础的心理学模型。周激流设计了具有反馈机制的人脸正面识别系统，运用积分投影法提取面部特征的关键点并用于识别，获得了比较满意的效果。他同时尝试了"稳定视点"特征提取方法，为使识别系统中包含 3D 信息，他对人脸侧面剪影识别做了一定的研究，并设计了正、侧面互相参照的识别系统。彭辉、张长水等对特征脸的方法做了进一步的研究，提出采用类间散布矩阵作为产生矩阵，进一步降低了产生矩阵的维数，在保持识别率的情况下，大大降低了运算量。程永清、庄永明等对同类图像的平均灰度图进行奇异值分解（singular value decomposition，SVD）得到特征脸空间，将每一幅图像在特征脸空间上的投影作为其代数特征，然后利用层次判别进行分类。张辉、周洪祥、何振亚采用对称主元分析神经网络，用去冗余和权值正交相结合的方法对人脸进行特征提取与识别。该方法所用特征数据量小，特征提取运算量也较小，比较好地实现了大量人脸样本的存储和人脸的快速识别。周志华等提出将神经网络集成应用于多视角人脸识别，通过多视角特征分析获得人脸特征，识别率从单一神经网络能达到的 75.625%提升到了 97%。荆晓远等提出了基于相关性和有效互补性分析的多分类器组合方法，对人脸图像做正交小波变换，得到其在不同频带上的 4 个子图像，然后分别提取奇异值特征。山世光等提出了基于纹理特征分布和变形模型的脸部特征提取方法，解决了可变形模板对参数初始值依赖性强和计算时间长的问题。

2002 年 11 月 26 日，由中国科学院计算技术研究所等单位承担的国家 863 计划之一的面像检测与识别核心技术通过专家鉴定。该系统只需 0.1s 或 0.05s 即可自动检测到人脸，在一般的 PC 上完成身份识别约需 1s。具有自主知识产权的清华大学人脸综合识别系统，目前已全面进入应用推广阶段。这一项目是国家"十五"重点科技攻关项目，由清华大学电子工程系苏光大教授主持研制。目前，这个系统通过了由公安部主持的专家鉴定。鉴定委员会认为，这项技术处于国内领先水平和国际先进水平。清华大学人脸综合识别系统的研制成功，标志着我国具有设计大型人脸识别系统和单机多路活动人脸并行检测与识别的能力，也标志着我国在人脸识别理论与方法上取得了重大的突破。人脸图像由于年龄、姿态、表情、光照等因素而具有一人千面的特点，因此，人脸识别技术具有极大的挑战性。清华大学人脸综合识别系统将人脸识别技术、网络数据库技术、计算机并行处理技术、人像组合技术、模糊图像复原技术、视频图像采集与处理的硬件技术等综合集成为一个高效运行的实用人脸识别系统。该系统建有 256 万张人脸图像的人脸识别数据库，识别速度已达到每秒 256 万张。清华大学人脸综合识别系统具有几个有应用价值的特点：可以进行无线的人脸识别，可用手机拍摄人脸图像，通过无线传输，发送到人脸识别系统进行人脸识别，并把识别结果发回手机，有助于公安部门移动办案；具有文档资料和人脸图像混合的识别查询功能，大大提高了查找犯罪嫌疑人的准确率；有组合人像和模糊人像的识别查询功能，从而更大地拓展了人脸识别技术的应用范围；具有眼镜摘除的人脸识别功能，从而解决了眼镜识别的难题；可以进行行进中的活动人脸识别，解决了监视人脸识别的难题。据了解，这项技术具有自主知识产权，其核心技术具有多项发明专利。清华大学人脸综合识别系统一经推出，即发挥出实际效用。

1.3　人脸识别的研究内容

1.3.1　经典的工作

传统的人脸识别技术主要是基于可见光图像的人脸识别，这也是人们熟悉的识别方式，已有 30 多年的研发历史。但这种方式有着难以弥补的缺陷，尤其在环境光照发生变化时，识别效果会急剧下降，无法满足实际系统的需要。解决光照问题的方案有三维图像人脸识别和热成像人脸识别。但这两种技术还远不成熟，识别效果不尽如人意。

迅速发展起来的一种解决方案是基于主动近红外图像的多光源人脸识别技术。它可以克服光线变化的影响，已经取得了卓越的识别性能，在精度、稳定性和速度方面的整体系统性能超过三维图像人脸识别。这项技术在近两三年发展迅速，使人脸识别技术逐渐走向实用化。

人脸与人体的其他生物特征（指纹、虹膜等）一样与生俱来，它的唯一性和不易被复制的良好特性为身份鉴别提供了必要的前提，与其他类型的生物识别比较，人脸识别具有如下特点。

（1）非强制性。用户不需要专门配合人脸采集设备，几乎可以在无意识的状态下获取人脸图像，这样的取样方式没有"强制性"。

（2）非接触性。用户不需要和设备直接接触就能获取人脸图像。

（3）并发性。在实际应用场景下可以进行多个人脸的分拣、判断及识别。

除此之外，还具有视觉特性、"以貌识人"的特性，以及操作简单、结果直观、隐蔽性好等特点。

1.3.2 最新的动向

自从深度学习出现以来，人脸识别得到快速的发展，特别是在 R-CNN 系列（R-CNN[16]、Fast R-CNN[17]、Faster-RCNN[18]、Mask R-CNN[19]）横空出世之后，卷积神经网络（convolutional neural network，CNN）迅速占领了对象检测领域，它与传统的对象特征提取方式的不同之处在于 CNN 提取的特征是由神经网络针对识别任务自己设计的，整个流程完全脱离人类控制。由于 CNN 在计算机视觉任务中的高性能，近些年涌现出了一系列基于 CNN 的人脸检测方法。随着人工智能时代的到来，当前计算机视觉技术甚至已在一定程度上超过人类，计算机视觉和智能无人设备正快速普及。作为人工智能的典型应用，人脸识别有望成为人和智能的连接入口。

在"2017 人工智能·计算机视觉产业创新大会"上，科学技术部原副部长刘燕华指出，人与智能机器互动的时代正在到来，从人脸识别领域切入，平台机制将发挥巨大作用。智能机器不断向人类学习，会给人们的生活和工作带来更多便利，使人的认知能力更加深入和精准，人可以借助智能技术对知识加工与整合。

在人工智能列入 2017 年《政府工作报告》之前，我国已对人工智能相关产学研用作了规划、试点。赛迪顾问股份有限公司的人工智能产业高级分析师向阳介绍，在国家层面和行业企业联合、软件集成与智能硬件齐头并进的背景下，中国人工智能市场增长将快于全球其他国家和地区。

在人工智能应用中，计算机视觉和智能无人设备正快速普及。北京大学信息科学技术学院智能科学系教授徐超认为，在很多专业的图像领域，计算机视觉识别已达到其至部分超过人类的识别水准，如字符识别、二维码识别、指纹识别、人脸识别等。在识别效率方面，计算机远远超过了人类。

人脸识别在一些行业已经有所应用，如公安领域的出入境边检、刑侦等，交通领域的机场、火车站、汽车站等场景，教育行业的人脸考勤、宿舍出入管理、幼儿园接送等。显然，随着人工智能的进一步发展，人脸识别作为人和智能的连接入口有着巨大的潜力。

1.4 本书的主要目的和内容安排

1.4.1 主要目的

全书内容汇总了自 2008 年江南大学机器感知实验室成立以来人脸识别方面的研究成果[20-46]，我们将人脸识别的最近发展和研究成果通过文献的方式整理出来，以方便后续工作的开展，并为读者提供参考。另外，本书也展现了人脸识别研究的 10 年的发展历程和主要研究动向以及其中存在的问题。其中很多问题还没有得到很好的解决，有些问题值得进行深入的研究。

1.4.2 内容安排

第 1 章绪论部分讲述人脸识别的目的和意义、主要研究内容、国内外研究现状以及本书的构成。

第 2 章介绍经典的人脸特征提取方法，如 PCA、LDA、最大间距准则、二维主成分分析（2DPCA）、二维线性判别分析（2DLDA）、双向主成分分析、类增广 PCA、自适应类增广 PCA、融合小波变换和自适应类增广 PCA、二维类增广 PCA 等。

第 3 章介绍光照预处理与自适应特征提取，主要包括基于小波变换的预处理、自商图像、Retinex 方法、各向异性光滑处理、同态滤波、局部对比增强、基于 Curvelet 的特征提取、Curvelet 变换、离散 Curvelet 变换的实现方法、自适应特征的提取、候选特征的表示、鉴别能力分析与特征选择、非参数子空间分析（nonparametric subspace analysis，NSA）、二维 PCA 非参数子空间分析 2DPCA＋2DNSA 等。

第 4 章讲授流形学习与图像粒计算方法，内容包括等距映射 Isomap、LLE、拉普拉斯特征映射（Laplacian eigenmaps，LE）、LPP、流形学习算法分析、粒计算、粒计算的基本组成、粒计算的基本问题、粒计算的应用研究、图像粒、基于图像粒的图像处理、人脸图像低维嵌入、基于图像粒的 LLE、加权预处理的图像粒 LLE、基于图像粒 LPP 的人脸姿态和表情分析。

第 5 章给出常用的小波变换与特征提取方法，主要研究二维小波变换、基于小波和流形学习的人脸姿态表情分析、图像特征信息粒、基于小波分解的流形算、Gabor 小波特征提取、Gabor 小波介绍、Gabor 特征表示、基于 Gabor 小波的 S2DNPE（Gabor supervised 2-D neighborhood preserving embedding，GS2DNPE）算法、有监督的二维近邻保持嵌入（supervised 2-D neighborhood preserving embedding，

S2DNPE）、GS2DNPE 的算法流程、基于 Gabor 小波的 SB2DLPP（Gabor supervised bidirectional 2-D locality preserving projections，GSB2DLPP）算法、双向二维局部保持投影（bidirectional 2-D locality preserving projections，B2DLPP）、有监督的双向二维局部保持投影（supervised bidirectional 2-D locality preserving projections，SB2DLPP）算法、双向二维近邻保持嵌入（bidirectional 2-D neighborhood preserving embedding，B2DNPE）算法、双向二维近邻保持判别嵌入（bidirectional 2-D neighborhood preserving discriminant embedding，B2DNPDE）算法等。

第 6 章叙述稀疏表示与字典学习，包括稀疏表示的模型和求解算法、协同表示理论、字典学习、类别字典学习、类别字典优化、共享字典学习、共享字典和类别特色字典结合的分类方法、类内变化字典学习、类内变化字典优化、分类策略。

第 7 章研究特征筛选与人脸表情识别，介绍几种高效的特征筛选方法：局部二值模式（local binary patten，LBP）、完全局部二值模式（completely LBP，CLBP）、有判别力的完全局部二值模式（DisCLBP）、基于 Fisher 准则改进的 DisCLBP 特征筛选算法，以及基于 DisCLBP 的人脸表情识别、特征块初始化、初次筛选特征块、再次筛选特征块并分类。

第 8 章介绍目前正在研究的人脸 2D 矫正算法，主要内容包括牛顿法、从牛顿法推导 SDM（supervised descent method）、人脸特征点检测 SDM、Delaunay 三角剖分介绍、Delaunay 三角剖分算法、基于 MeshWarp 的人脸矫正。

第 9 章简单介绍人脸识别深度学习方法，主要内容包括背投影、特征检测和描述、R-CNN 系列、BoVW、DeepFace、基于 MT-CNN 和 FaceNet 的算法。

参 考 文 献

[1]　Turk M，Pentland A. Eigenfaces for recognition. Journal of Cognitive Neuroscience，1991，3（1）：71-86.

[2]　Belhumeur P N，Hespanha J P，Kiregman D J. Eigenface vs. Fisherfaces：Recognition using class specific linear projection. IEEE Transactions on Pattern Analysis and Machine Intelligence，1997，19（7）：711-720.

[3]　Roweis S T，Saul L K. Nonlinear dimensionality reduction by locally linear embedding. Science，2000，290（5500）：2323-2326.

[4]　He X. Locality preserving projections. Advances in Neural Information Processing Systems，2003，16（1）：186-197.

[5]　He X，Cai D，Yan S，et al. Neighborhood preserving embedding. Proceedings of the Tenth IEEE International Conference on Computer Vision，2005：1208-1213.

[6]　Elad M，Aharon M. Image denoising via sparse and redundant representations over learned dictionaries. IEEE Transactions on Image Processing，2006，15（12）：3736-3745.

[7]　Guha T，Ward R K. Learning sparse representations for human action recognition. IEEE Transactions on Pattern Analysis and Machine Intelligence，2012，34（8）：1576-1588.

[8]　Mairal J，Bach F，Ponce J. Task-driven dictionary learning. IEEE Transactions on Pattern Analysis and Machine

Intelligence，2012，34（4）：791-804.

[9] Qiu Q，Jiang Z，Chellappa R. Sparse dictionary-based representation and recognition of action attributes. IEEE International Conference on Computer Vision，2011：707-714.

[10] Cai S，Zuo W，Zhang L，et al. Support vector guided dictionary learning//Computer Vision-ECCV. Zurich：Springer International Publishing，2014：624-639.

[11] Wright J，Yang A Y，Ganesh A，et al. Robust face recognition via sparse representation. IEEE Transactions on Pattern Analysis and Machine Intelligence，2009，31（2）：210-227.

[12] O'Toole A J，Abdi H，Jiang F，et al. Fusing face-verification algorithms and humans. IEEE Transactions on Systems Man & Cybernetics Part B，2007，37（5）：1149-1155.

[13] Samal A，Iyengar P A. Automatic recognition and analysis of human faces and facial expressions：A survey. Pattern Recognition，1992，25（1）：65-77.

[14] Bartlett M S，Movellan J R，Sejnowski T J. Face recognition by independent component analysis. IEEE Transactions on Neural Network，2002，13（6）：1450-1464.

[15] Manjunath B S，Shekhar C，Chellappa R. A new approach to image feature detection with application. Pattern Recognition，1996，29（4）：627-640.

[16] Zhang N，Donahue J，Girshick R，et al. Part-based R-CNNs for fine-grained category detection. European Conference on Computer Vision，2014，8689：834-849.

[17] Girshick R. Fast R-CNN. IEEE International Conference on Computer Vision，2015：1440-1448.

[18] Ren S，He K，Girshick R，et al. Faster R-CNN：Towards real-time object detection with region proposal networks. IEEE Transactions on Pattern Analysis and Machine Intelligence，2016，38（1）：142-158.

[19] He K，Gkioxari G，Dollar P，et al. Mask R-CNN. IEEE International Conference on Computer Vision，2017：2980-2988.

[20] 徐昕，梁久祯. 基于三维矫正和相似性学习的无约束人脸验证. 计算机应用，2018，38（10）：2788-2793.

[21] Liang J Z，Li M，Liao C C. Efficient numerical schemes for Chan-Vese active contour models in image segmentation. Multimedia Tools & Applications，2018，77（13）：16661-16684.

[22] Liang J Z，Chen C，Yi Y F，et al. Bilateral two-dimensional neighborhood preserving discriminant embedding for face recognition. IEEE Access，2017，5（1）：17201-17212.

[23] Li W J，Liang J Z. Adaptive face representation via class-specific and intra-class variation dictionaries for recognition. Multimedia Tools and Applications，2018，77（12）：14783-14802.

[24] 王念兵，吴秦，梁久祯，等. 变化字典学习与显著特征提取的单样本人脸识别. 小型微型计算机系统，2017，38（9）：2134-2138.

[25] 许洁，吴秦，梁久祯，等. 稀疏保持典型相关分析特征选择与模式识别. 小型微型计算机系统，2017，38（8）：1877-1882.

[26] 周宇旋，吴秦，梁久祯，等. 判别性完全局部二值模式人脸表情识别. 计算机工程与应用，2017，53（4）：163-169，194.

[27] Liang J Z，Hou Z J，Chen C，et al. Supervised bilateral two-dimensional locality preserving projection algorithm based on Gabor wavelet. Signal Image and Video Processing，2016，10（8）：1141-1148.

[28] Wu Q，Guo G，Liang J Z. A cue integration method for anaglyph image partition. International Journal of Machine Learning & Cybernetics，2016，7（6）：983-993.

[29] 许洁，梁久祯，吴秦，等. 核典型相关分析特征融合方法及应用. 计算机科学，2016，43（1）：35-39.

[30] 李敏，梁久祯，廖翠萃. 基于聚类信息的活动轮廓图像分割模型. 模式识别与人工智能，2015，28（7）：665-672.

[31] 徐秀秀，梁久祯. 基于 Gabor 小波和有监督 2DNPE 的人脸识别方法. 小型微型计算机系统，2015，36（8）：1896-1901.

[32] 徐秀秀，梁久祯. 基于小波和流形学习的人脸姿态表情分析. 计算机应用与软件，2015，30（3）：167-171.

[33] Li W J，Liang J J，Wu Q，et al. An efficient face classification method based on shared and class-specific dictionary learning. ICIP2015，Quebec City，2015：27-30.

[34] Liang J Z，Wang M，Chai Z，et al. Different lighting processing and feature extraction methods for efficient face recognition. IET Image Processing，2014，8（9）：528-538.

[35] Xu X，Liang J Z，Lv S，et al. Human facial expression analysis based on image granule LPP. International Journal of Machine Learning & Cybernetics，2014，5（6）：907-921.

[36] Liang J Z，Gu Y D，Di L，et al. Image coverage segmentation based on soft boundaries//Rough Sets and Current Trends in Computing. Switzerland：Springer，2014：374-381.

[37] 吕思思，梁久祯. 图像粒 LLE 算法在人脸表情分析中的应用. 合肥工业大学学报（自然科学版），2012，35（12）：1637-1643.

[38] 徐毅，赵冬娟，梁久祯. 二维类增广 PCA 及其在人脸识别中的应用. 计算机工程与应用，2012，48（1）：202-204.

[39] 王美，梁久祯. 自适应特征提取的光照鲁棒性人脸识别. 计算机工程与应用，2012，48（11）：164-169.

[40] 王美，梁久祯. 二维 PCA 非参数子空间分析的人脸识别算法. 计算机工程，2011，37（24）：187-189，192.

[41] 赵冬娟，梁久祯. 融合小波和自适应类增广 PCA 的人脸识别. 计算机工程与应用，2011，47（35）：199-202.

[42] 赵冬娟，梁久祯. 融合 2DPCA 和模糊 2DLDA 的人脸识别. 计算机应用，2011，31（2）：420-422.

[43] 刘海涛，狄岚，梁久祯. 一种新的局部分水岭模型在图像分割中的应用. 数据采集与处理，2018（2）：259-269.

[44] 狄岚，于晓瞳，梁久祯. 基于信息浓缩的隐私保护支持向量机分类法. 计算机应用，2016，36（2）：392-396.

[45] 王少华，狄岚，梁久祯. 基于核与局部信息的多维度模糊聚类图像分割算法简. 计算机应用，2015，35（11）：3227-3231，3237.

[46] 李斌，狄岚，王少华，等. 基于改进核模糊 C 均值类间极大化聚类算法. 计算机应用，2016，36（7）：1981-1987.

第 2 章　人脸特征表示

PCA[1]是被广泛应用于特征提取的统计学方法,这种方法能够高效地提取数据的重要特征以减少数据的维数,然而,这些特征在提取的过程中并没有考虑类信息,从而使得其并不适合于数据分类。另外一种传统的特征提取方法是LDA[2, 3],该方法通过使用包含类信息的散射矩阵来解决 PCA 的问题,然而,它存在缺点,如对散射矩阵求逆存在奇异值问题。为了解决以上的问题,各种特征提取方法相继出现,如最大间距准则(maximum margin criterion,MMC)[4]、2DPCA[5]、2DLDA[6]、双向主成分分析(bidirectional PCA,BDPCA)[7]等方法。

2.1　主成分分析

PCA[1]是一种识别数据之间的主要不同点并降低数据的维数的常用方法。为了提取特征脸(在低维空间上的人脸向量),需要先求取一组投影轴,且在该投影轴上投影之后的人脸图像的方差达到最大,然后,在求取的正交空间上重复该过程。在理论上,上述问题就是相关矩阵 $R \in \mathrm{R}^{N \times N}$ 的特征值问题:

$$R = E\{(x - \overline{x})(x - \overline{x})^{\mathrm{T}}\} \tag{2-1}$$

其中,x 表示归一化后的图像向量;$\overline{x}$ 为人脸图像的均值;N 为初始图像向量的维数。对式(2-1)进行特征分解求得的特征向量表示投影轴或者特征脸,特征值则表示对应特征脸的投影方差。最后,将特征脸按照特征值降序排列即得到解决上述问题的投影轴。

在整个过程中,最主要问题是 $R \in \mathrm{R}^{N \times N}$ 在实际的应用中维数太高,计算量很大。假设将 N_T 幅人脸图像作为目标集合,且将 $X = [(x^1 - \overline{x}), (x^2 - \overline{x}), \cdots, (x^{N_T} - \overline{x})]$ 作为归一化后的目标向量组成的矩阵,则 R 可表示为

$$R = XX^{\mathrm{T}} \tag{2-2}$$

可以确定特征脸的数量肯定小于或者等于 N_T,换句话说,就是 R 的迹小于或者等于 N_T,且因为目标集中的向量的线性分布,会使得存在特征值为无或者很小的情况。另外,$XX^{\mathrm{T}} \in \mathrm{R}^{N_T \times N_T}$ 与 R 有相同的非零特征值,因为将 $XX^{\mathrm{T}} v^k = \lambda_k v^k$ 的左右两端都左乘 X 可得

$$XX^{\mathrm{T}}(Xv^k) = \lambda_k(Xv^k) \tag{2-3}$$

所以，可以对 $XX^{\mathrm{T}} \in \mathrm{R}^{N_T \times N_T}$ 进行特征分解，从而 $R = XX^{\mathrm{T}}$ 具有相同的特征值，且特征脸表示为 $w^k = Xv^k$，需要将 $\|w^k\| = \sqrt{\lambda_k}$ 进行归一化。最后，特征脸的投影矩阵 W_{EF} 可表示为

$$W_{EF} = XV\Gamma^{-1/2} \tag{2-4}$$

其中，$V = [v^1, v^2, \cdots, v^m]$；$\Gamma$ 为对角线矩阵且对角线上的值为 $\lambda_i (i = 1, 2, \cdots, m)$，$m$ 为主元个数。

而主元个数的选择将直接影响最终的识别效率，通常在计算过程中，都需将求得的特征值按从小到大排序，较大的特征值，选择的优先级更高。假设 m 为选取的主元个数，则按照以下标准选取主元个数：

$$\mathrm{RMSE}(m) = \sum_{k=m+1}^{N_T} \lambda_k \Bigg/ \sum_{k=1}^{N_T} \lambda_k \tag{2-5}$$

在实际应用中，通常会根据 $\mathrm{RMSE}(m) < 5\%$ 选取主元个数。

2.2　线性判别分析

LDA[2]方法的目标是从高维特征空间中提取出具有判别能力的低维特征，这些特征能帮助将同一个类别的所有样本聚集在一起，不同类别的样本尽量分开，即选择使得样本类间离散度和样本类内离散度的比值最大的特征（Fisher 准则）。

设给定 N 个训练样本，其中包含 C 类模式，其样本数量分别为 $N_i(i = 1, 2, \cdots, C)$，C 类模式表示为 $x_i = \{x_{i1}, x_{i2}, \cdots, x_{iN_i}\}$，$x_{ij}(i = 1, 2, \cdots, C; j = 1, 2, \cdots, N_i)$ 是 n 维向量。于是，各类模式的均值向量为

$$m_i = \frac{1}{N_i} \sum_{j=1}^{N_i} x_{ij} \tag{2-6}$$

总样本均值向量为

$$m = \frac{1}{C} \sum_{i=1}^{C} m_i \tag{2-7}$$

分别计算类间离散度矩阵 S_B 和类内离散度矩阵 S_W：

$$S_B = \frac{1}{N} \sum_{i=1}^{C} N_i (m_i - m)(m_i - m)^{\mathrm{T}} \tag{2-8}$$

$$S_W = \frac{1}{N} \sum_{i=1}^{C} \sum_{j=1}^{N_i} (x_{ij} - m_i)(x_{ij} - m_i)^{\mathrm{T}} \tag{2-9}$$

LDA 是要寻找变换矩阵 W，使得 Fisher 准则最大：

$$J(W) = \frac{W^{\mathrm{T}} S_B W}{W^{\mathrm{T}} S_W W} \qquad (2\text{-}10)$$

对于式（2-10），当 S_W 非奇异时，实际上就是求解下面广义线性方程特征值与特征向量的问题：

$$S_B w_i = \lambda_i S_W w_i, \quad i = 1, 2, \cdots, l \qquad (2\text{-}11)$$

假设把所求出的特征值按降序排列 $\lambda_i \geq \lambda_{i+1}$，选择对应前 d（通常 $d<l$）个非零特征值所对应的特征向量 $w_1, w_2, \cdots, w_d$，那么 $w_1, w_2, \cdots, w_d$ 就是所求的最佳判别矩阵。

2.3　最大间距准则

MMC[4]解决了 LDA 出现的奇异值问题，用类间散度与类内散度的差值替代类间散度与类内散度的比值，即对式（2-8）和式（2-9）进行计算，MMC 的目标是寻找变换矩阵 W，使得下述式子达到最大：

$$J(W) = W^{\mathrm{T}}(S_B - S_W)W \qquad (2\text{-}12)$$

对 $S_B - S_W$ 进行特征值分解即可求得所需的最佳投影矩阵。

无论 PCA、LDA 还是 MMC，在对人脸图像进行特征提取前，都需要将二维的人脸图像矩阵转换成一维的人脸图像向量，这就会导致以下问题。

（1）高维的人脸图像向量使得运算量很大；

（2）转换为一维的人脸图像向量后，人脸图像本身的结构信息可能会丢失；

（3）在识别过程中，训练样本的数目相比于样本的维数很小会造成小样本问题。

针对这些问题，有人提出了 2DPCA、2DLDA、BDPCA 等方法，这些方法无须将二维人脸图像矩阵转化为一维人脸图像向量，而是直接对原始的二维人脸图像矩阵进行处理得到所需的协方差矩阵、散射矩阵等，这样既能保留人脸样本的结构信息，又能减少计算量。

2.4　二维主成分分析

假设训练样本集中有 M 幅人脸图像 $A_i \in \mathrm{R}^{m \times n}$ $(i=1,2,\cdots,M)$，记 $X \in \mathrm{R}^{n \times d}$ 为由正交列组成的矩阵，且 $n \geq d$，将 A_i 投影到 X 上得到维数为 $m \times d$ 的特征矩阵 $Y_i = A_i X$。在 2DPCA 中，采用下面的准则决定 X 的取值：

$$J(X) = \text{tr}(S_t) \qquad (2\text{-}13)$$

其中，S_t 为训练样本投影后提取的特征矩阵的协方差矩阵；$\text{tr}(S_t)$ 为 S_t 的迹。2DPCA 的思想是寻找一个投影矩阵 X，使得所有训练样本投影得到的特征矩阵的总体散射度达到最大。协方差矩阵 S_t 可以定义为

$$\begin{aligned}S_t &= E(Y - EY)(Y - EY)^{\text{T}} = E[AX - E(AX)][AX - E(AX)]^{\text{T}} \\ &= E[(A - EA)X][(A - EA)X]^{\text{T}}\end{aligned} \qquad (2\text{-}14)$$

所以

$$\text{tr}(S_t) = X^{\text{T}}[E(A - EA)^{\text{T}}(A - EA)]X \qquad (2\text{-}15)$$

则可定义图像的协方差矩阵：

$$G_t = E[(A - EA)^{\text{T}}(A - EA)] \qquad (2\text{-}16)$$

容易证明，G_t 是一个维数为 $n \times n$ 的非负定矩阵，且可以直接通过训练样本矩阵计算，则 G_t 可计算为

$$G_t = \frac{1}{M}\sum_{j=1}^{M}(A_j - \overline{A})^{\text{T}}(A_j - \overline{A}) \qquad (2\text{-}17)$$

其中，$\overline{A}$ 为所有样本的平均图像，从而式（2-13）可以表示为

$$J(X) = X^{\text{T}}G_t X \qquad (2\text{-}18)$$

因此，最佳的投影矩阵 $X_{\text{opt}} = [x_1, x_2, \cdots, x_d]$ 可由协方差矩阵 G_t 的前 d 大的特征值对应的特征向量组成。最后，可用上述的最佳投影矩阵 X_{opt} 计算每一个样本的特征矩阵：

$$Y_i = A_i X_{\text{opt}}, \quad i = 1, 2, \cdots, M \qquad (2\text{-}19)$$

2.5　二维线性判别分析

假设训练集包含 C 类样本，且每一类包含 N_i 个样本，A_i^k 是维数为 $m \times n$ 的第 k 类的第 i 个样本，则训练集中总共含有 $M = \sum_{k=1}^{C}N_i$ 个样本，记 $Z \in \mathbf{R}^{m \times d}$ 为由正交列组成的矩阵，且 $m \geqslant d$，则将 A_i^k 投影到 Z 上可得维数为 $d \times n$ 的矩阵 $Y_i^k = Z^{\text{T}}A_i^k$。依据下述准则计算最佳的鉴别矩阵：

$$J(Z) = \frac{\text{tr}(S_B)}{\text{tr}(S_W)} \qquad (2\text{-}20)$$

其中，S_B 为投影后的样本的类间散射矩阵；S_W 为投影后的样本的类内散射矩阵。S_B 和 S_W 的计算公式如下：

$$S_B = \frac{1}{M}\sum_{i=1}^{C} N_i (\overline{Y}^k - \overline{Y})(\overline{Y}^k - \overline{Y})^{\mathrm{T}} = \frac{1}{M}\sum_{i=1}^{C} N_i [Z^{\mathrm{T}}(\overline{A}^{\mathrm{T}} - \overline{A})][Z^{\mathrm{T}}(\overline{A}^{\mathrm{T}} - \overline{A})]^{\mathrm{T}} \quad (2\text{-}21)$$

$$S_W = \frac{1}{M}\sum_{k=1}^{C}\sum_{i=1}^{N_{ki}} (Y_i^k - \overline{Y}^k)(Y_i^k - \overline{Y}^k)^{\mathrm{T}} = \frac{1}{M}\sum_{k=1}^{C}\sum_{i=1}^{N_k} [Z^{\mathrm{T}}(A_i^k - \overline{A}^k)][Z^{\mathrm{T}}(A_i^k - \overline{A}^k)]^{\mathrm{T}} \quad (2\text{-}22)$$

则

$$\mathrm{tr}(S_B) = X^{\mathrm{T}}\left[\frac{1}{M}\sum_{i=1}^{C} N_i (\overline{A}^k - \overline{A})(\overline{A}^k - \overline{A})^{\mathrm{T}}\right] X = X^{\mathrm{T}} G_B X \quad (2\text{-}23)$$

$$\mathrm{tr}(S_W) = X^{\mathrm{T}}\left[\frac{1}{M}\sum_{k=1}^{C}\sum_{i=1}^{N_k} (A_i^k - \overline{A}^k)(A_i^k - \overline{A}^k)^{\mathrm{T}}\right] X = X^{\mathrm{T}} G_W X \quad (2\text{-}24)$$

其中，G_B 和 G_W 为图像的类间和类内散射矩阵，记为

$$G_B = \frac{1}{M}\sum_{i=1}^{C} N_i (\overline{A}^k - \overline{A})(\overline{A}^k - \overline{A})^{\mathrm{T}} \quad (2\text{-}25)$$

$$G_W = \frac{1}{M}\sum_{k=1}^{C}\sum_{i=1}^{N_k} (A_i^k - \overline{A}^k)(A_i^k - \overline{A}^k)^{\mathrm{T}} \quad (2\text{-}26)$$

其中，$\overline{A}^k$ 和 $\overline{A}$ 分别为第 k 类的平均图像和总的训练集的平均图像。从而，式（2-20）可以表示为

$$J(Z) = \frac{Z^{\mathrm{T}} G_B Z}{Z^{\mathrm{T}} G_W Z} \quad (2\text{-}27)$$

2DLDA 的目标是寻找一个最佳的鉴别矩阵 Z_{opt} 使得 $J(Z)$ 最大。显然，最佳鉴别矩阵 Z_{opt} 可由 $G_W^{-1}G_B$ 的前 d 大的特征值对应的特征向量组成。最后，可用上述的最佳鉴别矩阵 Z_{opt} 计算每一个样本的特征矩阵：

$$Y_i^k = Z_{\mathrm{opt}}^{\mathrm{T}} A_i^k, \quad k = 1,2,\cdots,C, \quad i = 1,2,\cdots,N_k \quad (2\text{-}28)$$

2.6 双向主成分分析

BDPCA 是一种直接将维数为 $m \times n$ 的人脸图像 X 投影成维数为 $k_{\mathrm{col}} \times k_{\mathrm{row}}(k_{\mathrm{col}} \ll m, k_{\mathrm{row}} \ll n)$ 的特征矩阵 Y 的技术。

$$Y = W_{\mathrm{col}}^{\mathrm{T}} \times W_{\mathrm{row}} \quad (2\text{-}29)$$

其中，W_{col} 为列投影矩阵；W_{row} 为行投影矩阵。

假设 $\{X_1, X_2, \cdots, X_N\}$ 为包含 N 幅图像的训练集，将每幅人脸图像 X_i 表示为 m 个维数为 $1 \times n$ 的向量的集合，则行总体散射矩阵 S_t^{row} 定义为

$$S_t^{row} = \frac{1}{Nm} \sum_{i=1}^{N} (X_i - \bar{X})^{\mathrm{T}} (X_i - \bar{X}) \qquad (2\text{-}30)$$

其中，$\bar{X}$ 为所有训练图像的平均矩阵。这里将 S_t^{row} 的前 k_{row} 大的特征值对应的行特征向量构建行投影矩阵 W_{row}：

$$W_{row} = [w_1^{row}, w_2^{row}, \cdots, w_{k_{row}}^{row}] \qquad (2\text{-}31)$$

进一步地，将每幅人脸图像 X_i 表示为 n 个维数为 $m \times 1$ 的向量的集合，则列总体散射矩阵 S_t^{col} 定义为

$$S_t^{col} = \frac{1}{Nn} \sum_{i=1}^{N} (X_i - \bar{X})(X_i - \bar{X})^{\mathrm{T}} \qquad (2\text{-}32)$$

然后，将 S_t^{col} 的前 k_{col} 大的特征值对应的行特征向量构建行投影矩阵 W_{col}：

$$W_{col} = [w_1^{col}, w_2^{col}, \cdots, w_{k_{row}}^{col}] \qquad (2\text{-}33)$$

2.7 类增广 PCA

类增广 PCA（class augmented principal component analysis，CAPCA）是由 Park[8] 等在 2006 年提出的。设训练样本集由 N 幅图像组成，$X_{original} = [x_1, x_2, \cdots, x_N]$，共 M 类，第 i 类样本个数为 N_i，且每个训练样本 x_i 均是维数为 $n_{original} \times 1$ 的向量，于是训练样本总数为 $N = N_1 + N_2 + \cdots + N_M$，则 CAPCA 方法包括以下四个步骤。

1. PCA 预处理

在该预处理阶段，对训练样本集进行 PCA 处理得到转换矩阵 W_{PCA}，运用该转换矩阵对每个训练样本提取特征得到特征矩阵：

$$X = W_{PCA}^{\mathrm{T}} X_{original} \qquad (2\text{-}34)$$

其中，$W_{PCA} = [w_1, w_2, \cdots, w_{n_{input}}]$ 是维数为 $n_{original} \times n_{input}$ 的转换矩阵，n_{input} 为选取的特征向量的维数。

2. 对类信息进行编码

根据训练样本构建类信息矩阵：

$$C(X) = [c_1(X), c_2(X), \cdots, c_M(X)]^{\mathrm{T}} \qquad (2\text{-}35)$$

其中，$c_k(X)$ 是维数为 $N \times 1$ 的、对应于 N 个训练样本的向量。记当 $x_i(i=1,2,\cdots,N)$ 属于第 k 类时，类信息值为正数 p_k，否则为负数 n_k，则类信息矩阵的每一行都满足以下条件：

$$\frac{1}{N}\sum_{\forall X} c_k(X) = 0 \qquad (2\text{-}36)$$

$$\frac{1}{N-1}\sum_{\forall X} c_k^2(X) = \frac{N_k}{N}\sigma^2 \qquad (2\text{-}37)$$

其中，σ^2 为小于 1 的常数。最终，类增广的数据是维数为 $(n_{\text{input}}+M) \times N$ 的矩阵：

$$X^a = \begin{bmatrix} X \\ C(X) \end{bmatrix} \qquad (2\text{-}38)$$

3. 对类增广数据进行归一化

在步骤 2 中类信息矩阵已经归一化，所以这里只需要对数据 X 进行归一化，其归一化公式为

$$m_j = \frac{1}{N}\sum_{\forall X} x_j(X), \quad j=1,2,\cdots,n_{\text{input}} \qquad (2\text{-}39)$$

$$\sigma_j = \sqrt{\frac{1}{N-1}\sum_{\forall X}[x_j(X)-m_j]^2}, \quad j=1,2,\cdots,n_{\text{input}} \qquad (2\text{-}40)$$

$$\bar{x}_j(X) = \frac{x_j(X)-m_j}{\sigma_j}, \quad j=1,2,\cdots,n_{\text{input}} \qquad (2\text{-}41)$$

则 X 归一化后的数据为 $\bar{X}=[\bar{x}_1,\bar{x}_2,\cdots,\bar{x}_{n_{\text{input}}}]^{\text{T}}$，最终的归一化后的类增广数据为

$$\bar{X}^a = \begin{bmatrix} \bar{X} \\ C(X) \end{bmatrix} \qquad (2\text{-}42)$$

4. 计算最终的转换矩阵

对数据 $\bar{X}^a$ 进行 PCA，得到转换矩阵 $\bar{W}^a$：

$$\bar{W}^a = [\bar{w}_1^a, \bar{w}_2^a, \cdots, \bar{w}_{n_{\text{feature}}}^a] = \begin{bmatrix} \bar{W}_{\text{input}} \\ \bar{W}_{\text{class}} \end{bmatrix} \qquad (2\text{-}43)$$

根据上面求得的转换矩阵对归一化后的数据 $\bar{X}$ 进行特征提取，得到特征矩阵 $\bar{X}_{\text{feature}}$：

$$\begin{aligned} \bar{X}_{\text{feature}} &= \bar{W}_{\text{input}}^{\text{T}}\bar{X} = \bar{W}_{\text{input}}^{\text{T}}S(X-m) \\ &= W_{\text{input}}^{\text{T}}X - W_{\text{input}}^{\text{T}}m \end{aligned} \qquad (2\text{-}44)$$

其中，W_{input} 为一个新的转换矩阵，且 $W_{\text{input}} = S^{\text{T}}\overline{W}_{\text{input}}$ ； $W_{\text{input}}^{\text{T}} m$ 为常数且对分类效果没影响； S 为对角线元素为 $1/\sigma_i (i=1,2,\cdots,n_{\text{input}})$ 的对角线矩阵； $m = [m_1, m_2, \cdots, m_{n_{\text{input}}}]$，则运用以下方式提取特征：

$$X_{\text{feature}} = W_{\text{input}}^{\text{T}} X \tag{2-45}$$

最终，CAPCA 方法的投影矩阵为

$$W_{\text{CAPCA}} = W_{\text{PCA}} W_{\text{input}} \tag{2-46}$$

对训练样本 X_{original} 提取特征为

$$X_{\text{feature}} = W_{\text{CAPCA}}^{\text{T}} X_{\text{original}} \tag{2-47}$$

当给定一个测试样本 x 时，先用投影矩阵 W_{CAPCA} 对其提取特征 $x_{\text{feature}} = W_{\text{CAPCA}}^{\text{T}} x$，再用余弦距离分类器对其进行分类。

2.8 自适应类增广 PCA

由文献[9]知，自适应类增广 PCA 在识别率上优于 PCA 等方法，然而在样本进行训练时却需要针对不同的训练样本构建不同的类信息，这在很大程度上降低了 CAPCA 的灵活性。这里提出一种自适应类增广 PCA 方法，它不需要构建类信息矩阵就能达到同 CAPCA 相同的识别效果。

根据文献[9]，CAPCA 方法最终的投影矩阵的一个单位基向量 $\overline{w}^a$ 上的样本方差可表示为

$$\sigma_{\overline{w}^a}^2 = \frac{1}{N-1}\sum_{\forall X}\left(\overline{w}^{a\text{T}}\overline{X}^a - \frac{1}{N}\sum_{\forall X}\overline{w}^{a\text{T}}\overline{X}^a\right) \tag{2-48}$$

因为 $\overline{w}^a = [\overline{w}_{\text{input}}^{\text{T}}, \overline{w}_{\text{class}}^{\text{T}}]^{\text{T}}$ 为一个单位基向量，所以 $\left\|\overline{w}^a\right\|^2 = \left\|\overline{w}_{\text{input}}\right\|^2 + \left\|\overline{w}_{\text{class}}\right\|^2 = 1$，从而存在 θ 使得 $\cos\theta = \left\|\overline{w}_{\text{input}}\right\|$， $\sin\theta = \left\|\overline{w}_{\text{class}}\right\|$，于是可定义单位向量 $v = \overline{w}_{\text{input}}/\cos\theta$ 和 $u = \overline{w}_{\text{class}}/\sin\theta$。式（2-48）可以化为

$$\sigma_{\overline{w}^a}^2 = \frac{1}{N-1}\sum_{\forall X}(v^{\text{T}}\overline{X})^2\cos^2\theta + \frac{1}{N-1}\sum_{\forall X}[u^{\text{T}}C(X)]^2\sin^2\theta$$
$$+ \frac{2}{N-1}\sum_{\forall X}(v^{\text{T}}\overline{X})[u^{\text{T}}C(X)]\cos\theta\sin\theta \tag{2-49}$$

引理 2-1 当 $\overline{X}$ 的每一行的平均值为 0，方差为 1，$\overline{X}$ 中的元素互不相关，且 v 中的每一个元素满足条件：$\sum_{i=1}^{n_{\text{input}}} v_i^2 = 1$，则有

$$\frac{1}{N-1}\sum_{\forall X}(v^{\mathrm{T}}\overline{X})^2=1 \tag{2-50}$$

引理 2-2　当 $C(X)$ 的每一行的平均值为 0，方差为 $(N_k/N)\sigma^2$，且 $\sum_{i=1}^{M}u_k^2=1$，则有

$$\frac{1}{N-1}\sum_{\forall X}[u^{\mathrm{T}}C(X)]^2\leqslant\sigma^2 \tag{2-51}$$

其中，N_k 是属于 k 类的训练样本的个数；N 是总的训练样本数；σ 为一个常数，且当 σ 的值很小时，$\dfrac{1}{N-1}\sum_{\forall X}[u^{\mathrm{T}}C(X)]^2$ 的值约等于 0。

引理 2-3　当 X 属于 k 类时，$C(X)$ 的第 k 个元素的值为一个正常数 p_k，否则为一个负常数 n_k，且满足 $N_k p_k+(N-N_k)n_k=0$，则有

$$\frac{2}{N-1}\sum_{\forall X}(v^{\mathrm{T}}\overline{X})[u^{\mathrm{T}}C(X)]=\frac{2}{N-1}\sum_{k=1}^{M}v^{\mathrm{T}}[u_k p_k N_k(m_k-m_k^c)] \tag{2-52}$$

其中，$m_k=(1/N_k)\sum_{\forall X\in D_k}\overline{X}$ 为属于 k 类的训练样本的平均值；$m_k^c=[1/(N-N_k)]\sum_{\forall X\notin D_k}\overline{X}$ 为不属于 k 类的训练样本的平均值；D_k 为属于 k 类的训练样本的集合。

由引理 2-3，式（2-49）可以表示为

$$\sigma_{\overline{w}^a}^2=\cos^2\theta+\frac{1}{N-1}\sum_{k=1}^{M}v^{\mathrm{T}}[u_k p_k N_k(m_k-m_k^c)] \tag{2-53}$$

则可把式（2-53）简化为

$$\sigma_{\overline{w}^a}^2=\frac{1}{2}+\sqrt{\left(\frac{1}{2}\right)^2+\left(v^{\mathrm{T}}\sum_{k=1}^{M}u_k s_k\right)^2}\sin(2\theta+\alpha) \tag{2-54}$$

其中，$s_k=1/(N-1)p_k N_k(m_k-m_k^c)$，$\alpha=\arctan\left[1/\left(2v^{\mathrm{T}}\sum_{k=1}^{M}u_k s_k\right)\right]$，$u_k$ 表示 u 的第 k 个分量，由定理 2-1 可求得式（2-54）的最优解。

定理 2-1　定义 $J(u,v,\theta)=1/2+\sqrt{(1/2)^2+\left(v^{\mathrm{T}}\sum_{k=1}^{M}u_k s_k\right)^2}\sin(2\theta+\alpha)$，则当 $\|u\|=1$ 和 $\|v\|=1$ 时，使得 $J(u,v,\theta)$ 达到最大的解为

$$u^*=\arg\max_{u}\left\|\sum_{k=1}^{M}u_k s_k\right\| \tag{2-55}$$

$$v^*=\pm\frac{\sum_{k=1}^{M}u_k^* s_k}{\left\|\sum_{k=1}^{M}u_k^* s_k\right\|} \tag{2-56}$$

$$\theta^* = \frac{\pi}{4} - \frac{\alpha^*}{2} + n\pi \qquad (2\text{-}57)$$

其中，$\alpha^* = \arctan[1/(2v^{*\mathrm{T}}\sum_{k=1}^{M}u_k^*s_k)]$。

由于 $\left\|\sum_{k=1}^{M}u_ks_k\right\|^2 = u^{\mathrm{T}}S^{\mathrm{T}}Su$，其中 $S=[s_1,s_2,\cdots,s_M]$，且 $\|u\|^2 = u^{\mathrm{T}}u = 1$，所以使 $\left\|\sum_{k=1}^{M}u_ks_k\right\|^2 = u^{\mathrm{T}}S^{\mathrm{T}}Su$ 达到最大的 u 即特征方程 $(S^{\mathrm{T}}S)u = \lambda u$ 的最大特征值对应的特征向量。由式（2-56）可知，所求的最优投影向量即对 Su 单位化后所得的单位向量 v。

由于 CAPCA 的归一化过程使得 m_k、m_k^c 满足条件 $N_km_k + (N-N_k)m_k^c = 0$，则可把 s_k 化为 $s_k = \dfrac{p_kN_kN}{(N-1)(N-N_k)}m_k$，可看出，$s_k$ 的物理意义为从原点指向第 k 类中心的向量，它的大小由 N_k 和 p_k 决定。令 $t_k = \dfrac{p_kN_kN}{(N-1)(N-N_k)}$，当每类的训练样本数相等时 $N_1 = N_2 = \cdots = N_M$，此时也有 $p_1 = p_2 = \cdots = p_M$，$t_1 = t_2 = \cdots = t_k = t$，于是 $s_k = t\,m_k$。而由特征方程 $SS^{\mathrm{T}}w = \lambda w$，可得 $MM^{\mathrm{T}}w = \dfrac{\lambda}{t^2w}$，其中 $M = [m_1, m_2, \cdots, m_M]$。此时将所得的最大的特征值所对应的特征向量 w 单位化即得 v，同样是第二次 PCA 后的最优投影向量。然而不同的是，该过程并不需要计算每一类的 p_k 值，增加了算法的灵活度。

2.9 融合小波变换和自适应类增广 PCA

本节提出融合小波变换和自适应类增广 PCA 的方法，首先用离散小波变换将原始人脸图像进行分解并提取其低频分量，这样不但可以去除图像的冗余信息，降低人脸数据的维数，而且对随机噪声进行压制，减少了干扰识别性能的不相关因素；然后再用自适应类增广 PCA 将类信息融入 PCA 过程中进行进一步的特征提取，大大提高了 CAPCA 使用的灵活性。具体步骤如下。

首先将图像样本 X_i 采用离散小波变换进行压缩，取其 LL 部分，得到新的训练样本集 $X_{\text{wavelet}} = [x_{w1}, x_{w2}, \cdots, x_{wN}]$，其中 $x_{wi}(i=1,2,\cdots,N)$ 为小波变换后的低频分量，其维数为 $\dfrac{m}{2} \times \dfrac{n}{2}$。

对 X_{wavelet} 进行 PCA 处理，则会得到投影矩阵 $W_{w\text{PCA}}$，$W_{w\text{PCA}} = (w_{w1}, w_{w2}, \cdots, w_{wn_{\text{input}}})$，其中 n_{input} 为所取特征向量的个数。X_{wavelet} 降维后记为 Y_{wavelet}，可以表示为

$$Y_{\text{wavelet}} = W_{w\text{PCA}}^{\mathrm{T}}X_{\text{wavelet}} = (y_{w1}, y_{w2}, \cdots, y_{wN}) \qquad (2\text{-}58)$$

依据文献[9]，计算 Y_{wavelet} 的行向量的均值和标准差 m_{Hj}、σ_{Hj}，$j=1,2,\cdots,n_{\text{input}}$。将 Y_{wavelet} 归一化为 $\overline{Y}_{\text{wavelet}}$，$\overline{Y}_{\text{wavelet}}=(\overline{y}_{w1},\overline{y}_{w2},\cdots,\overline{y}_{wN})$，由 2.8 节中的自适应思想构建数据：

$$M_{\text{wavelet}}=(m_{w1},m_{w2},\cdots,m_{wM}) \tag{2-59}$$

其中，m_{wj} 为第 j 类样本的均值向量，即 $m_{wj}=\dfrac{1}{N_j}\sum_{y_{wi}\in C_j}\overline{y}_{wj}$，$N_j$ 为第 j 类样本的个数。再对 M_{wavelet} 作 PCA 处理，得到投影矩阵 $\overline{W}_{\text{input}}$，相应的特征矩阵为

$$\overline{X}_{\text{feature}}=\overline{W}_{\text{input}}^{\text{T}}\overline{Y}_{\text{wavelet}} \tag{2-60}$$

记均值向量 $M_H=(m_{H1},m_{H2},m_{Hn_{\text{input}}})^{\text{T}}$，$\varLambda=\text{diag}\left(\dfrac{1}{\sigma_{H1}},\dfrac{1}{\sigma_{H2}},\cdots,\dfrac{1}{\sigma_{Hn_{\text{input}}}}\right)$ 为对角阵，$I=(1,1,\cdots,1)^{\text{T}}$ 为 n_{input} 维元素全为 1 的向量，则 $\overline{Y}_{\text{wavelet}}=\varLambda(Y_{\text{wavelet}}-M_HI^{\text{T}})$，于是有

$$\overline{X}_{\text{feature}}=\overline{W}_{\text{input}}^{\text{T}}\overline{Y}_{\text{wavelet}}=W_{\text{input}}^{\text{T}}Y_{\text{wavelet}}-W_{\text{input}}^{\text{T}}M_HI^{\text{T}} \tag{2-61}$$

其中，$W_{\text{input}}=\varLambda^{\text{T}}\overline{W}_{\text{input}}$。由于 $W_{\text{input}}^{\text{T}}M_HI^{\text{T}}$ 相对于测试样本是一个常数，故以式（2-61）的第一项作为 Y_{wavelet} 的特征提取结果，即

$$X_{\text{feature}}=W_{\text{input}}^{\text{T}}Y_{\text{wavelet}} \tag{2-62}$$

又 $Y_{\text{wavelet}}=W_{w\text{PCA}}^{\text{T}}X_{\text{wavelet}}$，记 $W_{\text{WCA-PCA}}=W_{w\text{PCA}}W_{\text{input}}$，则有

$$X_{\text{feature}}=W_{\text{WCA-PCA}}^{\text{T}}X_{\text{wavelet}} \tag{2-63}$$

这样，在训练过程中得到的经小波变换后的训练样本特征投影矩阵为 $W_{\text{WCA-PCA}}$，并计算得到训练样本的特征 X_{feature}；在测试过程中，每测试一个样本都先对测试样本 x 通过投影矩阵 $W_{\text{WCA-PCA}}$ 提取特征，再对提取得到的特征在训练样本特征中用分类器进行分类，得到最后的识别结果。

2.10 二维类增广 PCA

2.10.1 用 2DPCA 进行预处理

假设训练样本集 $X_{\text{original}}=[X_1,X_2,\cdots,X_N]$ 由 N 个训练样本组成，且每个训练样

本的维数均为 $m \times n$，其中训练样本总共有 L 类，每类的样本个数为 N_i，且满足 $\sum_{i=1}^{L} N_i = N$。

对于训练样本集 X，定义其协方差矩阵 G 为

$$G = \frac{1}{L} \sum_{i=1}^{L} (X_i - \bar{X})^{\mathrm{T}} (X_i - \bar{X}) \tag{2-64}$$

其中，$\bar{X} = \frac{1}{N} \sum_{i=1}^{N} X_i$ 为所有训练样本的总体平均值；G 为 $n \times n$ 的非负定矩阵。对 G 进行特征值分解，最大的 e 个特征值所对应的标准正交的特征向量所构成的投影向量组 $W_{\text{2DPCA}} = [w_1, w_2, \cdots, w_e]$ 即最佳投影矩阵。

所以，可以通过以下方式提取训练样本的特征：

$$Y_i = X_i W_{\text{2DPCA}}, \quad i = 1, 2, \cdots, N \tag{2-65}$$

2.10.2 特征矩阵归一化

对类增广数据的归一化处理分为以下三步。

第一步，计算平均特征矩阵 $\bar{Y} = (\bar{y}_{i,j})_{m \times e}$：

$$\bar{Y} = \frac{1}{N} \sum_{i=1}^{N} Y_i \tag{2-66}$$

第二步，计算所有特征矩阵的对应位置上的方差 $S = (s_{i,j})_{m \times e}$，其中 $Y_i = (y_{i,j}^{(i)})_{m \times e}$：

$$s_{i,j} = \sqrt{\frac{1}{N-1} \sum_{k=1}^{N} \left(y_{i,j}^{(k)} - \bar{y}_{i,j}\right)^2}, \quad i = 1, 2, \cdots, m, \quad j = 1, 2, \cdots, e \tag{2-67}$$

第三步，计算归一化后的特征矩阵 $\bar{Y}_k = (\bar{y}_{i,j}^{(k)})_{m \times e}$：

$$\bar{y}_{i,j}^{(k)} = \frac{y_{i,j}^{(k)} - \bar{y}_{i,j}}{s_{i,j}}, \quad i = 1, 2, \cdots, m, \quad j = 1, 2, \cdots, e, \quad k = 1, 2, \cdots, N \tag{2-68}$$

2.10.3 根据类信息获得类增广数据

根据训练样本集中的样本情况，对每一个 Y_i 均可计算得到一组类信息数据 $c_1(Y_i), c_2(Y_i), \cdots, c_L(Y_i)$，本节通过以下方式将这组类信息数据组成类信息矩阵 $C(Y_i)$：

$$C(Y_i) = \begin{bmatrix} c_1(Y_i) & 0 & \cdots & 0 \\ 0 & c_2(Y_i) & \cdots & 0 \\ \vdots & \vdots & & \vdots \\ 0 & 0 & \cdots & c_L(Y_i) \end{bmatrix} \tag{2-69}$$

则由类信息矩阵构建类增广数据:

$$Y_i^a = \begin{bmatrix} \overline{Y}_i & 0 \\ 0 & C(Y_i) \end{bmatrix}, \quad i = 1, 2, \cdots, N \tag{2-70}$$

2.10.4　对类增广数据进行 2DPCA 处理

按照 2.10.1 小节中的方法对类增广数据计算总体协方差矩阵,并对总体协方差矩阵进行特征分解,选取最大的 d 个特征值所对应的标准正交的特征向量构成最佳投影矩阵:

$$\overline{W}^a = [\overline{w}_1^a, \overline{w}_2^a, \cdots, \overline{w}_d^a] = \begin{bmatrix} \overline{W}_{\text{input}} \\ \overline{W}_{\text{class}} \end{bmatrix} \tag{2-71}$$

其中, $\overline{W}_{\text{input}}$ 的维数为 $e \times d$, $\overline{W}_{\text{class}}$ 的维数为 $L \times d$,相应的特征矩阵为

$$\overline{F} = \overline{Y}\,\overline{W}_{\text{input}} = [(Y - \overline{Y}). / S]\overline{W}_{\text{input}}$$
$$= (Y. / S)\overline{W}_{\text{input}} - (\overline{Y}. / S)\overline{W}_{\text{input}} \tag{2-72}$$

由于 $(\overline{Y}. / S)\overline{W}_{\text{input}}$ 相对于测试样本是一个常数,故以式(2-72)的第一项作为特征提取结果,即

$$F = (Y. / S)\overline{W}_{\text{input}} \tag{2-73}$$

其中, $Y. / S$ 是将 Y 和 S 的对应位置相除。当输入测试样本 X 时,有以下步骤。

（1）对其进行 2DPCA 处理,得到特征矩阵 $Y = XW_{\text{2DPCA}}$；

（2） $\overline{Y} = Y. / S$ ；

（3）进行第二次 2DPCA 处理,得到最终的特征矩阵 $f = \overline{Y}\,\overline{W}_{\text{input}}$ ；

（4）利用余弦距离分类器,对测试样本进行分类。

2.11　实验结果与分析

这里采用 Yale 和 FERET 人脸库进行实验,这两个人脸库中包含的人脸图像如下。

（1）Yale 人脸库:该人脸库包含 15 个人,总共 165 幅图像。每个人都包含了不同面部表情和光照条件的 11 幅图像,这些图像大小为 100 像素×80 像素,如图 2-1 所示。

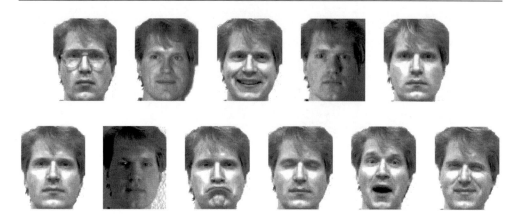

图 2-1 Yale 人脸库中的人脸图像

（2）FERET 人脸库：该人脸库包含 200 个人，总共 1400 幅图像，每个人 7 幅，每幅人脸图像的大小为 80 像素×80 像素，如图 2-2 所示。为了提高计算速度，实验中只取前 30 个人的人脸图像用来训练和测试。

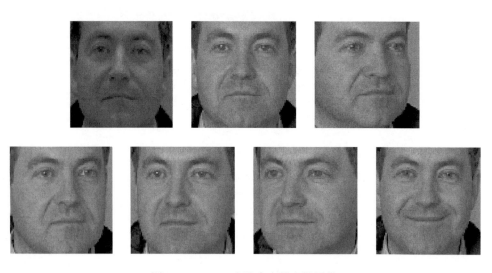

图 2-2 FERET 人脸库中的人脸图像

2.11.1 识别性能分析

采用以下两种实验方法来测试 2.9 节的方法的识别性能。

（1）实验方法 1：实验中随机取每个人的 3 幅图像用于训练，剩余的每个人的图像用于测试，最后选取 10 次的平均值作为识别结果。在 Yale 人脸库中训练样本的数目为 45，测试样本的数目为 120；而在 FERET 人脸库中训练样本的数目为 90，测试样本的数目为 120。

实验的识别率和特征向量之间的对应关系见图 2-3。图 2-3 给出了对 Yale 和 FERET 人脸库用 PCA、CAPCA 和 2.9 节的方法所得到的结果，由于 CAPCA 和 2.9 节的方法要进行两次 PCA，图中的纵轴表示第一次 PCA 下的平均识别率。

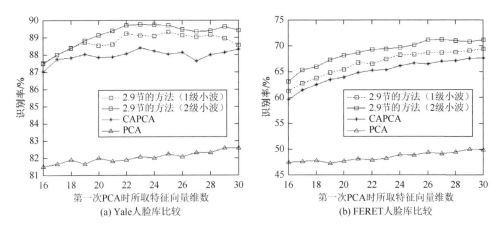

图 2-3　2.9 节的方法与 PCA 和 CAPCA 的识别率比较

（2）实验方法 2（leave one out）：只取一幅作为测试样本，其余的都作为训练样本。而在 2.9 节的方法中，要求每一类的测试样本数目相同，所以先对作为测试的人脸图像进行旋转得到另一幅人脸图像，将其加入训练样本中进行训练。实验结果如图 2-4 所示。

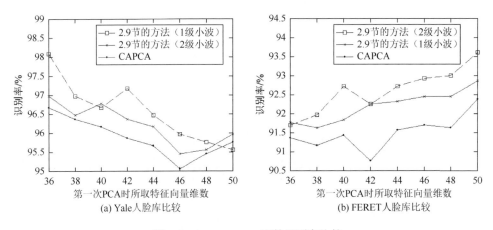

图 2-4　leave one out 下的识别率比较

从实验结果可以看出，2.9 节的方法高于 PCA 和 CAPCA 的识别率，这是由于 2.9 节的方法把类信息融入 PCA 过程中，较好地运用了样本的类别信息，其识别性能优于 PCA。同时用小波变换去除了样本的冗余信息，减少了干扰识别性能的不相关因素，其识别性能也优于类增广 PCA。

2.11.2 时间和综合性能分析

表 2-1 为在 MATLAB 环境和同等的计算机配置下，测试 Yale 人脸库和 FERET 人脸库上实验方法 1 平均每次的耗时，前 3 种方法所取的特征维数为 20×15；而 PCA 取的是 15。

表 2-1 实验方法 1 在 Yale 人脸库和 FERET 人脸库上平均每次的耗时 （单位：s）

人脸库	2.9 节的方法（1 级小波）	自适应类增广 PCA	CAPCA	PCA
Yale 人脸库	0.345	1.258	1.259	1.209
FERET 人脸库	0.459	1.450	1.475	1.425

由于在小波对样本图像进行预处理后，会起到降维的作用，故 2.9 节的方法在耗时上会比传统的 CAPCA 和 PCA 方法少。

表 2-2 和表 2-3 分别为 Yale 人脸库（每人图像的前 3 幅训练，后 8 幅测试）和 FERET 人脸库（每人图像的前 3 幅训练，后 4 幅测试）各方法达到最高识别率时的特征维数和耗时分析。

表 2-2 Yale 人脸库的综合性能比较

方法	最高识别率/%	特征维数	耗时/s
2.9 节的方法（1 级小波）	95.00	26×14	0.421
2.9 节的方法（2 级小波）	94.17	32×12	0.219
自适应类增广 PCA	95.00	30×15	1.328
CAPCA	95.00	30×15	1.328
PCA	92.50	21	1.297

表 2-3 FERET 人脸库的综合性能比较

方法	最高识别率/%	特征维数	耗时/s
2.9 节的方法（1 级小波）	70.83	54×12	0.531
2.9 节的方法（2 级小波）	70.83	56×14	0.328
自适应类增广 PCA	70.83	40×23	1.562
CAPCA	70.83	37×21	1.656
PCA	68.33	39	1.515

从实验结果可以看出，2.9 节的方法明显优于 PCA 方法的性能，由于 2.9 节的方法把类信息融入 PCA 过程中，较好地运用了样本的类别信息，因此其识别率比 PCA 方法有较大提高；加入小波变换后，与原来的 CAPCA 方法相比，虽然最高识别率基本相同，但在时间上明显减少了。

2.11.3　二维 CAPCA 的实验

Yale 人脸库实验结果分析：选取每人的前 3 幅图像作为训练样本，其余的作为测试样本，则在 Yale 人脸库中训练样本的数目为 45，测试样本的数目为 120，表 2-4 为各种方法的最高识别率及对应的特征维数。

表 2-4　各种方法的最高识别率及对应的特征维数

方法	最高识别率/%	特征维数
2DPCA	94.17	100×3
（2D）2PCA	91.67	14×14
CAPCA	95.00	15×1
2.10 节的方法	97.50	100×4

每人随机选取 3 幅训练样本图像，重复计算 20 次识别率并取其平均值。图 2-5 给出了在 Yale 人脸库上的各种方法的识别率比较。

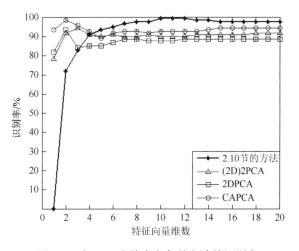

图 2-5　在 Yale 人脸库上各种方法的识别率

实验结果可以看出，2.10 节的方法高于（2D）2PCA（双向二维主成分分析）和 CAPCA 的识别率，这是由于 2.10 节的方法把类信息融入（2D）2PCA 过程中，较好地运用了样本的类别信息，所以其识别性能优于（2D）2PCA。同时对人脸图像矩阵直接进行处理，考虑了样本的结构信息，其识别性能也优于 CAPCA。

FERET 人脸库实验结果分析：选取每人的前 3 幅图像作为训练样本，其余的作为测试样本，则在 FERET 人脸库中训练样本的数目为 90，测试样本的数目为 120，表 2-5 为各种方法的最高识别率及对应的特征维数。

表 2-5 各种方法的最高识别率及对应的特征维数

方法	最高识别率/%	特征维数
2DPCA	80.83	80×2
（2D）2PCA	76.67	11×11
CAPCA	83.33	15×1
2.10 节的方法	86.67	80×6

每人随机选取 3 幅训练样本图像，重复计算 20 次识别率取其平均值。图 2-6 给出了在 FERET 人脸库上的各种方法的识别率比较。

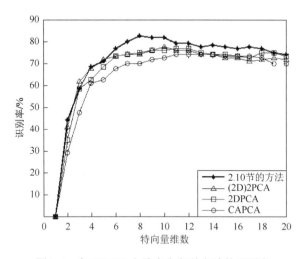

图 2-6 在 FERET 人脸库上各种方法的识别率

从实验结果可以看出，2.10 节的方法明显优于 2DPCA 和（2D）2PCA 方法的性能，由于 2.10 节的方法把类信息融入 2DPCA 过程中，较好地运用了样本的类别信息，其识别率有较大提高；直接对人脸图像矩阵进行处理后，与原来的 CAPCA 方法相比，识别率也有明显提高。

2.12　本 章 小 结

本章主要研究了人脸识别过程中的特征提取方法，主要的内容可概括如下。

（1）融合小波和自适应类增广 PCA 的人脸识别。该方法一方面用离散小波变换对人脸图像进行压缩，提取人脸的低频分量，这样既能保留人脸的主体信息，又能起到降维的作用，减少了计算量；另一方面不用对经 PCA 预处理后的数据增加类信息，而是直接归一化后求得每一类数据的中心，再对该数据中心点集进行 PCA，进而提取特征，这样能将类信息自适应地融入 PCA 过程中，使算法运用起来更加灵活。

（2）融合 2DPCA 和模糊 2DLDA 的人脸识别。该方法一方面将模糊集理论运用到 2DLDA 过程中，通过每个样本对每一类的模糊隶属度，充分地将每一样本的分布信息融入散射度矩阵的定义中，从而提高了 2DLDA 的分类性能；另一方面对人脸图像进行 2DPCA 和模糊 2DLDA 处理，有效地提取了人脸图像的行和列识别信息，实验结果表明，该方法的识别性能优于其他方法。

参 考 文 献

[1]　Turk M，Pentland A. Eigenfaces for recognition. Journal of Cognitive Neuroscience，1991，3（1）：71-86.

[2]　Duda R O，Hart P E. Pattern Classification and Scene Analysis. New York：Wiley，1973.

[3]　Belhumeur P，Hespanha J，Kriegman D. Eigenfaces vs. Fisherfaces：Recognition using class specific linear projection. IEEE Transactions on Pattern Analysis and Machine Intelligence，1991，13（3）：711-720.

[4]　Li H，Jiang T，Zhang K. Efficient and robust feature extraction by maximum margin criterion. IEEE Transactions on Neural Networks，2006，17（1）：1157-1165.

[5]　Yang J，Zhang D，Frangi A F，et al. Two-dimensional PCA：A new approach to appearance based face representation and recognition. IEEE Transactions on Pattern Analysis and Machine Intelligence，2005，26（1）：131-137.

[6]　Li M，Yuan B. 2D-LDA：A statistical linear discriminant analysis for image matrix. Pattern Recognition Letters，2005，26（5）：527-532.

[7]　Zuo W，Zhang D. Bidirectional PCA with assembled matrix distance metric for image recognition. IEEE Transactions on Systems，2006，36（4）：863-872.

[8]　Park M S，Na J H，Choi J Y. Feature extraction using class-augmented principal component analysis. Proceedings of International Conference on Artificial Neural Networks，LNCA，2006，4132：606-615.

[9]　Park M S，Choi J Y. Theoretical analysis on feature extraction capability of class-augmented PCA. Pattern Recognition，2009，42：2353-2362.

第 3 章　光照预处理与自适应特征提取

3.1　基于小波变换的预处理

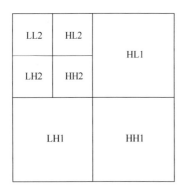

图 3-1　图像的小波分解结构

小波变换[1]是时间和频率的局部交换，因而能有效地从图像中提取信息。通过伸缩和平移等运算功能可对函数或信号进行多尺度的细化分析。当小波变换用于图像处理时，它多分辨率分析的特性可以得到图像不同层次的逼近信息和细节信息，见图 3-1。

基于小波变换的人脸图像光照归一化方法是通过小波变换得到图像的粗系数（低频系数）和细节系数（高频系数），然后对不同的系数图进行特定的操作之后，再重构图像，见图 3-2。

图 3-2　基于小波变换的人脸图像光照归一化

首先由二维小波变换将图像分解为低频粗系数成分和高频细节系数成分，然后对低频粗系数表示的图像进行直方图均衡化处理，同时对高频细节系数表示的图像乘以一个大于 1 的尺度因子。最后将均衡后的粗系数图与修正后的细节系数图通过二维小波逆变换重构图像。这样处理的优势在于：小波频域的直方图均衡化可以针对光照敏感的特定信息进行，不同于在图像空间域，只能对整体图像进行直方图均衡化，改变整幅图像的整体对比度，但是同时会改变细节特征的分布；利用小波分层分解的特性所提取的细节信息，通过乘以大于 1 的尺度因子，可以很好地增强边缘特征。

因此，图像信息最终可以由不同尺度上的小波基函数和尺度基函数共同来表达：

$$f(x) = \sum_j \sum_k a_{j,k} \phi_{j,k}(x) + \sum_j \sum_k d_{j,k} \psi_{j,k}(x) \tag{3-1}$$

其中，$\phi_{j,k}(x)$ 是尺度为 j 的尺度函数；$\psi_{j,k}(x)$ 是尺度为 j 的小波函数；$a_{j,k}$、$d_{j,k}$ 分别为尺度系数和小波系数。尺度系数和小波系数可以很容易地由低通滤波和高通滤波构成的二维滤波器组计算得到。不同光照条件下的图像经过小波归一化处理的效果如图 3-3 所示。

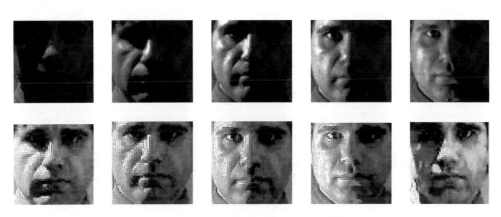

图 3-3　不同光照条件下的小波归一化效果

第一行是原始图像，第二行是归一化效果图

3.2　自商图像

反射光照模型 $I = RL$ 是自商图像（self quotient image，SQI）[2, 3]的理论基础，其中 R 是表面的反射系数，L 是光照，I 是图像。光照 L 被近似认为是图像的低频成分，可以通过平滑算子 F 来估计，即 $L \approx F * I$，从而

$$R = \frac{I}{F * I} \qquad (3\text{-}2)$$

之所以称 R 为自商图像，是因为它有着与商图像一样的光照不变形式，但是它不像商图像那样需要很多的训练图像，而是仅需要图像本身即可。

自商图像分单尺度自商图像（single-scale self quotient image，SSQI）[4]和多尺度自商图像（multi-scale self quotient image，MSQI）[5]，尺度是指滤波器的大小。单尺度自商图像对整幅图像采用一个滤波器处理一次所得，多尺度自商图像是选择不同大小的滤波器构成滤波器组依次处理图像并叠加所得。具体操作流程如下。

（1）选择平滑核 $G(G_1, G_2, \cdots, G_n)$，单尺度选择一个核，多尺度根据情况可选择多个核，一般核大小选择奇数，以下操作以多尺度自商图像为例；

（2）计算权值 $W(W_1, W_2, \cdots, W_n)$；

（3）对图像 I 进行平滑处理：

$$\tilde{I}_k = I \oplus \frac{1}{N} W_k G_k, \quad k = 1, 2, \cdots, n \tag{3-3}$$

（4）计算自商图像：

$$Q_k = \frac{I}{\tilde{I}_k}, \quad k = 1, 2, \cdots, n \tag{3-4}$$

（5）对自商图像进行非线性变换：

$$D_k = T(Q_k), \quad k = 1, 2, \cdots, n \tag{3-5}$$

（6）加权计算非线性变换的结果：

$$Q = \sum_{k=1}^{n} c_k D_k, \quad k = 1, 2, \cdots, n \tag{3-6}$$

其中，c_k 表示非线性变换的参数。不同光照条件下的图像经过自商图像处理后效果如图 3-4 所示。

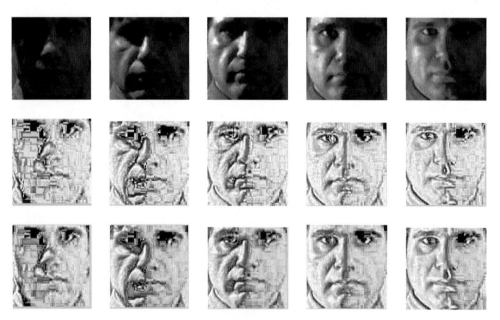

图 3-4　不同光照条件下的自商图像

第一行是原始图像，第二行是单尺度自商图像，第三行是多尺度自商图像

3.3　Retinex 方法

Retinex 理论[6]的图像处理模型是仿照人眼成像原理的逆过程建立的。Retinex

理论指出，人眼成像主要由两大因素决定，分别是入射光和反射物体，具体成像过程可用以下公式表示：

$$I(x,y) = R(x,y)L(x,y) \tag{3-7}$$

其中，$R(x,y)$ 为反射系数，主要由形状、姿态、材料、密度等因素决定，是与光照无关的；$L(x,y)$ 为入射光照；$I(x,y)$ 为反射光被观察者的眼睛或相机接收所形成的图像。

从给定的原始图像 $I(x,y)$ 恢复出光照 $L(x,y)$ 和反射系数 $R(x,y)$ 是一个不定方程求解问题，因此一般参考文献都是通过增加一个约束条件来求解的。这需要先假设光照 $L(x,y)$ 在空间上是平滑的，反射系数 $R(x,y)$ 在较小的邻域内是常量，可以通过特定的阈值分离出来，同时需要使 $L > R$，光照 $L(x,y)$ 的值接近图像的亮度。基于这些假设，Land[7] 提出了中心/环绕 Retinex 理论。

Jobson 等[8]提出了单尺度 Retinex（single scale Retinex，SSR）方法来求取 $R(x,y)$，计算方法是

$$\tilde{R}(x,y) = \ln I(x,y) - \ln[F(x,y) * I(x,y)] \tag{3-8}$$

其中，$F(x,y)$ 为低通滤波算子，$\iint F(x,y)\mathrm{d}x\mathrm{d}y = 1$；$I(x,y)$ 为原始图像；*表示卷积运算。目前 $F(x,y)$ 主要有以下几种形式：

$$F(x,y) = \frac{1}{r^2} \tag{3-9}$$

$$F(x,y) = \frac{1}{1+\left(\dfrac{r^2}{c^2}\right)} \tag{3-10}$$

$$F(x,y) = \mathrm{e}^{-\frac{|r|}{c}} \tag{3-11}$$

$$F(x,y) = \mathrm{e}^{-\frac{r^2}{c}} \tag{3-12}$$

其中

$$r = \sqrt{x^2 + y^2} \tag{3-13}$$

不管哪一种函数，本质都是为了对原图像进行各向同性的低通滤波，从而用平滑后的图像来估计图像中的光照成分，进一步估计反射系数。Retinex 方法相关的还有多尺度 Retinex（multi scale Retinex，MSR）方法[9]、自适应光滑单尺度 Retinex（adaptive single scale Retinex，ASSR）方法[10]。不同光照条件下，图像经过各种 Retinex 方法处理的效果如图 3-5 所示。

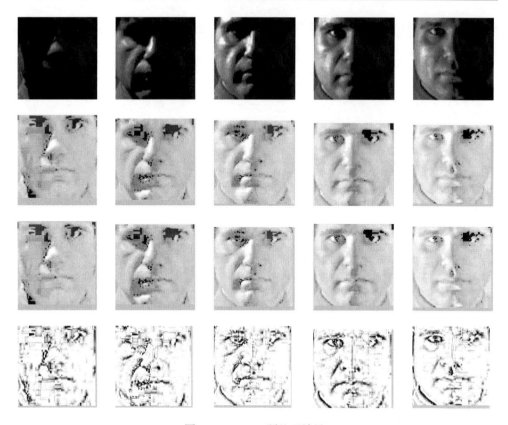

图 3-5　Retinex 预处理效果

第一行是原始图像，第二行是 SSR，第三行是 MSR，第四行是 ASSR

3.4　各向异性光滑处理

各向异性光滑（anisotropic smoothing，AS）的基本思想如下。

根据成像原理，由式（3-7）可以看出，只要能够很好地估计出光照，就能间接地求出反射系数所表示的本质图像，由于反射系数是由物体本身的物理属性决定的，不受光照条件和光源的影响，所以反射系数图就是最终要得到的处理后的图像。

由于光照条件复杂的图像，局部对比度差异很大，但是用各向同性的平滑机制无法达到令人满意的效果，因此，为了对各个局部依次处理又不使局部间隔跳跃过大，Gross 和 Brajovic[11]通过最小化以下代价函数来对光照进行估计：

$$J(L) = \iint_{\Omega} \rho(x,y)(L-I)^2 \mathrm{d}x\mathrm{d}y + \lambda \iint_{\Omega} (L_x^2 + L_y^2)\mathrm{d}x\mathrm{d}y \tag{3-14}$$

其中，等号右边第一项是使得光照接近原始图像，等号右边第二项是保证光照在较小领域内的光滑性，λ 控制两项的相对重要性，Ω 是图像空间，$\rho(x,y)$ 是各向异性的特征函数。如果用欧拉-拉格朗日方程来求解式（3-14），则可以得到如下微分方程：

$$L(x,y)+\frac{\lambda}{\rho(x,y)}[L_{xx}(x,y)+L_{yy}(x,y)]=I(x,y)$$

$$L_{xx}(x,y)=\frac{\partial^2 L(x,y)}{\partial x \partial x},\quad L_{yy}(x,y)=\frac{\partial^2 L(x,y)}{\partial y \partial y}$$

（3-15）

通过矩形格离散化处理，得到如下离散方程：

$$L_{i,j}+\lambda\left[\frac{1}{\rho_{i,j-1}}(L_{i,j}-L_{i,j-1})+\frac{1}{\rho_{i,j+1}}(L_{i,j}-L_{i,j+1})+\frac{1}{\rho_{i-1,j}}(L_{i,j}-L_{i-1,j})+\frac{1}{\rho_{i+1,j}}(L_{i,j}-L_{i+1,j})\right]=I_{i,j}$$

（3-16）

其中，$L_{i,j}$ 和 $I_{i,j}$ 分别是 (i,j) 点处的光照值和图像值，同时通过韦伯对比度来调节 $\rho_{i,j}$：

$$\rho_{i,j}=\frac{\Delta I}{I}=\frac{|I_i-I_j|}{\min(I_i,I_j)}$$

（3-17）

式（3-17）是一个边界问题，可以认为是一个大稀疏矩阵等式 $AL=I$，通过多格方法解此数值方程，从而根据 $R=I/L$ 得到 R。各向异性光滑处理效果如图 3-6 所示。

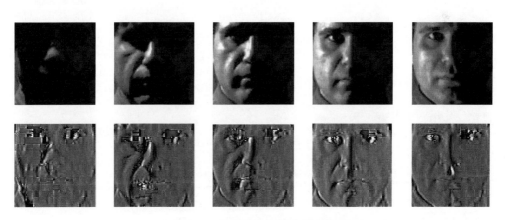

图 3-6　各向异性光滑处理效果

第一行是原始图像，第二行是各向异性光滑处理后的效果

3.5　同态滤波

同态滤波（homomorphic filtering，HF）[12]常用于图像处理，它把频率过滤和

灰度变换相结合，同时依靠图像的照度/反射率模型，利用压缩亮度范围和增强对比度来改善图像的质量。

同态滤波的基本原理是：将像元灰度值 $f(x,y)$ 看作照度 $l(x,y)$ 和反射率 $r(x,y)$ 两个组分的产物。由于照度相对变化很小，可以看作图像的低频成分，反射率就是高频成分。分别分析照度和反射率对像元灰度值的影响，进而达到揭示阴影区细节特征的目的。

$$f(x,y) = l(x,y)r(x,y) \tag{3-18}$$

为了将相互独立的照度和反射率分离，采用对数域变换操作：

$$z(x,y) = \ln f(x,y) = \ln l(x,y) + \ln r(x,y) \tag{3-19}$$

用滤波函数 h 对式（3-19）进行计算得

$$s(x,y) = h * z(x,y) = h * \ln l(x,y) + h * \ln r(x,y) \tag{3-20}$$

这里的*表示卷积运算，由卷积理论可以将式（3-20）改写为

$$S(u,v) = H(u,v)Z(u,v) = H(u,v)F_l(u,v) + H(u,v)F_r(u,v) \tag{3-21}$$

其中，$S(u,v)$、$H(u,v)$、$Z(u,v)$、$F_l(u,v)$、$F_r(u,v)$ 分别为 $s(x,y)$、$h(x,y)$、$z(x,y)$、$\ln l(x,y)$、$\ln r(x,y)$ 的傅里叶变换，这样通过傅里叶逆变换可以得到 $s(x,y)$：

$$s(x,y) = \mathcal{F}^{-1}\{S(u,v)\} = \mathcal{F}^{-1}\{H(u,v)F_l(u,v)\} + \mathcal{F}^{-1}\{H(u,v)F_r(u,v)\} \tag{3-22}$$

其中 $\mathcal{F}^{-1}$ 表示傅里叶逆变换，令

$$l'(x,y) = \mathcal{F}^{-1}\{H(u,v)F_l(u,v)\} \tag{3-23}$$

$$r'(x,y) = \mathcal{F}^{-1}\{H(u,v)F_r(u,v)\} \tag{3-24}$$

则式（3-20）可以表示为

$$s(x,y) = l'(x,y) + r'(x,y) \tag{3-25}$$

令 $g(x,y)$ 是过滤后的增强图像，结合式（3-18），可得

$$g(x,y) = e^{s(x,y)} = e^{l'(x,y)}e^{r'(x,y)} = l_0(x,y)r_0(x,y) \tag{3-26}$$

其中，$l_0(x,y) = e^{l'(x,y)}$，$r_0(x,y) = e^{r'(x,y)}$ 分别对应光照和反射成分的输出图像。通常 $H(u,v)$ 取巴特沃思高通滤波器。

$$H(u,v) = \frac{1}{1 + \left[\dfrac{D_0}{D(u,v)}\right]^{2n}} \tag{3-27}$$

其中，$D(u,v)$ 为距离傅里叶变换中心的距离；D_0 为距离阈值；n 为滤波器的阶。同态滤波的流程图如图 3-7 所示。

$$f(x, y) \rightarrow \boxed{\ln} \rightarrow \boxed{\text{DFT}} \rightarrow \boxed{H(u, v)} \rightarrow \boxed{(\text{DFT})^{-1}} \rightarrow \boxed{\exp} \rightarrow g(x, y)$$

图 3-7　同态滤波流程图

同态滤波的图像处理效果如图 3-8 所示。

图 3-8　同态滤波效果图

第一行是原始图像，第二行是同态滤波效果图

3.6　局部对比增强

不均衡光照条件下的图像一般都有较大的亮度范围，且数据值分布不均衡。通常的直方图均衡化仅仅从整体角度改变数据分布，数据分布虽然均衡了，但是不能有效地突出细节特征。因为基于整幅图像的均衡化处理会限制对比拉伸的比率，而基于局部对比增强（local contrast enhancement，LCE）[13]处理可以有效地改善细节特征的可视化。LCE 变换的公式如下：

$$Y(m,n) = \begin{cases} \ln\left[\dfrac{L(m,n)}{\overline{L(m,n)}}\right], & L(m,n) > \theta, \quad \overline{L(m,n)} > \theta \\ 0, & \text{否则} \end{cases} \tag{3-28}$$

其中，$L(m,n)$ 为像素 (m,n) 处的灰度值；$\overline{L(m,n)} = \dfrac{1}{N}\sum\limits_{i,j\in\Omega} L(m+i, n+j)$，$\Omega$ 为像素 (m,n) 的领域；θ 为预定义的阈值。

实验采用 5×5 的领域，N 是所选领域的像素数总和。由于式（3-28）得到的局部值可正可负，所以有必要进行数据归一化。

$$f(m,n) = \frac{Y(m,n) - Y_{\min}}{Y_{\max} - Y_{\min}} \times 255 \qquad （3-29）$$

LCE 处理效果如图 3-9 所示。

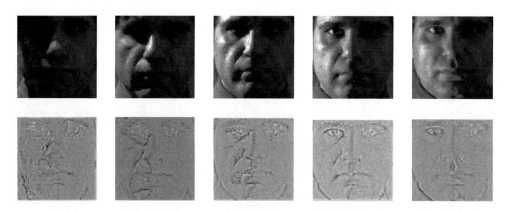

图 3-9　LCE 处理效果

第一行是原始图像，第二行是 LCE 效果图

3.7　基于 Curvelet 的特征提取

不同数据库的图像有着不同的外环境，如光照、背景等。同样有着不同的内环境，如肤色、姿态等。因此，针对不同的数据库，应该采用不同的特征选择方式，能够自适应地根据训练库自身的特点，优先选择最具鉴别力的特征用于分类。

3.7.1　Curvelet 变换

在二维空间 R^2 中，x 为空间位置参量，ω 为频率域参量，r、θ 为频率域下的极坐标。假设存在平滑、非负、实值的"半径窗" $W(r)$ 和"角窗" $V(t)$，且满足容许性条件：

$$\sum_{j=-\infty}^{\infty} W^2(2^j r) = 1, \quad r \in (3/4, 3/2) \qquad （3-30）$$

$$\sum_{l=-\infty}^{\infty} V^2(t-l) = 1, \quad t \in (-1/2, 1/2) \qquad （3-31）$$

对所有尺度 $j \geq j_0$，定义傅里叶频域的频率窗为

$$U_j(r,\theta) = 2^{-3j/4} W(2^{-j}r) V[2^{\lfloor j/2 \rfloor}\theta/(2\pi)] \qquad （3-32）$$

其中，$\lfloor j/2 \rfloor$ 表示 $j/2$ 的整数部分。

令母函数 Curvelet[14]为 $\varphi_j(x)$，其傅里叶变换 $\hat{\varphi}_j(\omega) = U_j(\omega)$，则在尺度 2^j 上的所有 Curvelet 都可由 φ_j 旋转和平移得到。

引入等距的旋转角序列 $\theta_l = 2\pi \times 2^{-\lfloor j/2 \rfloor} \times l (l = 0,1,\cdots, 0 \leqslant \theta_l \leqslant 2\pi)$ 和位移参数序列 $k = (k_1, k_2) \in Z^2$，定义尺度为 2^{-j}，方向角为 θ，位置为 $x_k^{(j,l)} = R_{\theta_l}^{-1}(k_1 \times 2^{-j}, k_2 \times 2^{-j/2})$ 的 Curvelet 为

$$\varphi_{j,l,k}(x) = \varphi_j[R_{\theta_k}(x - x_k^{j,l})] \qquad (3\text{-}33)$$

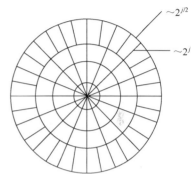

图 3-10　连续 Curvelet 变换的频域分块图

其中，R_θ 表示以 θ 为弧度的旋转；U_j 为极坐标下的一种"楔形"窗，如图 3-10 所示，直线指向的区域表示一个"楔形"窗，为 Curvelet 的支撑区间。

由于将频域光滑地分成角度不同的环形，这种分割并不适合图像的二维笛卡儿坐标系，所以，采用同中心的方块区域代替，如图 3-11 所示。

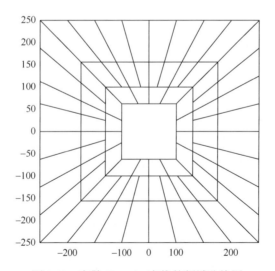

图 3-11　离散 Curvelet 变换的频域分块图

定义笛卡儿坐标系下的局部窗为

$$\bar{U}_j(\omega) = \tilde{W}_j(\omega) V_j(\omega) \qquad （3\text{-}34）$$

其中

$$\begin{cases} \tilde{W}_j(\omega) = \sqrt{\Phi_{j+1}^2(\omega) - \Phi_j^2(\omega)} \\ V_j(\omega) = V(2^{\lfloor j/2 \rfloor}\omega_2 / \omega_1), \quad j \geqslant 0 \end{cases} \qquad (3\text{-}35)$$

Φ 被定义为一维低通窗口的内积，函数 Φ 满足 $0 \leqslant \Phi \leqslant 1$，在区间 $[-1/2，1/2]$ 上的值为 1，在 $[-2，2]$ 以外取值为 0，且满足条件：$\Phi_0(\omega)^2 + \sum\limits_{j \geqslant 0} \tilde{W}_j^2(\omega) = 1$。

$$\Phi_j(\omega_1, \omega_2) = \varphi(2^{-j}\omega_1)\varphi(2^{-j}\omega_2) \qquad (3\text{-}36)$$

引入等间隔斜率序列 $\tan\theta_l = l \cdot 2^{-\lfloor j/2 \rfloor}$，$l = -2^{\lfloor j/2 \rfloor}, \cdots, 2^{\lfloor j/2 \rfloor} - 1$，则定义：

$$\tilde{U}_{j,l}(\omega) = W_j(\omega)V_j(S_{\theta_l}\omega) \qquad (3\text{-}37)$$

剪切矩阵 $S_\theta = \begin{bmatrix} 1 & 0 \\ -\tan\theta & 1 \end{bmatrix}$，则离散 Curvelet 的 USFFT（unequally spaced fast Fourier transforms）定义为

$$\tilde{\varphi}_{j,l,k}(x) = 2^{3j/4}\tilde{\varphi}_j[S_{\theta_l}^{\mathrm{T}}(x - S_{\theta_l}^{\mathrm{T}}b)] \qquad (3\text{-}38)$$

其中，b 取离散值 $(k_1 \cdot 2^{-j}, k_2 \cdot 2^{-j/2})$。这样离散 Curvelet 变换的系数为

$$c(j,l,k) = \int \hat{f}(\omega)\tilde{U}_j(S_{\theta_l}^{-1}\omega)e^{i\langle S_{\theta_l}^{\mathrm{T}}b, \omega \rangle}\mathrm{d}\omega \qquad (3\text{-}39)$$

由于剪切的块 $S_{\theta_l}^{-\mathrm{T}}(k_1 \times 2^{-j}, k_2 \times 2^{-j/2})$ 不符合标准的矩形，所以不适合采用快速傅里叶变换（fast Fourier transform，FFT）算法，因此式（3-39）可重新改为

$$c(j,l,k) = \int \hat{f}(S_{\theta_l}\omega)\tilde{U}_j(\omega)e^{i(b,\omega)}\mathrm{d}\omega \qquad (3\text{-}40)$$

3.7.2　离散 Curvelet 变换的实现方法

2005 年提出的两种快速离散 Curvelet 变换[15]的实现方法，分别是 USFFT 算法和 Wrapping 算法，本章实验采用基于 Wrapping 的快速离散 Curvelet 变换实现方法，这个方法的核心思想是围绕原点 Wrapping，意思是在具体实现时对任意区域，通过周期化技术一一映射到原点的仿射区域，以笛卡儿坐标系下的 $f[t_1, t_2](0 \leqslant t_1, t_2 < n)$ 为输入，具体过程如下。

（1）对于给定的一个笛卡儿坐标系下的二维函数进行 2DFFT，得到二维频域表示：

$$\hat{f}[n_1, n_2], \quad -n/2 \leqslant n_1, \quad n_2 \leqslant n/2 \qquad (3\text{-}41)$$

（2）在频域对每一对 (j, l)（尺度，角度），重新采用 $\hat{f}[n_1, n_2]$ 得到采样值：

$$\hat{f}[n_1, n_2 - n_1 \tan\theta_l], \quad (n_1, n_2) \in P_j \qquad (3\text{-}42)$$

（3）将内插后的 $\hat{f}$ 与窗口函数 $\tilde{U}_j$ 相乘可得

$$\hat{f}[n_1,n_2] = \hat{f}[n_1,n_2 - n_1 \tan\theta_1]\tilde{U}_j[n_1,n_2] \tag{3-43}$$

（4）围绕原点 Wrapping 局部化 $\hat{f}[n_1,n_2]$。

（5）对 $\hat{f}_{j,l}$ 进行 2DFFT，可得到离散的 Curvelet 系数集合 $C^D(j,l,k)$。

图 3-12 是 Curvelet 分解与经过 LCE 预处理的 Curvelet 分解的对比。图 3-12（b）是直接分解的粗系数；图 3-12（c）和（d）是两种直接分解的细系数；图 3-12（e）是 LCE + 粗系数；图 3-12（f）和（g）是 LCE + 两种分解的细系数。

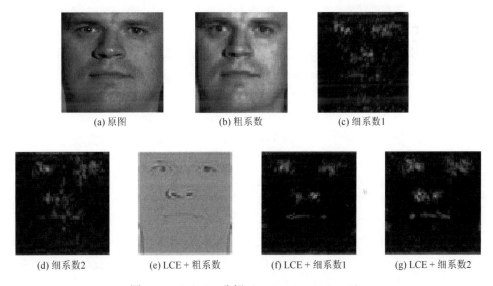

(a) 原图　　　　　　　(b) 粗系数　　　　　　　(c) 细系数1

(d) 细系数2　　　(e) LCE + 粗系数　　　(f) LCE + 细系数1　　　(g) LCE + 细系数2

图 3-12　Curvelet 分解（scale = 3，angle = 8）

由图 3-12 分析可知，直接对光照复杂条件下的图像进行 Curvelet 分解，得到的细系数含有较多噪声，人脸特征的边缘方向不清晰。经过 LCE 预处理后，再进行 Curvelet 分解，得到的细系数方向明确，细节信息显著。

3.8　自适应特征的提取

不同数据库的图像有着不同的外环境，如光照、背景等，同样也有着不同的内环境，如肤色、姿态等。因此，针对不同的数据库，应该采用不同的特征选择方式，能够自适应地根据训练库自身的特点，优先选择最具鉴别力的特征用于分类。

3.8.1　候选特征的表示

图像经过 Curvelet 变换后得到的粗系数尺度，各个方向细系数尺度都不尽相同。为了进行统一的特征描述，同时达到局部与全局兼顾的效果，可以用统计学方法求区域的统计参数作为特征。

文献[16]中用粗系数和具有最大方差的细系数构成特征向量，这种构建方式容易造成识别结果不稳定，因为粗系数中有光照信息，而且最大方差的细系数会造成训练样本和测试样本匹配度下降。

文献[17]中对变换域得到的系数进行区域统计特征描述，特征表达式为 $v_i = (\mu_i, \sigma_i^2)$，其中 v_i 表示第 i 个区域的特征，μ_i、σ_i^2 分别表示该区域的均值和方差。而方差和均值都容易受光照的影响而变化幅度较大，从而导致识别不稳定。

文献[15]中对所有系数子带都进行分块表征，且采用 $v = (\mu, \sigma^2, e)$（均值、方差、熵）的三个统计指标进行表征，最终将所有块的指标参数排成特征向量。这样做的缺点是特征维数太高、计算复杂度大，而且存在较多冗余信息。例如，一幅 64 像素×64 像素的图像，经过 Curvelet 3 级尺度、8 个方向分解后，得到 1 个粗系数、24 个细系数，按照 7×7 分块，总共有 537 块，每块由 3 个统计参数来表征，那么最终的特征向量维数为 537×3。这样的特征向量一方面由于维数高而时间计算复杂度高；另一方面由于用均值和方差表征光照条件复杂的图像，常常带有冗余信息和不稳定性，最终导致特征鉴别力降低。

因此，针对现有文献方法的弊端，考虑到特征维数不能过高，本方法对 Curvelet 系数进行分块求熵，将熵值排成列向量作为候选特征向量。但考虑到候选特征向量中仍会有冗余信息存在，所以对候选特征向量进行鉴别能力分析，从而进一步进行特征选择是十分有必要的。

3.8.2　鉴别能力分析与特征选择

鉴别特征不是越多越好，混有对识别不利的特征反而会影响识别效果。3.8.1 节得到的变换系数的分块熵候选特征向量，是按块的位置顺序简单地排成了一列，任意一个训练样本的候选特征向量可以表示为 $X = [x_1, x_2, \cdots, x_k]^T$，其中 k 表示块数。

并不是所有的候选特征值都具有相同的鉴别能力，也并不是所有的候选特征都有用于鉴别分类的必要。为了提高识别的精度，有必要对候选特征进行鉴别能力分析，选择鉴别能力强的特征值构建鉴别特征向量。借鉴 LDA 的分类特性，本章采取使类内数据靠近、类间数据远离的原则，对每一个候选特征值进行鉴别能力分析。考虑到计算的简便性，本章用方差表示数据集的离散程度，用类内的方差和类间的方差之比来衡量候选特征鉴别能力的强弱。

设一个训练集有 C 类，每类有 S 个样本，每个样本的候选特征向量维数为 k，$A = [A_1, A_2, \cdots, A_k]$ 表示训练集所有样本的候选特征矩阵，其中

$$A_i = \begin{bmatrix} x_i(1,1) & x_i(1,2) & \cdots & x_i(1,C) \\ x_i(2,1) & x_i(2,2) & \cdots & x_i(2,C) \\ \vdots & \vdots & & \vdots \\ x_i(S,1) & x_i(S,2) & \cdots & x_i(S,C) \end{bmatrix}, \quad i = 1, 2, \cdots, k \qquad (3\text{-}44)$$

表示所有训练样本的第 i 个候选特征矩阵，$x_i(p,q)$ 表示第 q 类的第 p 个样本的第 i 个候选特征值。

任意候选特征值的鉴别能力评估值求解步骤如下。

（1）求类内均值：

$$M_i^c = \frac{1}{S} \sum_{s=1}^{S} A_i(s,c), \quad c = 1, 2, \cdots, C \qquad (3\text{-}45)$$

（2）求类内均方差：

$$V_i^c = \sum_{s=1}^{S} [A_i(s,c) - M_i^c]^2, \quad c = 1, 2, \cdots, C \qquad (3\text{-}46)$$

$$V_i^W = \frac{1}{C} \sum_{c=1}^{C} V_i^c \qquad (3\text{-}47)$$

（3）求类间均值：

$$M_i = \frac{1}{SC} \sum_{c=1}^{C} \sum_{s=1}^{S} A_i(s,c) \qquad (3\text{-}48)$$

（4）求类间方差：

$$V_i^B = \sum_{c=1}^{C} \sum_{s=1}^{S} [A_i(s,c) - M_i]^2 \qquad (3\text{-}49)$$

（5）求鉴别能力估计值：

$$D(i) = \frac{V_i^B}{V_i^W}, \quad 1 \leqslant i \leqslant k \qquad (3\text{-}50)$$

最后通过对鉴别能力估计值降序、排序，得到鉴别能力由强到弱的候选特征的索引值，从而进行特征选择。

3.9　非参数子空间分析

NSA 方法是 LDA 方法的改进。LDA 存在两个明显的不足之处。首先，它仅

以类中心来计算类间散布矩阵，这样对分类所必需的类边界结构就无法全面捕捉到。其次，在图像数据的维数远大于图像训练样本数的情况下，很容易产生小样本问题。

为解决这两个问题，NSA 方法采用非参数的结构形式保留对分类有用的结构信息，并对类间散布矩阵重新进行了定义：

$$S_B^{\mathrm{NSA}} = \sum_{i=1}^{C}\sum_{\substack{j=1 \\ j \neq i}}^{C}\sum_{l=1}^{N_i} w(i,j,l)[x_l^i - m_j(x_l^i)][x_l^i - m_j(x_l^i)]^{\mathrm{T}} \tag{3-51}$$

其中，C 为类别数；N_i 为第 i 类的总样本数；x_l^i 为第 i 类的第 l 个样本向量；$m_j(x_l^i)$ 为 x_l^i 样本向量在第 j 类中的局部 k 近邻均值；$w(i,j,l)$ 为权重函数，具体定义见参考文献[18]。

类内散布矩阵 S_W 保持与 LDA 一致，即

$$S_W = \sum_{i=1}^{C}\sum_{l=1}^{N_i}(x_l^i - \mu_i)(x_l^i - \mu_i)^{\mathrm{T}} \tag{3-52}$$

其中，μ_i 为第 i 类所有样本的均值向量。

NSA 方法的最后一步是通过 $S_W^{-1}S_B^{\mathrm{NSA}}$ 矩阵的特征分解得到投影向量，将原始数据向投影空间投影，从而提取出最终的特征。

3.10　2DPCA 非参数子空间分析

3.10.1　二维主成分分析

有 N 幅图像组成的训练样本集 $A_i(i=1,2,\cdots,N)\in \mathrm{R}^{m\times n}$，共 C 类，第 i 类样本的个数为 N_i，于是样本总数 $N = N_1 + N_2 + \cdots + N_C$。设 $X \in \mathrm{R}^{n\times d}$ 是列向标准正交的矩阵，且 $n \geq d$，将图像矩阵 A_i 向 X 投影，得到 $Y_i = A_iX \in \mathrm{R}^{m\times d}$。如同 PCA 方法，即

$$\begin{aligned} J(X) &= \mathrm{tr}\{E[(Y - EY)(Y - EY)^{\mathrm{T}}]\} \\ &= \mathrm{tr}\{E[(AX - E(AX))(AX - E(AX))^{\mathrm{T}}]\} \\ &= \mathrm{tr}\{X^{\mathrm{T}}E[(A - EA)^{\mathrm{T}}(A - EA)]X\} \end{aligned} \tag{3-53}$$

令 $G = E[(A - EA)^{\mathrm{T}}(A - EA)]$，则 G 是一个非负正定矩阵，且 $G \in \mathrm{R}^{n\times n}$。一般用图像的平均值来得到 G 的评估值：

$$G = \frac{1}{N}\sum_{k=1}^{n}(A_k - \overline{A})^{\mathrm{T}}(A_k - \overline{A}) \tag{3-54}$$

其中，$\bar{A} = \dfrac{1}{N}\sum\limits_{k=1}^{n} A_k$。

通过对 G 特征分解，前 d 个最大特征值所对应的特征向量就构成了最佳投影矩阵 $X_{\text{opt}} = [x_1, x_2, \cdots, x_d]$，$d$ 可由式（3-55）确定：

$$\frac{\sum_{i=1}^{d} \lambda_i}{\sum_{i=1}^{n} \lambda_i} \geqslant \theta \tag{3-55}$$

其中，$\lambda_1, \lambda_2, \cdots, \lambda_n$ 是 G 的前 n 个最大特征值；θ 是给定的阈值。

3.10.2　二维非参数子空间分析

经过 2DPCA[19]处理之后，原高维图像矩阵就变成了子空间低维数据矩阵，此时的图像训练样本集合为 $Y_i(i=1,2,\cdots,N) \in \mathbf{R}^{m \times d}$，共 C 类。本节借鉴 PCA 到 2DPCA 的改变，将 NSA 改为 2DNSA。类内散布矩阵和类间散布矩阵定义如下：

$$S_W^{\text{2DNSA}} = \frac{1}{N}\sum_{i=1}^{C}\sum_{l=1}^{N_i}(Y_l^i - \bar{Y}_i)(Y_l^i - \bar{Y}_i)^{\mathrm{T}} \tag{3-56}$$

$$S_B^{\text{2DNSA}} = \sum_{i=1}^{C}\sum_{\substack{j=1 \\ j \neq i}}^{C}\sum_{l=1}^{N_i} w(i,j,l)[Y_l^i - m_j(Y_l^i)][Y_l^i - m_j(Y_l^i)]^{\mathrm{T}} \tag{3-57}$$

其中，C 为类别数；N_i 为第 i 类的总样本数；Y_l^i 为第 i 类的第 l 个样本矩阵；$m_j(Y_l^i)$ 为 Y_l^i 样本矩阵在第 j 类中的局部 k 近邻均值；$\bar{Y}_i$ 为第 i 类所有样本矩阵的均值；权重函数 $w(i,j,l)$、局部 k 近邻均值 $m_j(Y_l^i)$ 和 $\bar{Y}_i$ 类均值的具体定义如下：

$$w(i,j,l) = \frac{\min\{d^{\alpha}[Y_l^i, NN_k(Y_l^i, i)], d^{\alpha}[Y_l^i, NN_k(Y_l^i, j)]\}}{d^{\alpha}[Y_l^i, NN_k(Y_l^i, i)] + d^{\alpha}[Y_l^i, NN_k(Y_l^i, j)]} \tag{3-58}$$

$$m_j(Y_l^i) = \frac{1}{k}\sum_{p=1}^{k} NN_p(Y_l^i, j) \tag{3-59}$$

$$\bar{Y}_i = \frac{1}{N_i}\sum_{i=1}^{k} Y_i \tag{3-60}$$

其中，$d^{\alpha}(V_1, V_2)$ 为矩阵 V_1 和 V_2 的图像欧氏距离，α 为取值为非负的参数，用于控制距离比值的变化；$NN_p(Y_l^i, j)$ 为在第 j 类中样本矩阵 Y_l^i 的 p 近邻样本矩阵。最后通过 $(S_W^{\text{2DNSA}})^{-1}S_B^{\text{2DNSA}}$ 矩阵的特征分解得到最佳投影矩阵 $Z_{\text{opt}} = [z_1, z_2, \cdots, z_q]$，$q$ 为预选的前 q 个最大特征值。

3.10.3 特征提取和分类

经过 2DPCA 的降维和预处理，再经过 2DNSA 的特征提取，最终的特征矩阵为

$$T = Z_{\text{opt}}^{\text{T}} A X_{\text{opt}} \tag{3-61}$$

这样对于给定的测试图像矩阵 A'，可以通过式（3-61）得到一个特征矩阵 T'，将其与训练图像集的每个特征矩阵 T，依次转为对应的特征列向量 (t',t)，利用余弦距离分类器找到对应类别。

$$d_{\cos}(t',t) = \frac{t't}{\|t'\|\|t\|} \tag{3-62}$$

其中，$t't$ 为向量 t' 与 t 的内积；$\|\bullet\|$ 为向量的模。通过式（3-62）计算向量间的余弦距离，最大距离所对应的训练样本的所属类别即待测试图像的对应类别。

3.11　实验结果与分析

为了验证所提方法可靠和易于推广，这里采用四个人脸库分别进行实验的验证。ORL 人脸库，由剑桥大学 AT&T 实验室创建，包含 40 个人共 400 幅面部图像，部分志愿者的图像包括了姿态、表情和面部饰物的变化。Yale 人脸库由耶鲁大学计算视觉与控制中心创建，包括 15 位志愿者的 165 幅图片，包括光照、表情和姿态的变化。YaleB 人脸库，其中有 10 个人，每个人有 64 种光照条件。还有不同表情和光照的 AR 人脸库，本次实验选取其中 120 个人，每个人 14 幅图片。实验前将所有图像大小归一为 64 像素×64 像素。

3.11.1　分块熵特征表示的性能优势

针对现有文献中已存在的分块均值（block mean，BM）特征和分块方差（block variance，BV）特征，为了验证基于 Curvelet 变换域系数的分块熵（block entropy，BE）构成的候选特征向量具有良好的鉴别优势，具体实验过程如下。

（1）在实验库中随机分配训练集和测试集，即在每一个人脸库中随机选若干幅图像进行训练，剩余的进行测试。本实验中，ORL 人脸库中每个人随机选 5 幅图像进行训练。Yale 人脸库中每个人随机选 6 幅图像进行训练。YaleB 人脸库中每个人随机选 10 幅图像进行训练，AR 人脸库中每个人随机选 8 幅图像进行训练。

（2）对所有图像进行 LCE 处理。局部区域为 5×5。

（3）对图像进行 Curvelet 变换，得到变换系数。ORL、Yale、AR 人脸库图像分解的尺度为 2，角度为 8；YaleB 人脸库图像分解的尺度为 3，角度为 8。

（4）对变换系数进行分块求熵，将所有熵值排成一列，构成候选特征向量。

（5）采用最小距离分类器进行分类验证。

不同数据库中的对比实验如图 3-13 所示。

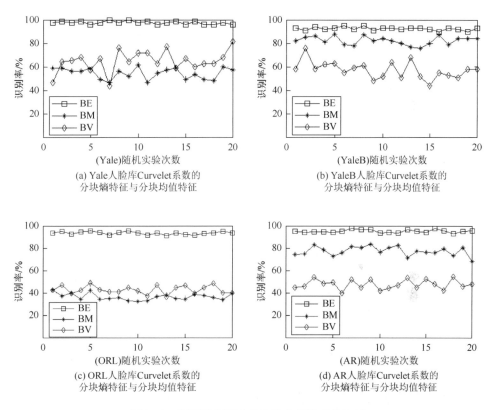

(a) Yale 人脸库 Curvelet 系数的
分块熵特征与分块均值特征

(b) YaleB 人脸库 Curvelet 系数的
分块熵特征与分块均值特征

(c) ORL 人脸库 Curvelet 系数的
分块熵特征与分块均值特征

(d) AR 人脸库 Curvelet 系数的
分块熵特征与分块均值特征

图 3-13　不同数据库中的分块方差特征的比较

由图 3-13 分析可得：①基于 Curvelet 变换系数的分块熵特征比分块均值特征和分块方差特征更有鉴别力，也更具稳定性；②进一步表明，基于方差和均值进行统计表征的向量，其鉴别能力不具有普遍适应性，容易受到光照等环境变化的影响，从而导致识别率不稳定。

3.11.2　自适应特征选择

对基于 Curvelet 变换系数的局部熵候选特征向量的每一个特征值通过式（3-44）～

式（3-50）进行鉴别能力评估，根据鉴别评估值的大小降序排列，选出最佳维数的最优鉴别特征向量。对比实验如图 3-14 所示。

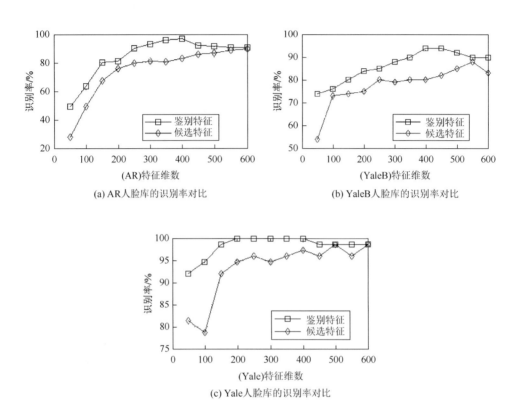

(a) AR人脸库的识别率对比

(b) YaleB人脸库的识别率对比

(c) Yale人脸库的识别率对比

图3-14　鉴别能力分析后的鉴别特征与候选特征在不同维数下的识别率对比

由图 3-14 分析可知：经过鉴别能力分析（discrimination power analysis，DPA）并按照评估值重新选择的鉴别特征比原始候选特征明显具有识别优势。而且最佳特征向量的维数也有所减少。如图 3-14（a）所示，AR 人脸库经过特征鉴别分析后，最高识别率所对应的最佳特征维数为 400，小于候选特征维数 600；如图 3-14（c）所示，Yale 人脸库中，自适应特征选择的最佳维数为 200，远小于候选特征的维数 600。通过鉴别分析，一方面最大限度地减少了特征向量的维数，另一方面最大化地提取了最有鉴别力的特征，而且对不同的数据库所形成的最佳特征是自适应的。

在相同的预处理条件下，即归一化为相同的大小（64 像素×64 像素），经过相同的 LCE 处理，本章方法与传统 PCA、LDA 特征提取方法的平均识别率对比如表 3-1 所示。

表 3-1　本章方法与常用特征提取方法的平均识别率对比　　（单位：%）

人脸库	本章方法	LDA	PCA
ORL	93.38	57.65	92.80
Yale	97.53	58.00	81.47
YaleB	92.50	71.60	69.45
AR	95.22	88.92	66.89

3.11.3　不同 2DPCA 子空间对 2DNSA 的影响

在 Yale 人脸库中，每人随机选 3 幅图像作为训练样本，剩余 8 幅图像作为测试样本。在 LARGE 人脸库中，每人随机选 3 幅图像作为训练样本，剩余 7 幅图像作为测试样本，即 Yale 人脸库有 45 幅图像构成训练集，其余 120 幅图像作为测试集合；LARGE 人脸库有 60 幅图像构成训练集，其余 140 幅图像作为测试集合。实验过程中 2DNSA 的特征维数取值为 4，在 2DPCA 子空间分别取阈值 $\theta = 0.80$，0.82，0.84，0.86，0.88，0.90，0.92，0.94，0.96，0.98，共 10 种条件。在每一个阈值取值条件下，每个库进行 10 次随机测试，最终取 10 次的平均值作为当前阈值条件下的识别率。图 3-15（a）和（b）分别为 Yale 人脸库和 LARGE 人脸库中的 10 种 2DPCA 阈值条件下的 2DNSA 的平均识别率。

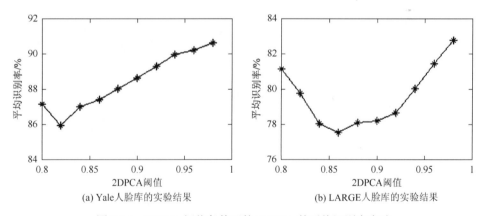

(a) Yale人脸库的实验结果　　　　　　　　(b) LARGE人脸库的实验结果

图 3-15　2DPCA 阈值条件下的 2DNSA 的平均识别率实验

实验结果分析：由图 3-15 可知，对于不同的数据库，2DPCA 的子空间对 2DNSA 的影响是不同的，但总体趋势是一样的，都是阈值越高，相应条件下的 2DNSA 的识别效果越好；但是为了节省后续数据的处理时间，同时保证将有利于分类的特征保留，不利的噪声数据去除，2DPCA 子空间所保留的特征维数不能太大，否则就达不到特征降维的目的。综合考虑后，实验中 2DPCA 子空间的阈值取 0.98。

3.11.4　各种光照预处理与特征提取方法相结合对比分析

为了提取光照鲁棒性的人脸特征，通过本章中对光照预处理方法的性能分析和对特征提取方法的分析，可以看出，整合光照预处理和特征提取进行分析是十分有必要的。为了研究光照预处理对于特征提取的影响，以及最终对于识别率的重要影响，这里着重选择三个人脸库进行实验验证和分析。

实验对比所用的光照预处理方法有：小波归一化（wavelet_normalization）[1]、SSQI[4]、MSQI[5]、SSR[8]、MSR[9]、ASSR[10]、AS[20]、HF[12]、LCE[13]。

实验对比所有的特征提取方法，主要采用基于二维矩阵的特征提取方法，包括 2DPCA[21]、2DLDA[22]、2DPCA + 2DNSA。

1. Yale 人脸库中的实验分析

Yale 人脸库中有 15 个人，每个人有 11 幅图像样本，所有图像样本均归一化为 80 像素×80 像素的分辨率标准。实验过程中每个人随机选择 3 幅图像作为训练样本，其余 8 幅作为测试样本，即训练样本 45 幅，测试样本 120 幅。

1）各种光照预处理 + 2DPCA

随机实验 10 次的数据如图 3-16 所示。

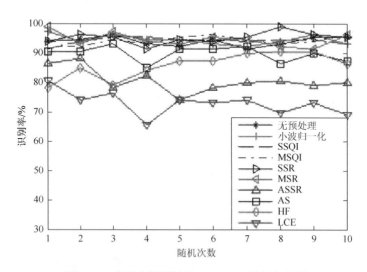

图 3-16　各种光照预处理 + 2DPCA 随机实验图

2）各种光照预处理 + 2DLDA

随机实验 10 次的数据如图 3-17 所示。

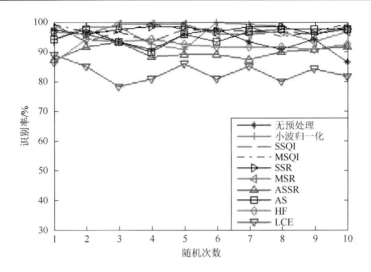

图 3-17　各种光照预处理 + 2DLDA 随机实验图

3）各种光照预处理 + 2DPCA + 2DNSA

随机实验 10 次的数据如图 3-18 所示。

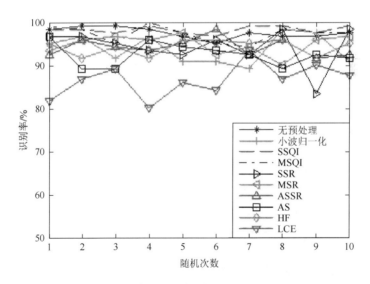

图 3-18　各种光照预处理 + 2DPCA + 2DNSA 随机实验图

对于 Yale 人脸库来说，通过表 3-2 的数据可以清楚地得出以下结论。

（1）从纵向分析。当用 2DPCA 来提取特征时，光照预处理方法采用 SSR 比采用其他预处理方法效果更好。当用 2DLDA 进行特征提取时，光照预处理方法采用 MSQI 更佳。当用 2DPCA + 2DNSA 进行特征提取时,光照预处理采用 SSQI 效果更佳。

(2)从横向分析。在不添加任何光照预处理的条件下,2DPCA + 2DNSA 特征提取方法可以得到更好的识别效果。但是当选择了某一种光照预处理后,2DPCA + 2DNSA 方法的性能可以变得更好,也可以变得比原来还差,同理,2DPCA + 2DLDA 也呈现出不稳定的性能。

表 3-2　不同预处理 + 不同特征提取的平均识别率对比　　　（单位:%）

预处理方法	2DPCA	2DLDA	2DPCA + 2DNSA
无预处理	94.33	93.58	97.50
小波归一化	94.83	96.58	93.75
SSQI	94.50	96.50	98.25
MSQI	94.50	97.50	97.25
SSR	95.50	97.33	94.25
MSR	94.92	96.83	94.83
ASSR	80.83	89.92	94.17
AS	90.00	95.33	92.42
HF	86.00	91.92	94.17
LCE	73.17	83.08	86.50

2. ORL 人脸库中的实验分析

ORL 人脸库中有 40 个人,每个人有 10 幅图像样本,所有图像样本均归一化为 80 像素×80 像素的分辨率标准。实验过程中每人随机选择 3 幅图像作为训练样本,其余 7 幅作为测试样本,即训练样本 120 幅,测试样本 280 幅。

1)各种光照预处理 + 2DPCA

随机实验 10 次的数据如图 3-19 所示。

2)各种光照预处理 + 2DLDA

随机实验 10 次的数据如图 3-20 所示。

3)各种光照预处理 + 2DPCA + 2DNSA

随机实验 10 次的数据如图 3-21 所示。

对于 ORL 人脸库来说,通过表 3-3 可以得出以下结论。

(1)从纵向分析。当用 2DPCA、2DPCA + 2DNSA 来提取特征时,不添加任

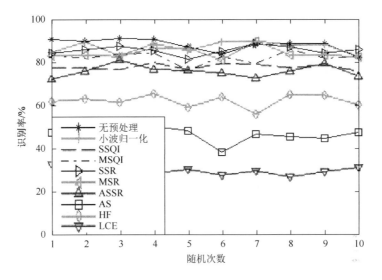

图 3-19　各种光照预处理 + 2DPCA 随机实验图

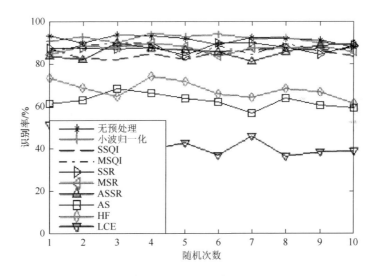

图 3-20　各种光照预处理 + 2DLDA 随机实验图

何光照预处理比添加预处理的效果更好。当用 2DLDA 进行特征提取时，光照预处理方法采用小波归一化更佳。

（2）从横向分析。在不添加任何光照预处理的条件下，2DLDA 特征提取方法可以得到更好的识别效果。但是当选择了某一种光照预处理后，2DLDA 方法的性能可能变得更好，也可能变得比原来还差，同理，2DPCA 和 2DPCA + 2DNSA 也呈现出不稳定的性能。

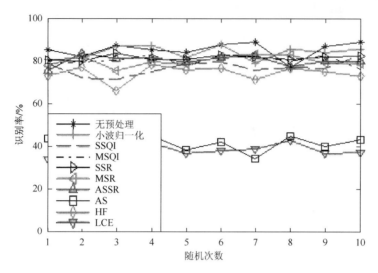

图 3-21　各种光照预处理 + 2DPCA + 2DNSA 随机实验图

表 3-3　不同预处理 + 不同特征提取的平均识别率对比　　　　（单位：%）

预处理方法	2DPCA	2DLDA	2DPCA+2DNSA
无预处理	88.11	91.36	85.18
小波归一化	86.82	91.75	83.89
SSQI	77.86	84.79	76.68
MSQI	82.11	87.25	80.14
SSR	85.50	87.36	81.46
MSR	84.25	87.11	79.86
ASSR	75.71	85.89	80.14
AS	46.07	62.39	41.11
HF	62.00	67.79	74.14
LCE	28.14	41.50	37.96

3. LARGE 人脸库中的实验分析

LARGE 人脸库中有 96 个人，每个人有 10 幅图像样本，所有图像样本均归一化为 32 像素×32 像素的分辨率标准。实验过程中每人随机选择 3 幅图像作为训练样本，其余 7 幅作为测试样本，即训练样本 288 幅，测试样本 672 幅。

1）各种光照预处理 + 2DPCA

随机实验 10 次的数据如图 3-22 所示。

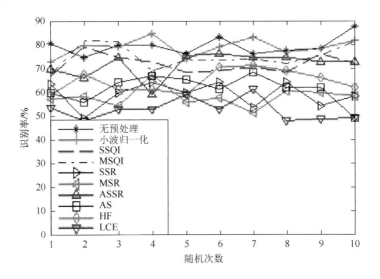

图 3-22　各种光照预处理 + 2DPCA 随机实验图

2）各种光照预处理 + 2DLDA

随机实验 10 次的数据如图 3-23 所示。

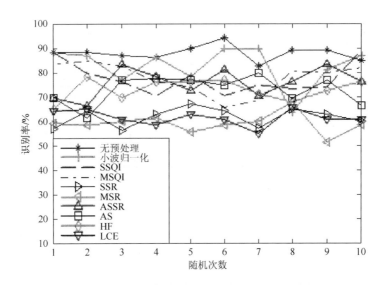

图 3-23　各种光照预处理 + 2DLDA 随机实验图

3）各种光照预处理 + 2DPCA + 2DNSA

随机实验 10 次的数据如图 3-24 所示。

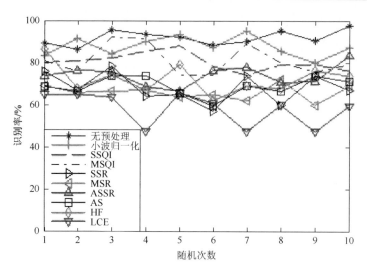

图 3-24　各种光照预处理 + 2DPCA + 2DNSA 随机实验图

对于 LARGE 人脸库来说，所有特征提取方法均在无光照预处理的条件下表现了更好的性能，同时从横向来看，2DPCA + 2DNSA 特征提取方法的识别效果更好，如表 3-4 所示。

表 3-4　不同预处理 + 不同特征提取的平均识别率对比　　　（单位：%）

预处理方法	2DPCA	2DLDA	2DPCA+2DNSA
无预处理	79.64	88.14	91.93
小波归一化	79.21	83.00	87.79
SSQI	72.00	77.79	80.43
MSQI	75.14	77.93	81.29
SSR	59.21	61.71	68.21
MSR	58.21	59.14	66.07
ASSR	71.86	76.00	74.07
AS	61.64	73.14	68.79
HF	64.93	73.21	72.43
LCE	52.64	61.43	58.07

3.12　本　章　小　结

本章主要研究了不同光照条件下的人脸识别问题，围绕光照预处理和光照鲁棒性特征提取进行了研究和实验验证分析，主要的内容可概括如下。

（1）不同光照预处理方法研究。内容主要是对当前光照预处理方法进行总结和归纳，包括基于小波变换的预处理方法、SQI 方法（SSQI、MSQI）、Retinex 方法（SSR、MSR、ASSR 方法）、AS、HF、LCE。

（2）基于 Curvelet 变换的自适应特征提取的鲁棒性人脸识别方法研究。结合 Curvelet 变换，分析验证其系数的光照鲁棒性，从而设计光照鲁棒的特征并进行人脸识别。首先，对人脸图像进行 LCE 处理，该处理可以补偿不均衡光照，同时使边缘特征更加显著。然后进行 Curvelet 变换，得到不同尺度的系数。对得到的变换系数进行分块求熵，将熵值组成候选特征向量。分块处理是为了得到局部统计参数同时再次降维。最后对训练集中所有样本的候选特征向量进行统计性的鉴别力分析，提取出鉴别力强的特征。

（3）2DPCA + 2DNSA 人脸识别算法。充分利用图像二维矩阵不破坏图像结构和运算快的特点，同时结合 2DPCA 的降维特性，选择在 2DPCA 子空间进行 2DNSA 分析，实验验证该方法具有较好的特征鉴别力。

（4）不同光照预处理后的不同特征提取方法性能分析。由于目前的光照预处理方法没有通用性，对不同特性的人脸数据库处理后的效果好坏不同，经实验验证：特定的预处理方法针对特定属性的数据库，同时结合特定的特征提取方法才能达到理想的识别效果。

参 考 文 献

[1] Du S，Ward R. Wavelet-based illumination normalization for face recognition. IEEE International Conference on Image Processing，2005：954-957.

[2] 杜波. 人脸识别中光照预处理方法研究. 北京：中国科学院计算技术研究所，2005：21-22.

[3] 王海涛. 光线变化下的人脸表示. 北京：中国科学院自动化研究所，2004：63-64.

[4] Lee Y C，Chen C H. Face recognition based on digital curvelet transform. The 8th International Conference on Intelligent Systems Design and Applications，2008：341-345.

[5] Candès E，Demanet L，Donoho D，et al. Fast discrete curvelet transforms. Multiscale Modeling & Simulation，2006，5（3）：861-899.

[6] 庄连生. 复杂光照条件下人脸识别关键算法研究. 合肥：中国科学技术大学，2006：32-35.

[7] Land E H. Recent advances in retinex theory. Vision Research，1986，26（1）：7-21.

[8] Jobson D J，Rahman Z U，Woodell G A. Properties and performance of a center/surround retinex. IEEE Transaction on Image Processing，1997，6（3）：451-462.

[9] Jobson D J，Rahman Z U，Woodell G A. A multiscale retinex for bridging the gap between color images and the human observation of scenes. IEEE Transactions on Image Processing，2002，6（7）：965-976.

[10] Park Y K，Park S L，Kim J K. Retinex method based on adaptive smoothing for illumination invariant face recognition. Signal Processing，2008，88（8）：1929-1945.

[11] Gross R，Brajovic V. An image preprocessing algorithm for illumination invariant face recognition. Audio and

Video Based Biometric Person Authentication，2003，2688（3）：10-18.

[12]　Fan C N，Zhang F Y. Homomorphic filtering based illumination normalization method for face recognition. Pattern Recognition Letters，2011，32（10）：1468-1479.

[13]　Kao W C，Hsu M C，Yang Y Y. Local contrast enhancement and adaptive feature extraction for illumination invariant face recognition. Pattern Recognition，2010，43（5）：1736-1747.

[14]　焦李成，侯彪，王爽，等. 图像多尺度几何分析理论与应用. 西安：西安电子科技大学出版社，2008.

[15]　Aroussi M E，Hassouni M E，Ghouzali S，et al. Block based curvelet feature extraction for face recognition. International Conference on Multimedia Computing，2009：299-303.

[16]　Mandal T，Wu Q M J，Yuan Y. Curvelet based face recognition via dimension reduction. Signal Processing，2009，89（12）：2345-2353.

[17]　Garcia C，Zikos G，Tziritas G. A wavelet-based framework for face recognition. Proceedings of the Workshop on Advances in Facial Image Analysis and Recognition Technology，5th European Conference，Freiburg Allemagne，1998：84-92.

[18]　Li Z F，Lin D H，Tang X. Nonparametric discriminant analysis for face recognition. IEEE Transactions on Pattern Analysis and Machine Intelligence，2009，31（4）：755-761.

[19]　Zhai J H，Bai C Y，Zhang S F. Face recognition based on 2DPCA and fuzzy-rough technique. Proceedings of the Ninth International Conference on Machine Learning and Cybernetics，Qingdao，2010：11-14.

[20]　Kim S，Chung S T，Jung S，et al. An improved illumination normalization based on anisotropic smoothing for face recognition. Proceedings of World Academy of Science Engineering and Technology，2008：37-40.

[21]　Wang L，Wang X，Zhang X R，et al. The equivalence of two dimensional PCA and line-based PCA. Pattern Recognition Letters，2005，26（1）：57-60.

[22]　Sanayha W，Rangsanseri Y. Relevance weighted（2D）2LDA image projection technique for face recognition application. International Conference on Electrical Engineering/Electronics，2009，31（4）：663-667.

第4章　流形学习与图像粒计算方法

流形（manifold）[1]的概念源自拓扑学、微分几何，它是一种局部满足欧氏空间性质的空间，具有局部可坐标化的特点。作为本书研究内容的重要数学基础，它的定义如下。

定义 4-1　假设空间 M 是一个 Hausdorff 空间，假如对任意 $p \in M$，都存在 p 的一个开邻域 U 和欧氏空间 R^n 中的一个开子集同胚，则称 M 为 n 维拓扑流形。

自 2000 年以来，流形学习经历了从萌芽到成熟的一段时期，并在此期间产生了相当多的相关算法。本章对几种典型流形学习算法进行简单的介绍，包括等距映射（isometric mapping，Isomap）[2]、LLE[3]、LE[4]和 LPP[5]，从算法的基本思想、算法步骤、计算复杂度和优缺点等方面进行简单描述与分析。

4.1　等　距　映　射

Isomap 是由 Tenebaum 在 2000 年提出的一种全局几何结构的非线性流形学习算法，建立在多维尺度（multi dimensional scaling，MDS）变换基础上。MDS 是一种经典的线性数据降维方法，算法对样本间的欧氏距离保持不变，从而达到高维样本线性映射到低维空间上的目标，但是所构造的欧氏距离矩阵并不能反映样本数据集之间的非线性关系，无法达到提取样本之间非线性流形的效果。和 MDS 不同的是，Isomap 通过保持两点间的测地距离，力求保持数据点的内在几何性质。因此，样本点之间的测地距离将会对 Isomap 产生重大的影响，如何进行计算成为非常关键的因素。Isomap 对于测地距离的计算方法是这样定义的：若两个样本点分布于同一邻域内，就用这两点间的欧氏距离代替它们之间的测地距离；若两个样本点分布于不同邻域，那么通过计算在流形上这两点之间的最短路径，采用路径上相关的邻域内点集的欧氏距离之和来近似地表示两点之间的测地距离。

Isomap 算法步骤可描述如下。

1. 构造邻域图

对高维空间中的样本集 $X = \{x_i\}_{i=1}^N \in R^m$，$G$ 表示这 N 个样本点构成的图，如果 x_i 和 x_j 互为近邻点，那么节点 i 和节点 j 之间有一条边相连，边长为 x_i 和 x_j 的欧氏距离 $d_X(i,j) = \| x_i - x_j \|$。确定 x_i 和 x_j 互为近邻点有两种方法。

（1）ε-邻域法。x_i 和 x_j 之间的距离小于 ε（ε 是大于 0 的常量），即 $\|x_i - x_j\|^2 < \varepsilon$ 时，x_i 和 x_j 互为近邻点。

（2）k-近邻法。当 x_i 是 x_j 的 k（$k<N$）个近邻之一或 x_j 是 x_i 的 k 个近邻之一时，就认为 x_i 和 x_j 互为近邻点。

2. 计算最短路径

若在图 G 中 x_i 和 x_j 之间有边相连，则 $d_G(i,j) = d_X(i,j)$，否则 $d_G(i,j) = \infty$。根据最短路径方法求各点之间的最短距离。对所有的 $k = 1, 2, \cdots, N$，通过式（4-1）更新 $d_G(i,j)$ 的值：

$$d_G(i,j) = \min\{d_G(i,j), d_G(i,k) + d_G(k,j)\} \tag{4-1}$$

记所得的距离矩阵为 $D_G = \{d_G(i,j)\}$，即所有样本点之间的最短路径矩阵。

3. 构造低维嵌入

将 MDS 应用到距离矩阵 D_G，求数据点的低维表示。令 $S = \{S_{ij}\} = \{D_{ij}^2\}$，$H = \{H_{ij}\} = \{\delta_{ij} - 1/N\}$，$\tau(D_G) = -HSH/2$，对 $\tau(D_G)$ 进行特征分解，$v_1, v_2, \cdots, v_d$ 是前 d 个特征值 $\lambda_1, \lambda_2, \cdots, \lambda_d$ 对应的特征向量（$\lambda_1 \leqslant \lambda_2 \leqslant \cdots \leqslant \lambda_d$），样本集 X 对应的数据低维表示为 $Y = (\sqrt{\lambda_1} v_1, \sqrt{\lambda_2} v_2, \cdots, \sqrt{\lambda_d} v_d)^{\mathrm{T}}$，其中 d 是降维后的维数。

图 4-1 展示了 Isomap 利用测地距离实现数据降维。图 4-1（a）中表示的是 Swiss-roll 上的样本分布，虚线表示某两个样本点之间的欧氏距离，很显然，这两个样本之间的实际距离和它们之间的欧氏距离完全不同，所以不能用样本点之间的欧氏距离来表征它们之间的实际距离；分布于流形面上的曲线表示这两个样本点在高维流形空间中的测地距离；图 4-1（b）表示的是根据算法步骤 2 通过最短路径算法估算邻域内两个样本点的测地距离，图中实线即高维空间中两个样本间

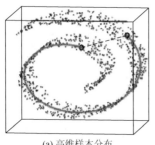
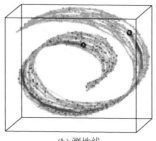
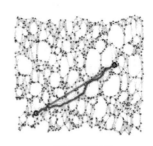

　　(a) 高维样本分布　　　　　　　(b) 测地线　　　　　　　(c) 低维投影结果

图 4-1　Isomap 基本思想

的测地距离；图 4-1（c）是 Isomap 降维后这两个样本点之间测地线和最短路径的投影结果，直线表示的是低维流形空间中的测地距离，曲线表示根据算法步骤 2 估算的测地距离，比较测地距离和通过 Isomap 算法得到的测地距离，容易看出 Isomap 对样本之间的流形距离做出了很好的表示。

分析 Isomap 算法的计算复杂度：对包含 N 个样本、每个样本的维数为 m 的高维数据选取邻域所需要的计算复杂度为 $O(mN^2)$；步骤 2 中估计最短路径的计算复杂度为 $O(N^3)$，使用 Dijkstra 算法来计算最短路径的复杂度为 $O(N^2\log_2 N)$；在计算低维嵌入时，由于距离矩阵的稠密性，计算复杂度为 $O(N^3)$。

Isomap 是一种全局流形学习算法，因为用最短路径代替不同邻域中样本点之间测地距离，所以算法的嵌入结果很好地反映了数据之间的流形结构；相比较于内在曲率较大的流形，Isomap 更适合对内部平坦的低维流形进行学习；需要计算近邻图上所有不在同一邻域内的两个样本点之间的最短距离，所以执行起来比较费时。

4.2　局部线性嵌入

不同于 Isomap，2000 年 Roweis 等提出的 LLE 是一种局部算法，力求保持流形的局部几何性质。LLE 算法的主要目标是，在将高维数据点向一个全局的低维坐标系做映射的过程中，能同时满足降维后数据的拓扑结构和原高维空间中的保持一致。算法的主要思想是，流形上每一个小的局部都可以近似认为是一个欧氏空间，因此在这个局部欧氏空间中，数据之间的结构是线性的，每个样本点和邻域内的其他样本点之间存在线性关系，因此可以用近邻样本的线性组合对每一个样本点实现重构。这种线性重构是在认为局部为欧氏空间的近似下进行的，与源数据相比较，不可避免会产生误差，要使算法很好地保持数据内在结构，则需要最小化重构误差，求解得到近邻样本之间的线性表示权重，其中蕴含了数据集在局部邻域中的结构信息。根据权值矩阵在低维数据空间中构造出嵌入向量集合，与原样本集具有尽可能相似的邻域结构，从而 LLE 算法保持了近邻样本的关系，即原来样本集中的近邻点在低维嵌入空间中仍然是近邻，且在低维嵌入空间中的邻域和原样本集合中的邻域具有相似的结构。

LLE 算法步骤如图 4-2 所示，可描述如下。

1. 选择近邻点

对数据集 $X = \{x_i\}_{i=1}^{N} \in \mathbf{R}^m$ 中的任意 x_i，使用 k-近邻法选择其中和 x_i 距离最小的 k 个图片点作为 x_i 的近邻点，构造邻域 $N_i = \{x_{i1}, x_{i2}, \cdots, x_{ik}\}$。

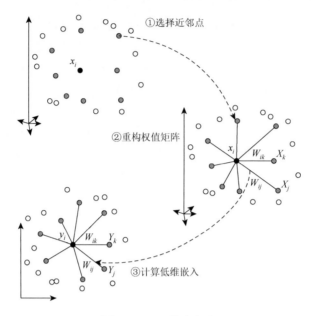

①选择近邻点

②重构权值矩阵

③计算低维嵌入

图 4-2 LLE 算法步骤

2. 重构权值矩阵

在 x_i 的邻域范围内，计算 x_i 的局部重建权值 w_{ij}，使得用线性形式重组 $N_i = \{x_{i1}, x_{i2}, \cdots, x_{ik}\}$ 集合中所有点得到的结果与 x_i 之间的距离误差最小，即

$$\min \varepsilon(W) = \sum_{i=1}^{N} \left| x_i - \sum_{j=1}^{k} w_{ij} x_{ij} \right|^2 \qquad (4\text{-}2)$$

其中，$x_{ij}(j=1,2,\cdots,k)$ 为 x_i 的 k 个近邻点；w_{ij} 为重构后 x_i 的第 j 个近邻点所占的权重。为了求解 W 还需要额外的约束要求：对于 x_i，$i=1,2,\cdots,N$，它的 k 个近邻点的权值之和为 1，即 $\sum_{j=1}^{k} w_{ij} = 1$；对于 x_i，$i=1,2,\cdots,N$，若 x_j 不隶属于 x_i 的 k 邻域，则 $w_{ij} = 0$。

式（4-2）中的重构误差函数能被转化为

$$\varepsilon(W) = \sum_{i=1}^{N} \left| x_i - \sum_{j=1}^{k} w_{ij} x_{ij} \right|^2 = \sum_{i=1}^{N} (w_i)^{\mathrm{T}} (x_i - x_{ij})^{\mathrm{T}} (x_i - x_{ij}) w_i = \sum_{i=1}^{N} (w_i)^{\mathrm{T}} Z_i w_i \qquad (4\text{-}3)$$

其中，$w_i = [w_{i1}, w_{i2}, \cdots, w_{ik}]^{\mathrm{T}}$，$Z_i = (x_i - x_{ij})^{\mathrm{T}} (x_i - x_{ij})$。

为了能计算出式（4-3），需要引入拉格朗日乘子，得

$$L(W) = \sum_{i=1}^{N}(w_i)^{\mathrm{T}} Z_i w_i + \lambda \left(\sum_{j=1}^{k} w_{ij} - 1 \right) \Rightarrow \frac{\partial L}{\partial w_i} = 2Z_i w_i + \lambda \times 1 = 0 \qquad (4\text{-}4)$$
$$\Rightarrow Z_i w_i = c \times 1$$

即可求得 w_{ij}（其中 c 通常取值为 1）。

3. 计算低维嵌入

将所有的样本点映射嵌入低维空间中，映射嵌入满足条件：

$$\min \Phi(Y) = \sum_{i=1}^{N} \left| y_i - \sum_{j=1}^{k} w_{ij} y_j \right|^2 \qquad (4\text{-}5)$$

其中，y_i 是 x_i 的输出量；$\Phi(Y)$ 是损失函数。优化输出向量 Y 且满足以下两个条件：

$$\sum_{i=1}^{N} y_i = 0, \quad \frac{1}{N} \sum_{i=1}^{N} y_i y_i^{\mathrm{T}} = I \qquad (4\text{-}6)$$

其中，I 为单位矩阵。用一个 $N \times N$ 稀疏矩阵 W 来存储 w_{ij}（$i = 1, 2, \cdots, N$），矩阵 W 的元素 w_{ij} 有两种情况：当 x_i 和 x_j 互为近邻时，$W_{i,j} = w_{ij}$；否则，$W_{i,j} = 0$。W_i 表示矩阵 W 的第 i 列，I_i 表示 $N \times N$ 单位矩阵 I 的第 i 列，输出向量 $Y = \{y_1, y_2, \cdots, y_N\}$，式（4-5）可写成：

$$\min \Phi(Y) = \sum_{i=1}^{N} |Y(I_i - W_i)|^2 = Y(I-W)(I-W)^{\mathrm{T}} Y^{\mathrm{T}} = YMY^{\mathrm{T}} \qquad (4\text{-}7)$$

其中，$M = (I-W)(I-W)^{\mathrm{T}}$。用拉格朗日乘子法来解带有约束条件的式（4-7），式（4-6）即约束条件，则有

$$L(Y) = YMY^{\mathrm{T}} + \lambda(YY^{\mathrm{T}} - NI) \Rightarrow \frac{\partial L}{\partial Y} = 2MY^{\mathrm{T}} + 2\lambda Y^{\mathrm{T}} = 0 \Rightarrow MY^{\mathrm{T}} = \lambda Y^{\mathrm{T}} \quad (4\text{-}8)$$

要最小化误差函数值，则输出结果 Y 必然由最小特征向量构成，将 M 进行特征值分解，$d(d < m)$ 个最小非零特征值对应的特征向量即 Y。

对 LLE 算法的计算复杂度[6]进行分析：样本数据进行邻域选取的计算复杂度为 $O(mN^2)$；权值矩阵的重构所需计算复杂度为 $O[(m+k)k^2 N]$；进行低维嵌入的计算复杂度是 $O(dN^2)$，其中 d 是低维嵌入的维数。

LLE 算法具有不少优点：学习能力较强，任意维数的低维流形都可以用 LLE 算法进行学习；影响算法效果的参数只有近邻数 k 和低维嵌入的维数 d；样本点的局部重构权值不受任何变换的影响，保持不变；LLE 算法最终归结为对稀疏矩阵进行特征值分解，过程中没有迭代计算，执行简单快速，计算复杂度较小。

同时，LLE 算法存在不足之处：尽管流形的维数可以是任意的，但是算法对要进行学习的流形有很高的限制，只能是不闭合的流形，且该流形必须是局部线

性的；虽然涉及的参数个数不多，但是 k 和 d 的选择过多，没有一个标准的选择方式，不同的参数选择会在很大程度上影响最终结果；LLE 算法在对测试样本低维嵌入时极为不便，因为在加入新的样本后，算法就需要对新的样本集进行学习，重复执行算法的全部步骤和内容，这极大地限制了算法的实用性。

4.3　拉普拉斯特征映射

Belkin 于 2003 年提出 LE 算法，这是一种基于谱图理论（spectral graph theory）的方法，是实现高维输入样本在局部意义下的最优低维嵌入。算法用一个无向有权图来描述一个流形，然后通过图的嵌入来寻找数据的低维表示。LE 的基本思想是，如果两个数据点在原始高维空间中距离很近，那么它们投影到低维空间上的像也要离得很近。

LE 算法步骤可描述如下。

1. 构造邻接图

G 表示 N 个样本点 $X = \{x_i\}_{i=1}^N \in \mathbf{R}^m$ 所构成的图，用 ε-邻域法或 k-近邻法来判断两个样本点 x_i 和 x_j 是否为近邻。如果 x_i 和 x_j 互为近邻点，则节点 i 和节点 j 之间有边连接。ε-邻域法构造的近邻图是基于几何观点的，比较直观，但常常会造成邻接图有几个连接成分，很难选取合适的 ε；k-近邻法对 k 的选择比较容易，不容易导致断开（disconnected）的图，但缺点是几何上没有那么直观。

2. 计算权重值

对于邻接图中有边的两个节点 x_i 和 x_j，赋予权值 w_{ij}。w_{ij} 的赋值方式有以下两种。

（1）简单 1-0 赋值方法：

$$w_{ij} = \begin{cases} 1, & \text{顶点} i \text{和} j \text{间有边相连} \\ 0, & \text{顶点} i \text{和} j \text{间无边相连} \end{cases}$$

（2）热核函数方法：

$$w_{ij} = \begin{cases} \exp(-\| x_i - x_j \|^2 / t), & \text{顶点} i \text{和} j \text{间有边相连} \\ 0, & \text{顶点} i \text{和} j \text{间无边相连} \end{cases}$$

3. 特征映射

假设 G 是一个连接图，对每一个连接的子图计算低维嵌入。解广义的特征向量问题：

$$Ly = \lambda Dy \tag{4-9}$$

其中，D 是和权重有关的对角阵，矩阵中各元素通过 $D_{ij} = \sum_j w_{ij}$ 求得；L 为拉普拉斯矩阵且 $L = D - W$。求解广义特征方程（4-9）的 $d + 1$ 个最小的特征向量 $y_0, y_1, y_2, \cdots, y_d$，去除非常接近于 0 的特征值相匹配的 y_0，嵌入低维空间的坐标 $y = (y_1, y_2, \cdots, y_d)$。

分析 LE 算法的计算复杂度：样本集中所有数据的邻域选择所需计算复杂度为 $O(mN^2)$；重构权值矩阵的计算复杂度为 $O(kmN)$；求解低维嵌入的计算复杂度为 $O(dN^2)$。

LE 算法是一种局部流形学习算法，目的是让原高维空间中距离很近的两个点在映射到低维空间中后仍然是离得很近的两个点，保持流形的局部结构。与 LLE 算法一样，由于权值的简单设置，LE 算法并不适合用于同流形等距的低维结构的恢复；而且算法受噪声的影响较大；同样也涉及两个待定的参数，即近邻数 k 和低维嵌入数 d。

4.4　局部保持投影

2003 年 He 等提出 LPP 算法，它是一种 LE 算法的线性近似。LPP 算法以 LE 算法为基础，并将映射变换引入其中，和线性的维数约简方法相同，高维空间与低维空间的映射关系很容易找到，算法最终转变为对最优投影矩阵的寻找，解决了 LE 算法难以直接获得新样本点的低维表示的问题。LPP 基本思想是通过局部保序的算法建模高维观测空间与低维空间结构在局部意义下的对应。

LPP 算法步骤可描述如下。

1. 构造邻接图

G 表示 N 个样本点 $X = \{x_i\}_{i=1}^N \in \mathbf{R}^m$ 构成的图，若节点 x_i 和节点 x_j 是近邻点，那么这两个节点之间有边相连接。确定 x_i 和 x_j 是否互为近邻有两种方法，分别是 ε-邻域法和 k-近邻法。x_i 和 x_j 之间的距离小于 ε（ε 是大于 0 的常量），即 $\|x_i - x_j\| < \varepsilon$ 时，x_i 和 x_j 之间有边连接。这种方法构造的近邻图对 ε 敏感，很难选取合适的 ε。当 x_i 是 x_j 的 $k(k < N)$ 个近邻之一或 x_j 是 x_i 的 k 个近邻之一时，x_i 和 x_j 之间有边连接。这种方法对 k 的选择比较敏感，但构造邻近图的方式简单。

2. 构造权值矩阵

对于邻接图中有边相连接的两个节点 x_i 和 x_j，赋予权值 w_{ij}。w_{ij} 的赋值方式

有两种：热核函数法和简单 1-0 赋值方法，即 $w_{ij} = \exp(-\|x_i - x_j\|^2/t), t \in \mathrm{R}(t > 0)$ 为可变参数，或 $w_{ij} = 1$；否则 $w_{ij} = 0$。

3. 求最优投影轴

对于高维训练样本点集 X，LPP 算法通过一定的性能目标来寻找一个线性变换矩阵 A，将高维数据映射到低维空间中，以此实现对高维数据的降维：

$$y_i = A^\mathrm{T} x_i, \quad i = 1, 2, \cdots, N \tag{4-10}$$

对 A 的求解可以通过式（4-11）的求解实现：

$$\min \sum_{i,j} (y_i - y_j)^2 w_{ij} \tag{4-11}$$

其中，y_i 和 y_j 就是式（4-10）中的变换；$W = (w_{ij})_{N \times N}$ 是步骤 2 中解得的权值矩阵。

对式（4-11）进行代数变换：

$$
\begin{aligned}
\frac{1}{2} \sum_{i,j} (A^\mathrm{T} x_i - A^\mathrm{T} x_j)^2 w_{ij} &= \sum_{i,j} A^\mathrm{T} x_i w_{ij} x_i^\mathrm{T} A - \sum_{i,j} A^\mathrm{T} x_i w_{ij} x_j^\mathrm{T} A \\
&= A^\mathrm{T} X D X^\mathrm{T} A - A^\mathrm{T} X W X^\mathrm{T} A = A^\mathrm{T} X (D - W) X^\mathrm{T} A \\
&= A^\mathrm{T} X L X^\mathrm{T} A
\end{aligned} \tag{4-12}
$$

其中，D 是 $N \times N$ 对角阵，$D_{ii} = \sum_j w_{ij}$；$L = D - W$ 为拉普拉斯矩阵。

引入约束等式：$y^\mathrm{T} D y = 1$，即 $A^\mathrm{T} X D X^\mathrm{T} A = 1$，式（4-11）最终可转化为

$$\arg \min_{A^\mathrm{T} X D X^\mathrm{T} A = 1} A^\mathrm{T} X L X^\mathrm{T} A = 1 \tag{4-13}$$

变换矩阵 A 可以通过求解如下的广义本征值问题而得到：

$$X L X^\mathrm{T} A = \lambda X D X^\mathrm{T} A \tag{4-14}$$

求解式（4-14），$d(d < m)$ 个最小的非零特征值 $\lambda_1 \leqslant \lambda_2 \leqslant \cdots \leqslant \lambda_d$ 所对应的特征向量 $\alpha_1 \leqslant \alpha_2 \leqslant \cdots \leqslant \alpha_d$ 即构成投影矩阵 $A = [\alpha_1, \alpha_2, \cdots, \alpha_d]$。对于任意的样本 x_i，按式（4-10）投影到低维流形空间。

LPP 算法的计算复杂度为[7]：计算近邻问题时最差情况下复杂度为 $O[(m + k) \cdot N^2]$，其中 mN^2 是计算任意两个数据点间距离的复杂度，kN^2 是找到所有数据点的 k 个近邻点的计算复杂度；计算权值矩阵的复杂度为 $O(kmN)$；求最优投影轴的计算复杂度为 $O[(m + d)m^2]$，其中 $O(m^3)$ 是特征值分解的计算复杂度，$O(dm^2)$ 是在一个 $N \times N$ 矩阵中求得前 d 个非零特征向量的计算复杂度。

LPP 算法具有 LE 算法的性质，保持流形局部结构；更为重要的是，它解决了 LE 算法难以直接获得新样本点的低维表示的问题，能直接得到待测样本的嵌入。另外，LPP 算法采用局部线性映射的方法来近似地实现高维空间的非线性降维，加快算法的计算速度，提高算法的通用性。

LPP 算法也具有不够完善的方面。当用 LPP 算法直接对表情流形进行提取时，

普遍存在的一个问题就是维数危机；如果样本集中训练样本个数低于每个样本维数，算法还会出现矩阵的奇异问题。因为训练样本的数目会对投影空间的维数产生影响，所以常常将 LPP 算法与较为简单的线性维数约简方法配合应用，以解决上述提到的小样本问题。然而，由于线性维数约简方法无法对非线性结构进行处理和保持，所以这样配合处理的结果破坏了数据间的非线性结构。

4.5　流形学习算法分析

与传统的线性维数约简方法相比，流形学习算法能更好地发现高维数据中隐藏的低维流形分布，但是通过对算法的分析，发现流形学习算法还有一些问题，较为常见的有近邻数选择、本征维数估计、噪声处理、泛化学习、监督学习等，下面分别从这几个方面进行分析。

1. 近邻数选择

流形学习中，近邻数的选择在很大程度上影响了算法能否成功发掘高维空间中的低维流形结构，在算法实现时，选择一个合适的邻域极其关键。显然，近邻数越少，邻域的线性结构越明显，但是如果选择的近邻数过小，则稍远的两点之间的内在联系就难以保持，流形将被划分成多个不连通区域，即出现"孔洞"现象；如果近邻数选择过大，邻域的线性结构不够明显，构造近邻图时将会产生"短路边（short-circuit edges）"现象，原流形数据的拓扑连通性会被严重破坏掉。目前，还没有一个统一的方法能有效地对流形学习算法中的近邻数进行选择，当前一般都是手动选择，针对实际应用中的不同数据集，会按照不同的方法和规律选择近邻数，在这样的选择方式中，经验成为了决定因素。

2. 本征维数估计

本征维数估计是流形学习算法中的一个基本问题，本征维数一般指的是描述数据集中的数据所需的最少自由参数的个数，它反映了高维测试数据中潜在的低维流形的属性。在流形学习算法的维数约简过程中，本征维数的估计会对低维空间的嵌入结果产生重要的影响。如果本征维数估计过大，那么数据的冗余信息将会保留，在嵌入结果中含有比较多的噪声；如果本征维数估计过小，那么数据的有用信息将会丢失，导致高维空间中不同的点降维后却在低维空间中交叠。因此，准确的本证维数估计方法能改善流形学习算法的性能，有助于算法的应用与研究。目前现有的本征维数估计方法大致可分为特征映射法和几何学习法两大类。特征映射法的基本思想是，数据的局部特征直观地体现了数据分布的本征特征，因此对数据在局部上进行处理和特征分解，最大特征值所对应的特征向量即数据的本征特征。显然，采用特征映射法来估计本征维数，数据局部邻域的划分和阈值的选择在很大程度上就决定了本征维数的大小，这类方法无法得到本征维数的可靠估计。几何学习法的基本思想是对数据集所蕴含的几何信息进行探索与分析，主要基于最近邻距离（nearest neighbor distances）和分形维（fractal dimension）[8]的方法。几何学习法的实现需要充足的样本数，这样数据集蕴含的几何信息才能充分地体现，因此对于那些样本数少、观测空间维数高的数据集，采用这类方法就会显现本征维数欠估计的问题。

3. 噪声处理

当观测数据在一个理想的低维光滑流形上均匀稠密采样时，流形学习算法可以成功地找到其内在的低维结构和本质规律。但是在实际应用中的情况往往不是那么理想，高维采样数据经常受到各种因素的影响，无可避免地存在噪声污染，致使原始数据结构在低维空间中发生扭曲和变形，影响流形学习算法的低维嵌入效果。因此流形学习算法面临的另一个重要问题就是如何滤除噪声，使得算法能够准确地恢复出高维观测数据中隐藏的本征低维结构。事实上，现有的大部分流形学习算法并不具有很好的抗噪声性能，反而对噪声都比较敏感，很多学者针对不同的流形学习算法提出了相应的措施，尽可能地消除噪声造成的影响。Choi 等[9]提出了一种改进的 Isomap 算法，将 Mercer Kernel 引入原始 Isomap 算法中，通过核技巧将数据从原始高维空间投影到一个再生核 Hilbert 空间，这种基于 Kernel 的 Isomap 算法提高了抗噪声性能，降低了噪声对算法效果的影响。LLE算法极易受到噪声的干扰，针对这个缺陷，Chang 等[10]提出了一种有效的消噪模型，基于局部 PCA，通过映射将原始数据中的噪声污染有效滤除，最大限度地消除了噪声的影响。

4. 泛化学习

泛化学习问题也称为样本外学习问题。流形学习算法可以得到训练样本的低维嵌入，但是多数方法都没有一个显式的映射关系，无法将样本外的新的数据从高维观测空间映射到低维空间。因此，一旦引入一个新样本，原始的流形学习算法求得的低维嵌入将没有意义，只能在新的样本数据上重新进行完整的算法步骤，得到新的低维嵌入结果。大部分流形学习算法只能对给定的样本数据集进行低维嵌入和可视化研究，无法处理实际的大批量数据，这极大地限制了流形学习算法的应用。目前流形学习算法中主要通过线性化、核化等方法来提高算法的泛化学习能力[11]。线性化方法的基本思想是，假定原始样本与低维嵌入之间的映射关系是一种显式的线性映射，然后通过一定的性能目标，用最优化方法求得线性变换矩阵。流形学习中的线性化方法，虽然可能在一定程度上破坏了数据间的非线性结构，但却将流形学习算法扩展应用于面向分类的研究上，并且取得了较好的分类识别效果[12-15]。核化方法是将数据往更高维的 Hilbert 空间进行投影，弥补了原始流形学习算法无法直接对样本外数据学习的缺陷，提高了算法的样本外点学习能力。

5. 监督学习

现有的流形学习算法多数是无监督学习过程。当已知数据的类别信息时，对这些信息有效地加以利用，能更好地完成对数据的分类。和无监督流形学习算法相比较，监督流形学习所要解决的问题就是，如何利用已知的类别信息，进而提高流形学习算法的分类识别性能。从数据分类的角度来分析，若能使得经过维数约简后的高维观测数据在低维空间中类内差异小而类间差异大，这样的类内和类间的差异性更有利于样本的分类识别。针对无监督流形学习算法，研究者纷纷提出了一些改进方法，在原始的流形学习算法中引入监督信息。监督流形学习方法的基本思想是，有效利用样本的类别信息，构造有监督的近邻图，然后用原始流形学习算法进行低维嵌入，获得较好的分类结果。

4.6　粒　计　算

粒计算（granular computing）[16]是一种求解问题的思想和方法，本质上就是将实际问题划分为子问题进行求解，即在不同层次粒度上观察、分析问题，最终在合适的粒度层次上求得最优解，降低全局计算代价。在粒计算的思想上，提出一种图像粒的方法。基于图像粒的图像处理方法对降低数据维数和计算复杂度问题有一定的现实意义。

粒计算融合了模糊集、粗糙集、人工智能等领域的研究成果，其思想源于有关模糊集的信息粒化研究。信息粒化过程就是将大量复杂信息问题分解成为一系列较为简单的子问题或模块，还可以根据需要继续划分，每个划分得到的子问题或模块就是一个粒。对于模式识别、图像处理、数据挖掘、知识工程等实际问题，粒计算是一种降低问题求解复杂度的有效方法。

4.6.1　粒计算的基本组成

粒计算的基本组成主要包括粒子、粒层和粒结构三个部分。

1. 粒子

粒子是构成粒计算模型的最基本元素[17, 18]，是粒计算模型的基本单位。现实生活中有关粒子的概念极其常见，例如，国家是一个大的、粗的粒子，而省、自治区、直辖市就是相对较小的、较细的粒子。粒子是由其他个体元素构成的集合，这些个体因为一致、相似或不可区分等性质结合在一起。粒子的大小用粒度来描述，粒度衡量粒子在量化时的粒化程度。

2. 粒层

按照某个实际需求的粒化准则，所有得到的粒子构成的一个全体就是粒层，同一个层次上的粒子内部具有某种或某些相同或相似的性质[19]。粒层结构可以使得对事物或问题的认识、了解和分析在不同的层次上进行，对同一个问题采用不同粒化准则就会由于不同的粒化程度而形成不同的粒层。运用粒计算对实际问题求解时，问题被当成一种层次结构来看待，重要的是在合适的粒层上解决问题，这样可以最大限度地降低问题求解的复杂度。

3. 粒结构

从粒计算的整个结构角度出发，Yao[20]将粒结构概括为三个层次机构：每个粒内部的结构、同一粒层上的粒之间的结构、所有粒层形成的结构。一般的粒计算理论通常忽略了同一粒层上的粒子之间的结构关系，但其实同一层上的粒子之间也具有某些特殊的结构，粒子之间的独立性程度在问题求解时也很重要，直接影响问题分层次求解之后合并的难易程度：独立性越好，合并越方便；反之粒子之间的相关性越好，问题的合并工作就越复杂。

4.6.2　粒计算的基本问题

粒计算中最基本的问题有两个：粒化和粒的计算。

1. 粒化

粒化可以简单描述为：给出一个准则，按这个准则进行粒化，最后得到一个粒层，这样的一个过程就是粒化。粒化准则用来回答为什么两个对象放在同一个粒子内这个问题，其基本要求就是忽略一切细节，只留下必需的部分，从而降低问题求解的复杂度。在问题求解中，基于问题的实际需求和具体精度进行粒化，给出了问题空间如何粒化和粒层如何构造的答案，因此粒化属于算法方面的问题。

2. 粒的计算

粒的计算可以通过系统对粒结构进行访问从而解决问题，这个过程主要分为两种：同一粒层上粒子之间相互转换和推理；不同粒层上粒子之间相互转换和推理。粒的计算的主要特点是不同粒层之间可以自由转化，上一层的粒分解得到下一层的粒，下一层的粒合成得到上一层的粒。基于这一特点，可以用粒的计算对问题进行简单而高效的求解。粒计算的这两个基本问题中，关键是粒化问题，对粒的计算运用得成功与否有着最直接的决定性。

粒计算是一种层次化结构的方法，是在不同层次上对问题进行表示和求解的一般性理论。粒计算的概念比较抽象，结合具体物体进行分析才有实际意义，只要把握粒计算中的结构化思维，就可以在任何领域中运用粒计算对问题进行结构化求解。

4.6.3　粒计算的应用研究

1. 图形图像处理

Pedrycz 等[21]在模糊信息粒理论研究的一般框架上，深入研究了同个粒层中的不同信息粒之间的结合问题，如信息粒结合的方法、结合好坏的评价标准等。基于数字化图像可以进行粒化处理的特点，提出了一种图像粒化的方法，就是利用图像本身的信息，这些信息包括内容上和空间上的图像信息。在图像压缩问题研究中，Hirota 等[22]基于模糊信息粒化相关概念与思想，用基于模糊关系计算的方法对静态灰度图像进行描述，是一种图像压缩的新方法，将粒计算思想很好地应用于该研究领域。为了提高求解速度，Nobuhara 等[23]通过对模糊关系方程求解最大解，通过减少重构图像过程中的运算量从而达到提速的目的。修保新等[24, 25]提出了基于模糊信息粒化的图像边缘检测方法，将模糊信息粒化思想应用到图像边缘检测研究中，同时提出基于图像模糊粒化结构的插值方法，并做了具体描述。刘仁金等[26]研究比较了粒度概念及粗糙集、模糊集等粒计算理论下的图像分割方法，提出了图像分割中的商空间粒度原理，以及一种基于粒度合成技术原理的图像分割算法，成功地实现了图像的纹理分割。

2. 海量数据挖掘

在很多大型的数据库或数据仓库中存在着大量的数据，这些数据有的并不完整，有的含有噪声，数据挖掘就是试图从这些数据中找出不容易被发现的、有价值的知识信息的过程。在这个拥有海量数据的庞大数据库面前，人们针对如何进行有效的数据挖掘提出了各种各样的方法，粒计算方法经过近几年的研究与发展后，已逐渐显露出其自身的独特优势，并在该领域得到了广泛的应用。模糊集理论在数据挖掘中应用较多的是聚类分析，最早提出将模糊集引入聚类分析的是Bellman、Kalaba 和 Zadeh 等，后来的许多研究者沿着这一思想对模糊聚类展开了研究。粗糙集理论在数据挖掘的分类问题中的应用大致可以分为两类：一是利用粗糙集理论的属性约简、值约简及核属性，直接从数据表中获取分类规则；二是结合其他方法对数据进行分类。商空间理论是研究不同粒度世界的数学工具，运用商空间理论观察问题，原问题就可变成商空间层次上的问题，利用这个方法，张燕平等[27]从不同粒度考察数据库，对数据库和数据仓库从不同粒度的问题上进行处理，得出了比较满意的结果。

3. 复杂问题求解

人们在面对现实世界中的问题时，因其高度的复杂性而难以准确把握问题的求解，在这种情况下，通常采用逐步尝试的办法，在粗略层次上取得满意的解后，在精确层次上继续求解，直到达到有效合理的目标。就是在这样的多粒度分析方法下，从粗略层次到精细层次，不断求精，最终解决原来的难题，避免了高难度的复杂计算。商空间模型对这种在不同粒度世界中描述问题，进而对复杂问题求解的方法做了很好的说明，如何在不同粒度世界中运用分层递阶方法描述，然后将不同层次上得到的信息运用合成技术，得到原问题的最终解。商空间模型能有效地进行复杂问题求解，受到诸多研究者的关注，他们将商空间理论做了很多推广，将其应用到很多不同的实际问题中。

粒计算的应用还存在于更多领域中，其中在智能控制、医疗诊断、神经网络、知识获取、语言动力学系统、生物信息处理等领域中都有基于粒计算的深入研究与广泛应用。

4.7　图　像　粒

粒计算是在解决问题的过程中运用粒概念的一种理论和方法，基本单位是粒，一个粒是由内部个体元素组成的集合[28]，这些个体元素因为相似性、不可区分性、一致性等结合在一起。不同的粒化准则生成不同的粒层次和粒结构，在不同的粒层次下看待和解决问题时往往会产生具有不同特性的方法。

人工智能研究领域内的专家和学者发现，在认知的世界里对问题求解时，人们往往会采用这样的策略：从自身经验出发，同时根据问题的特征将其分解为一系列子问题，在不同层次上观察问题、分析问题、解决问题。基于这个特点，将粒度这个概念用于计算机学上，提出了信息粒度，作为"信息粗细的平均度量"。

研究不同粒度世界之间的关系，便于描述不同层次的粒度以及在不同层次粒度上的问题求解。

定义 4-2　设 R_1、$R_2 \in R$，如果对于任意 x、$y \in X$，都有 $xR_1y \Rightarrow xR_2y$，那么就

称 R_1 比 R_2 细，记作 $R_1 \leqslant R_2$。其中，X 表示论域，R 是由 X 上的一切等价关系组成的集合。本定义是对粒度的"粗"和"细"这一关系的定义。

定义 4-3　假设存在一个概念 φ，属于概念 φ 的所有元素记作 φ 的意义集 $m(\varphi)$，表示为 $m(\varphi) = \{x \in U, x|\approx \varphi\}$，其中 U 表示论域；$|\approx$ 是一种公式可满足性符号。将 $m(\varphi)$ 称作一个粒。

定义 4-4　可以对粒的定义做延伸，提出图像粒的概念，定义如下：对一幅图像 I，假设存在一个概念 φ，属于概念 φ 的所有图像像素点记作 φ 的意义集 $m(\varphi)$，表示为 $m(\varphi) = \{x \in I, \ x|\approx \varphi\}$。将 $m(\varphi)$ 称作一个图像粒。

对于一幅大小为 $h \times w$ 的图像，$I = I_{h \times w}$ 表示该图像的所有像素；按图像粒的概念，对图像进行分块，图像中任意一个像素或块记作 $b = [h_1, h_2] \times [w_1, w_2]$，显然有 $0 \leqslant h_1 < h_2 < h$ 且 $0 \leqslant w_1 < w_2 < w$；则 I_b 为一个粒：$m(I_b) = \{(i,j) \in b \subseteq [0, h) \times [0, w)\}$，最细的粒是像素层次上的，即只含有一个像素，最粗的粒是包含整幅图像所有像素的块。

定义 4-5　粒 $m(\varphi)$ 的大小定义如下：

$$L[m(\varphi)] = \frac{\text{Card}[m(\varphi)]}{\text{Card}(U)} \qquad (4\text{-}15)$$

其中，$\text{Card}[m(\varphi)]$ 表示 $m(\varphi)$ 中包含的元素个数；$\text{Card}(U)$ 表示论域 U 的元素总数。

在一幅大小为 128×128 的图像 I 中，假如 I_b 是 I 中的一个块，$b = [0, 3] \times [0, 3]$；由定义 4-3，显然 I_b 是一个粒，大小为 $L[m(I_b)] = \text{Card}[m(I_b)]/\text{Card}(I) = (4 \times 4)/(128 \times 128) = 1/1024$。对于整幅图像，最细的粒大小是 $L[m(I_{\text{fine}})] = 1/(128 \times 128) = 1/16384$，最粗的粒大小是 $L[m(I_{\text{coarse}})] = 1$。

定义 4-6　将图像 I 分块，为 $b_1, b_2, \cdots, b_t$，每一块为一个粒 $m(I_b)$，每个粒当中所有像素的均值为 $E_1, E_2, \cdots, E_t$，这组均值的方差为 σ。定义图像粗糙度 $r(I) = e^{-\sigma}$。显然，有 $0 < r(I) \leqslant 1$。

对于一幅图像，所分的块越小，粒越细，σ 越大，$e^{-\sigma}$ 越小，即图像粗糙度 $r(I)$ 越小，信息丢失量越少；反之，粒越大，图像越粗糙，即丢失的信息量越多。

定义 4-7　假设 I_1、I_2 是两个相邻层次上的图像粒，不妨令 $L[m(I_1)] < L[m(I_2)]$，定义图像粒差异：$D(I_1, I_2) = r(I_1) - r(I_2)$。

4.8　基于图像粒的图像处理

由于人脸研究问题中的高维度图像和大规模样本的关系，不管线性子空间法还是流形学习算法，都需要进行复杂的计算。例如，在对包含 100 幅图像、每幅图像大小为 128×128，即维数 $m = 128 \times 128 = 16384$ 的人脸数据库进行处理时，LLE

算法的计算复杂度为 $T = O(mN^2) + O[(m + k)k^2N] + O(dN^2) = O(10^8)$，LPP 算法的计算复杂度为 $T = O[(m + k)N^2] + O(kmN) + O[(m + d)m^2] = O(10^{12})$。可见，高计算复杂度问题制约着图像处理研究任务的快速性和有效性。

　　针对人脸研究中的高维度数据和复杂计算度问题，运用图像粒方法对图像进行处理，可以有效地降低计算复杂度。对一幅图像，假设存在一个概念 φ，属于概念 φ 的所有图像像素点 $m(\varphi)$ 即一个图像粒，把图像分成大小相同的块，块的大小可以按照实际问题中的要求来定，这样，属于每个图像块中的所有元素组成了一个图像粒。对每个粒内部元素进行一定的处理，然后把图像粒作为一个基本单元进行后续图像处理，降低了图像的维数。对图像粒的处理同样可以根据实际问题的要求来选择，如求和、求均值或相关、卷积等，这些处理都在图像粒这个小范围的图像块中，且可以对所有的图像粒并行处理，和整幅高维图像的复杂处理相比较，基于图像粒的图像处理降低了计算复杂性，提高了计算效率。

　　图像处理的研究对象是图像，组成图像的最基本的单位是像素，许多图像处理方法都是以像素为单位来进行处理的。而在很多实际问题中，并不需要完全建立在像素这个最细的粒度层次上，而是可以在一个相对粗的粒度上对问题求解，得到其所需精确度即可。例如，对上面提到的包含 100 幅图像、每幅图像维数为 16384 的人脸库图像进行处理，若是对图像按 4×4 大小的图像粒进行处理，则图像维数降低为 $m = 32 \times 32 = 1024$，图像在维数上降低了一个数量级，LLE 算法的计算复杂度降为 $T = O(10^7)$，LPP 算法计算复杂度降为 $T = O(10^9)$，减少了 3 个数量级，图像粒是一个降低计算复杂度的有效方法。计算法复杂度更受图像维数影响的 LPP 算法相比较于 LLE 算法，图像粒的降维效果更为明显。

4.9　人脸图像低维嵌入

　　流形学习的目的是找出高维数据空间中隐藏的低维结构，将原高维数据嵌入低维空间，达到维数约简的目标，同时保持源数据的某种拓扑结构不发生变化。LLE 算法在将高维数据点向一个全局的低维坐标系做映射的过程中，能同时满足降维后数据的拓扑结构和原高维空间中的保持一致。用 LLE 算法对人脸图像进行低维嵌入，分析人脸图像的规律及内在低维结构。实验在 Frey 人脸库[29]上进行。Frey 人脸库包含同一人在一段视频中截取的 1965 幅不同表情、姿态的图像，每幅图像大小为 20×28，每像素为 256 灰度级，这样每幅人脸图像为 560 维灰度图像。部分图像如图 4-3 所示。

　　应用图像粒处理方法的 LLE 算法对 Frey 人脸库图像进行嵌入。在多个不同粒度的图像粒上分别应用 LLE 算法，给出人脸图像的分布情况，分析人脸姿态和表情的变化规律。同时，分析基于图像粒的 LLE 算法对降低计算复杂度的有效性。

图 4-3　Frey 人脸库中部分图像

4.9.1　人脸图像二维嵌入

　　应用 LLE 算法对 Frey 人脸库图像进行低维嵌入，1965 幅人脸图像降维处理后的分布情况如图 4-4 所示，人脸图像映射到由 LLE 算法的前两个坐标所描述的二维平面上，一些有代表性的面孔显示在对应数据点的旁边。可以看出，LLE 算法找到了控制人脸姿态、表情的二维内在变量。在此低维嵌入空间中，从左上到左下、右上到右下的直线方向上，人脸图像的姿态出现了有规律的变化，即从面向左侧，到正面，再到面向右侧；从左到右有明显的人脸表情的变化，左边的闭着嘴巴的不开心的表情，向右边逐渐转变为开心的微笑着的表情。

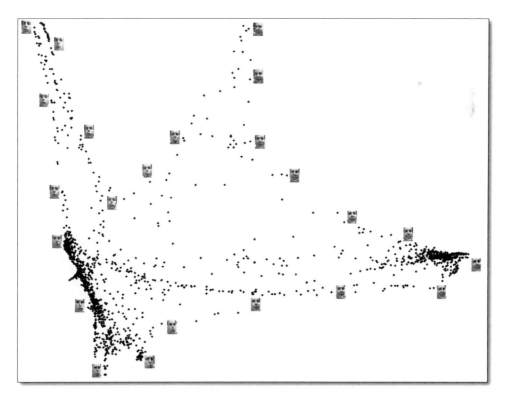

图 4-4　Frey 人脸库图像应用 LLE 算法的二维性嵌入

　　实验表明，正如相关文献所描述的，人脸图像的确位于一个非线性流形上，人脸中蕴含的是一种流形结构，由于某些内在变量的影响比较大，所以控制人脸数据集形成非线性流形。在观测空间中，图像呈现较大的曲率分布是由于姿态和表情的变化所引起的，所以如果能将姿态、表情这些引起较大变化的控制变量在"人脸流形"中寻找到，就能实现观测空间的大幅降维。对人脸图像用 LLE 算法低维嵌入后，实现了维数约简的同时，发现高维人脸图像数据内在的低维结构和分布规律，这说明在高维的人脸图像数据中存在着流形，且流形学习算法 LLE 可以将这些潜在的流形嵌入低维空间中。

4.9.2　基于图像粒的 LLE

　　按图像粒的方法进行实验。对图像分别以 2×2、4×4 大小的图像粒进行处理，则每幅人脸图像转变为 140 维、35 维灰度图像，对图像原始的高维数据进行了降维。图 4-5 和图 4-6 分别是 1965 幅人脸图像应用不同大小的图像粒方法进行处理，然

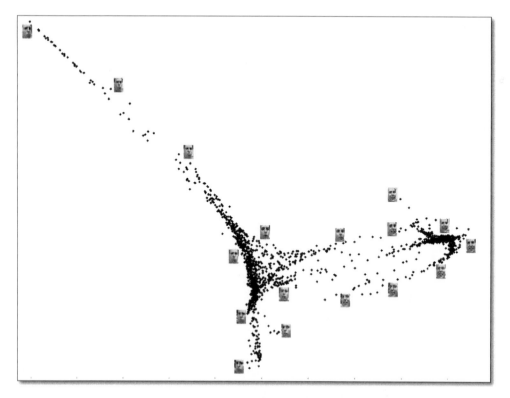

图 4-5　Frey 人脸库图像在 2×2 粒度上应用 LLE 算法的二维线性嵌入

后应用 LLE 算法进行低维嵌入，同样是将人脸图像映射到由 LLE 算法的前两个坐标所描述的二维平面上，部分数据点的边上显示的是对应的原始人脸图像。

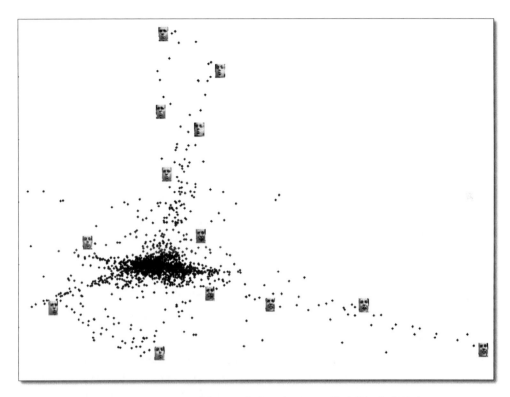

图 4-6　Frey 人脸库图像在 4×4 粒度上应用 LLE 算法的二维线性嵌入

　　和图 4-4 对图像按像素点进行处理（对图像按像素点进行处理相当于按 1×1 大小的图像粒进行处理）时的结果相比，图 4-5 中人脸图像的整体分布形状有变化，而控制人脸姿态、表情的二维内在变量仍然存在且人脸的连续性变化未发生改变，仍然维持从上到下方向上姿态的变化、从左到右方向上表情的变化趋势，图像有一定程度的集中；但所不同的是，在图 4-6 中，这种变化变得非常不明显，图像集中程度非常高，区分极度不明显。这是因为用图像粒方法对图像进行处理时，一定程度上破坏了人脸图像的内在结构；随着粒的增大，这种内在结构被破坏的程度更大。当基于图像粒的 LLE 算法对人脸姿态和表情进行分析时，图像粒的大小并不是随意的，而是有一定要求。

　　算法的计算复杂度问题体现于实验的运行时间上。下面对运行时间进行比较。以像素为单位（即 1×1 大小的图像粒）进行实验时，从读取图像开始到 LLE 算法结束为运行所用时间；以图像粒进行实验时，运行时间还包括了对图像的分块以及对每个图像粒进行处理所用的时间，总的运行时间有所变化。表 4-1 是在不同粒度下实验的运行时间，表中 k 是选择的近邻个数。可以看出，对于每一个 k，运行时间随着图像粒的增大而减少，降低了计算复杂度。

表 4-1　Frey 人脸库图像在不同图像粒度下的运行时间　　　（单位：s）

k 值	1×1	2×2	4×4
$k = 9$	19.840	11.617	5.759
$k = 10$	20.290	11.797	6.068
$k = 11$	20.629	12.226	6.478
$k = 12$	21.374	12.666	6.927
$k = 13$	21.711	13.172	7.433
$k = 14$	22.549	13.707	8.127
$k = 15$	23.276	14.472	8.771
$k = 16$	23.962	15.256	9.521

虽然实验减少了运行时间，提高了速度，但以图像粒方法对图像进行处理时，图像的信息有丢失。随着粒的增大，二维嵌入中分布的点（即对应的图像）的区分却不明显，是因为随着粒的增大，图像的信息损失程度增大，一些细节上的差别信息丢失。分析不同图像粒度进行实验的人脸图像信息量的情况。根据定义 4-6，计算图 4-3 所示的 9 幅人脸图像在不同大小的图像粒处理时的图像粗糙度，结果如表 4-2 所示，随着图像粒的增大，图像粗糙度增加，即图像变得越粗糙，损失的信息量越多；为了更清楚地分析图像信息量的损失情况，还计算了这 9 幅图像的信息熵，随着图像粒的增大，图像信息熵减少。

表 4-2　Frey 人脸库中 9 幅图像在不同图像粒度下的粗糙度、信息熵

图像	图像粗糙度			图像信息熵		
	1×1	2×2	4×4	1×1	2×2	4×4
Frey_01	0.9726	0.9785	0.9878	7.0376	2.0738	0.5384
Frey_02	0.9721	0.9792	0.9869	7.0814	2.0204	0.5492
Frey_03	0.9702	0.9769	0.9873	7.1657	2.0664	0.5456
Frey_04	0.9714	0.9766	0.9846	7.0626	2.0841	0.5549
Frey_05	0.9702	0.9771	0.9869	7.1343	2.0972	0.5514
Frey_06	0.9752	0.9810	0.9872	6.9565	2.0597	0.5634
Frey_07	0.9692	0.9748	0.9854	7.1568	2.0827	0.5634
Frey_08	0.9684	0.9760	0.9862	7.1333	2.0772	0.5465
Frey_09	0.9690	0.9748	0.9830	7.1902	2.0827	0.5527

同时，由定义 4-7 计算了图像粒差异结果，结果如表 4-3 所示。随着图像粒的增大，相邻层次上的图像粗糙度之差变大，图像变粗糙的程度加深，图像信息的损失更加严重。

表 4-3　Frey 人脸库中 9 幅图像在不同图像粒度下的图像粒差异

图像	$D(I_{1\times1}, I_{2\times2})$	$D(I_{2\times2}, I_{4\times4})$
Frey_01	5.901E-03	9.233E-03
Frey_02	7.103E-03	7.711E-03
Frey_03	6.703E-03	1.045E-02
Frey_04	5.200E-03	8.092E-03
Frey_05	6.854E-03	9.843E-03
Frey_06	5.791E-03	6.171E-03
Frey_07	5.571E-03	1.057E-02
Frey_08	7.534E-03	1.025E-02
Frey_09	5.747E-03	8.260E-03

4.9.3　加权预处理的图像粒 LLE

在人脸研究中，人脸图像的不同区域所研究的重点各不相同。人脸表情的研究分析中，人脸的眼睛、嘴巴等区域作为较重要的分析部位。在 LLE 算法选择近邻点中，当计算两个样本图像之间的欧氏距离时，先对图像进行加权预处理，给定每个像素点一个权值，增大较为重要部位的像素点的权重，对近邻点的选择产生一定的变化。

每个样本图像 $x_i = [x_{1i}, x_{2i}, \cdots, x_{Di}]^{\mathrm{T}}$，其权值计算公式为

$$g_{mi} = \mathrm{e}^{-\frac{|x_{mi} - \bar{x}_i|^2}{\sigma^2}}, \quad m = 1, 2, \cdots, D \tag{4-16}$$

其中

$$\sigma^2 = \frac{1}{D}\sum_{m=1}^{D}|x_{mi} - \bar{x}_i|^2, \quad \bar{x}_i = \frac{1}{D}\sum_{m=1}^{D}|x_{mi}| \tag{4-17}$$

每个像素点进行加权的计算公式如下：

$$\hat{x}_{mi} = g_{mi} \times x_{mi} \tag{4-18}$$

这样，每个样本图像 $\hat{x}_i = [\hat{x}_{1i}, \hat{x}_{2i}, \cdots, \hat{x}_{Di}]^{\mathrm{T}}$，样本图像集 $X = \{\hat{x}_i\}_{i=1}^{N} \in \mathrm{R}^D$。

同 4.9.1 节、4.9.2 节，将 Frey 人脸库中的图像分别以 1×1（即像素）、2×2、4×4 大小的图像粒方法进行处理，然后应用加权预处理的 LLE 算法，降维处理后映射到前两个坐标所描述的二维平面上，人脸图像分布情况如图 4-7～图 4-9 所示，一些有代表性的面孔显示在对应数据点的旁边。

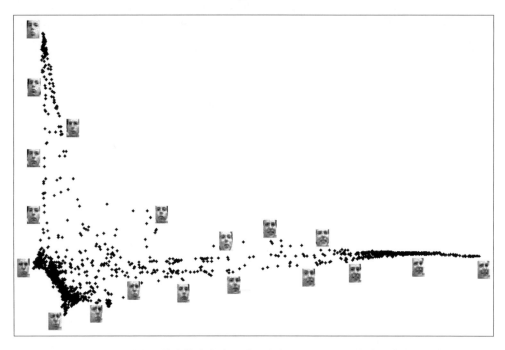

图 4-7　Frey 人脸库图像在像素粒度上应用加权预处理 LLE 算法的二维线性嵌入

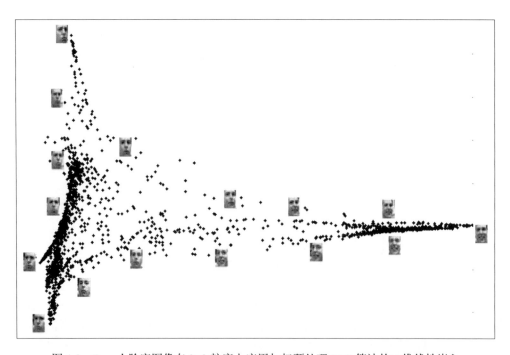

图 4-8　Frey 人脸库图像在 2×2 粒度上应用加权预处理 LLE 算法的二维线性嵌入

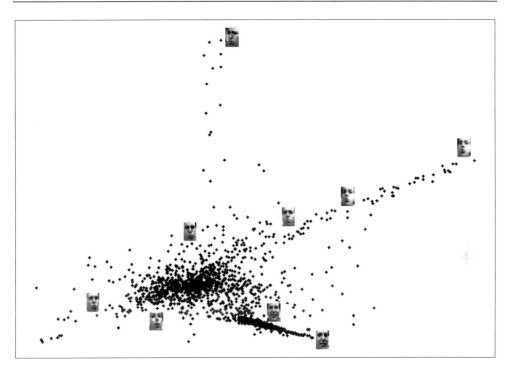

图 4-9　Frey 人脸库图像在 4×4 粒度上应用加权预处理 LLE 算法的二维线性嵌入

　　从实验结果图 4-7～图 4-9 可以看出，加权预处理的图像粒 LLE 下控制人脸姿态、表情的二维内在变量没有发生变化，从上到下方向上姿态的变化和从左到右方向上表情的变化，比未进行加权预处理时的变化更明显直观。在低维嵌入空间中，纵向上，人脸图像的姿态出现了有规律的变化，人脸从面向左侧，到正面，最后面向右侧；横向上，从左到右有明显的人脸表情的变化，左边的闭着嘴巴的不开心的表情，逐渐向右边转变为开心的微笑着的表情。在 1×1 和 2×2 大小的图像粒处理下，人脸图像低维嵌入的整体分布形状有变化，而连续性的变化规律未发生改变；但随着粒的增大，在 4×4 大小的图像粒下，图像集中度非常高，中间部分基本很难进行区分。加权预处理的图像粒 LLE 算法同样可以将高维的人脸图像数据中潜在的流形嵌入低维空间中，对图像粒的大小具有一定要求。

　　实验对运行时间进行了比较，在像素粒度上进行实验时，从读取图像开始到算法结束为运行时间；以图像粒进行实验时，运行时间还包括对图像的分块、对每个图像粒的处理以及计算图像像素权值所用的时间，总体运行时间会有所增加。实验结果如表 4-4 所示，运行时间随着图像粒的增大而减少，降低了计算复杂度。

表4-4　加权预处理下 Frey 人脸库图像在不同图像粒度下的运行时间　　（单位：s）

k 值	1×1	2×2	4×4
$k = 9$	20.501	12.146	6.215
$k = 10$	20.792	12.392	6.669
$k = 11$	21.316	12.819	7.113
$k = 12$	21.884	13.210	7.552
$k = 13$	22.456	13.886	8.240
$k = 14$	23.149	14.546	8.790
$k = 15$	23.812	15.269	9.678
$k = 16$	25.147	16.193	10.492

　　分析图像信息损失情况如下。根据定义 4-6、定义 4-7 计算图 4-3 中的 9 幅人脸图像在不同大小的图像粒处理时的图像粗糙度和图像粒差异，结果如表 4-5 和表 4-6 所示。随着图像粒的增大，图像粗糙度增加，即图像变得更粗糙，损失的信息量增多；相邻层次上的图像粗糙度之差变大，图像变粗糙的速度加快，图像信息的损失更严重。这个结果和图像信息熵的计算结果一致，表 4-5 显示随着图像粒的增大，图像的信息熵减少。

表4-5　加权预处理下 Frey 人脸库中 9 幅图像在不同图像粒度下的粗糙度、信息熵

图像	图像粗糙度			图像信息熵		
	1×1	2×2	4×4	1×1	2×2	4×4
Frey_01	0.9562	0.9783	0.9869	6.3101	1.7055	0.2987
Frey_02	0.9537	0.9730	0.9887	6.5236	1.6823	0.2987
Frey_03	0.9580	0.9850	0.9886	6.5115	1.6680	0.2987
Frey_04	0.9625	0.9835	0.9854	6.5504	1.6851	0.2987
Frey_05	0.9593	0.9844	0.9924	6.4861	1.6626	0.2987
Frey_06	0.9549	0.9746	0.9862	6.4224	1.6823	0.2987
Frey_07	0.9546	0.9797	0.9898	6.5472	1.6769	0.2987
Frey_08	0.9551	0.9806	0.9944	6.4144	1.6858	0.2987
Frey_09	0.9593	0.9830	0.9896	6.6113	1.7109	0.2987

表4-6　加权预处理下 Frey 人脸库中 9 幅图像在不同图像粒度下的图像粒差异

图像	$D(I_{1×1}, I_{2×2})$	$D(I_{2×2}, I_{4×4})$
Frey_01	2.21E−02	8.56E−03
Frey_02	1.93E−02	1.56E−02
Frey_03	2.71E−02	3.56E−03

续表

图像	$D(I_{1\times 1}, I_{2\times 2})$	$D(I_{2\times 2}, I_{4\times 4})$
Frey_04	2.10E−02	1.90E−03
Frey_05	2.50E−02	7.99E−03
Frey_06	1.97E−02	1.16E−02
Frey_07	2.51E−02	1.01E−02
Frey_08	2.55E−02	1.38E−02
Frey_09	2.37E−02	6.62E−03

4.10　基于图像粒 LPP 的人脸姿态和表情分析

人脸从某种意义上来说是一种流形结构，流形学习算法的目的是找出图像高维空间中隐藏的低维结构，通过保持源数据的某种拓扑结构达到数据降维的目的。用 LPP 算法对人脸图像进行低维嵌入，分析人脸图像的规律及内在低维结构。应用图像粒处理方法的 LPP 算法对和 CMUP PIE 人脸库、Frey 人脸库图像进行低维嵌入，分析人脸姿态和表情的变化规律。通过跟踪指定图像在低维嵌入中分布序列的变化、图像信息损失情况以及计算复杂度，分析图像粒 LPP 算法的有效性以及算法的计算复杂度。

4.10.1　CMU PIE 人脸库实验

CMU PIE（pose，illumination，and expression）人脸库[30]是由美国卡内基·梅隆大学（Carnegie Mellon University，CMU）创建的，包括 68 位志愿者每人 13 种姿态条件、43 种光照条件和 4 种表情下的 41368 张照片，其因丰富的内容逐渐成为人脸研究领域中一个重要的测试数据集。实验随机选择 CMU PIE 人脸库中 10 个人，每人在 2s 视频中正面、3/4 侧面（和正面夹角 22.5°）和侧面各 60 帧图像，共 180 幅图像，包括了姿态和表情的变化，图像大小为 160×160。对图像用图像粒 LPP 算法进行低维嵌入，分别按 1×1（即像素）、2×2、4×4、8×8、16×16、32×32 大小的图像粒进行处理，则图像由原先的 25600 维分别降为 6400 维、1600 维、400 维、100 维、25 维。表 4-7 是这 10 组人脸图像的运行时间。

表 4-7　10 组 CMU PIE 人脸库图像在不同图像粒度下的运行时间　　（单位：s）

图像	1×1	2×2	4×4	8×8	16×16	32×32
PIE_01	29.1343	18.5570	4.9409	1.5563	0.6313	0.4047

续表

图像	1×1	2×2	4×4	8×8	16×16	32×32
PIE_02	28.9822	19.2292	5.0323	1.5980	0.6478	0.4247
PIE_03	29.3741	19.2690	5.0110	1.6260	0.6598	0.4104
PIE_04	29.5017	19.1738	4.9657	1.6535	0.7388	0.4598
PIE_05	29.1446	19.3019	4.9507	1.5932	0.6351	0.4089
PIE_06	29.0626	19.3951	4.9605	1.5671	0.6376	0.4054
PIE_07	28.8665	19.3224	4.9601	1.5782	0.6365	0.4095
PIE_08	29.4174	19.2921	4.9537	1.5761	0.6328	0.4098
PIE_09	28.8710	19.3259	4.9558	1.5697	0.6362	0.4093
PIE_10	29.1718	19.2530	5.1460	1.5764	0.6378	0.4081

在上述 10 组图像中选择其中一组，图 4-10 是选择的 180 幅人脸图像中的 6 幅，从左往右分别为正面、3/4 侧面和侧面各 2 幅。

图 4-10　PIE_01 的部分人脸图像

图 4-11 是 PIE_01 中的人脸图像在不同图像粒度的 LPP 实验后的二维线性分布，图 4-11（a）～（f）分别是 1×1、2×2、4×4、8×8、16×16、32×32 大小的图像粒下的映射结果，图中"*"、"•"和"×"分别代表正面、3/4 侧面和侧面。从图中可以明显看到，在所有的不同大小图像粒下，人脸图像都明显地分成了三个区域，分别为正面、3/4 侧面和侧面各一个区域。LPP 算法能保持人脸图像在高维

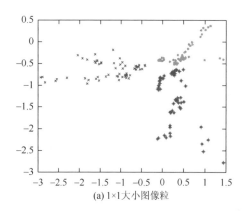

(a) 1×1 大小图像粒

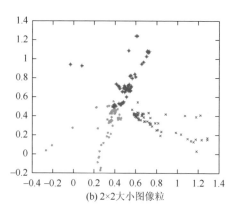

(b) 2×2 大小图像粒

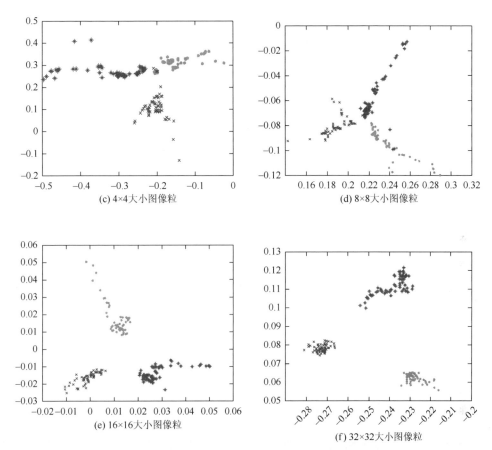

(c) 4×4大小图像粒

(d) 8×8大小图像粒

(e) 16×16大小图像粒

(f) 32×32大小图像粒

图 4-11　PIE_01 人脸图像在不同图像粒度 LPP 下的二维线性分布

空间中隐藏的低维结构，并将这些潜在的流形嵌入低维空间中。图像粒 LPP 算法同样具有这样的效果，只是随着图像粒的增大，图像的内在结构被破坏，所以在图 4-11（e）和图 4-11（f）两个实验结果图中，类和类之间的区分更加明显，而类内的集合程度高，不容易区分。

分析图像粒的处理方法对图像信息的丢失情况。由定义 4-6，计算图 4-10 中每幅图像在不同大小的图像粒下的图像粗糙度（表 4-8）；同时为了更清楚地分析图像信息量的损失情况，计算了图像信息熵（表 4-9）；由定义 4-7，计算每幅图像的图像粒差异（表 4-10）。

表 4-8　不同图像粒度下 PIE_01 人脸图像粗糙度

图像	1×1	2×2	4×4	8×8	16×16	32×32
PIE_01-1	0.9964	0.9966	0.9968	0.9972	0.9979	0.9989
PIE_01-2	0.9961	0.9963	0.9966	0.9971	0.9979	0.9990

续表

图像	1×1	2×2	4×4	8×8	16×16	32×32
PIE_01-3	0.9958	0.9960	0.9963	0.9969	0.9977	0.9989
PIE_01-4	0.9955	0.9957	0.9961	0.9967	0.9976	0.9990
PIE_01-5	0.9803	0.9809	0.9816	0.9832	0.9868	0.9912
PIE_01-6	0.9794	0.9800	0.9808	0.9824	0.9856	0.9906

表 4-9　不同图像粒度下 PIE_01 人脸图像信息熵

图像	1×1	2×2	4×4	8×8	16×16	32×32
PIE_01-1	5.9171	1.9706	0.6135	0.1819	0.0511	0.0137
PIE_01-2	5.9446	1.9752	0.6134	0.1819	0.0519	0.0138
PIE_01-3	5.9902	1.9866	0.6168	0.1823	0.0512	0.0136
PIE_01-4	5.9944	1.9858	0.6159	0.1820	0.0512	0.0137
PIE_01-5	6.2774	2.0609	0.6338	0.1864	0.0526	0.0140
PIE_01-6	6.3122	2.0676	0.6361	0.1863	0.0526	0.0141

表 4-10　不同图像粒度下 PIE_01 人脸图像粒差异

图像	$D(I_{1×1}, I_{2×2})$	$D(I_{2×2}, I_{4×4})$	$D(I_{4×4}, I_{8×8})$	$D(I_{8×8}, I_{16×16})$	$D(I_{16×16}, I_{32×32})$
PIE_01-1	1.621E−04	2.738E−04	4.031E−04	6.938E−04	9.930E−04
PIE_01-2	1.779E−04	3.182E−04	4.587E−04	8.086E−04	1.089E−03
PIE_01-3	1.746E−04	3.364E−04	5.665E−04	7.688E−04	1.223E−03
PIE_01-4	1.952E−04	3.952E−04	5.857E−04	8.936E−04	1.341E−03
PIE_01-5	5.666E−04	7.279E−04	1.614E−03	3.550E−03	4.412E−03
PIE_01-6	6.016E−04	8.035E−04	1.576E−03	3.282E−03	4.984E−03

图 4-12 是不同图像粒度下的图像粗糙度和信息熵的直观表示图。

从实验结果可以看到，随着图像粒的增大，图像粗糙度增加，即图像变得更粗糙，损失的信息量增多，相邻层次上的图像粗糙度之差变大，图像变粗糙的程度加快，图像信息的损失更严重。

4.10.2　Frey 人脸库实验

在 Frey 人脸库上进行实验，包括人脸图像在图像粒 LPP、加权预处理图像粒下的低维嵌入结果，对指定图像进行跟踪分析，对图像信息的研究，以及对参数取值的讨论。

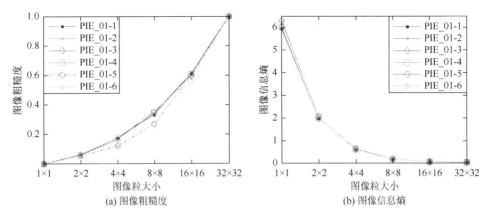

(a) 图像粗糙度　　　　　　　　　　　(b) 图像信息熵

图 4-12　PIE_01 人脸图像在不同图像粒度 LPP 下的图像粗糙度和图像信息熵

1. 图像粒 LPP 算法

用 LPP 算法对 Frey 人脸库图像进行低维嵌入。1965 幅人脸图像应用 LPP 算法降维处理后的分布情况如图 4-13 所示，人脸图像映射到由 LPP 算法的前两个

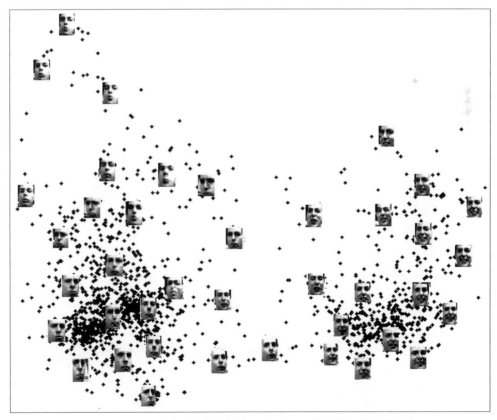

图 4-13　Frey 人脸库在像素粒度上应用 LPP 算法的二维线性分布

坐标所描述的二维平面上，一些有代表性的面孔显示在对应数据点的旁边。可以看出，和 LLE 算法相同，LPP 算法也能找到控制 Frey 人脸库人脸姿态、表情的二维内在变量。在此低维嵌入中，空间中人脸图像明显地分为两个部分，右边是开心的微笑着的表情，左边相对的为闭着嘴巴的不开心的表情；并且，在每个表情部分从上到下都有一个人脸姿态的变化，从面向左侧，逐渐到正面，再到面向右侧的角度。

　　按图像粒的方法进行实验，对人脸图像分别以 2×2、4×4 大小的图像粒进行实验，则每幅人脸图像降为 140 维、35 维的灰度图像。图 4-14、图 4-15 分别是 1965 幅人脸图像应用图像粒预处理并应用 LPP 算法降维后的分布情况，同样将人脸图像映射到由 LPP 算法的前两个坐标所描述的二维平面上。实验结果显示，和图 4-13 相比，图 4-14、图 4-15 中除了整体的分布形状上有略微的区别，人脸的分布情况并没有明显的变化，从左到右、从上到下同样存在相同的表情和姿态上的连续变化。

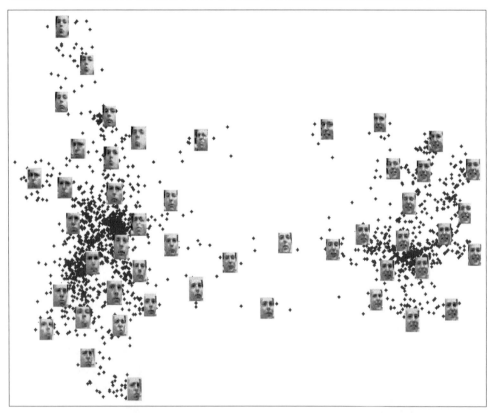

图 4-14　Frey 人脸库在 2×2 图像粒上应用 LPP 算法的二维线性分布

　　图像粒的处理方法对图像数据降维、计算复杂度的降低，体现于实验的运行时间上。对运行时间进行比较：在像素级粒度进行实验时，从读取图像开始到 LPP 算法结束为运行时间；以图像粒进行实验时，运行时间还包括对图像的分块

图 4-15　Frey 人脸库在 4×4 图像粒上应用 LPP 算法的二维线性分布

以及对每个图像粒进行处理所用的时间，总的运行时间有变化。表 4-11 是在不同图像粒度下 Frey 人脸库图像的运行时间，表中 k 是选择的近邻个数。为了排除选择的近邻个数 k 对实验结果的影响，选择了多个近邻数进行实验，可以看出，对每一个选择的近邻数 k，运行时间都随着图像粒的增大而减少，降低了计算复杂度。从像素粒度（1×1）到相邻的 2×2 粒度，时间减少了 2/3 之多。可见图像粒的方法能有效地降低按像素处理图像时所需时间，降低算法时间复杂度，提高效率。

表 4-11　不同图像粒度下 Frey 人脸库图像的运行时间一　　　（单位：s）

k 值	1×1	2×2	4×4
$k=9$	50.9573	15.7461	7.3745
$k=10$	50.9668	15.7714	7.2847
$k=11$	50.9483	15.7888	7.4481
$k=12$	51.1723	15.8050	7.3655

续表

k值	1×1	2×2	4×4
$k=13$	51.0856	15.7608	7.3050
$k=14$	51.0115	15.7743	7.3248
$k=15$	51.0722	15.8051	7.3198
$k=16$	51.0253	15.9286	7.3958

实验表明，图像粒 LPP 算法对高维人脸图像实现了维数的约简，而且找到了高维数据的内在低维结构和分布规律，将高维的人脸图像数据中潜在的流形嵌入低维空间中，并且有效地降低了计算复杂度。

2. 加权预处理的图像粒 LPP 算法

分别在 1×1、2×2、4×4 大小的图像粒下，对 Frey 人脸库中的图像应用加权预处理的图像粒 LPP 算法。针对 Frey 人脸库中图像的特征，按人脸姿态的不同，分别选择了右面、正面、左面（图 4-16）三个角度各 15 幅图片。

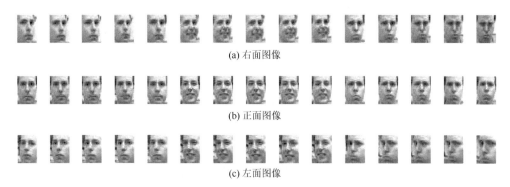

(a) 右面图像

(b) 正面图像

(c) 左面图像

图 4-16　Frey 人脸库中的图像

图 4-16（a）～（c）中，每个角度都包括了开心、不开心以及较为平静表情的图像，作为三个不同的模板，模板图像权值按式（4-16）和式（4-17）进行计算。每张降维后的图片先和三张模板图片进行比较，按照距离最近的一张模板图片的权值分布按式（4-18）进行加权计算，然后对加权后的图像进行近邻点的选择。将应用加权预处理的 LPP 算法后的图像映射到前两个坐标所描述的二维平面上，人脸图像分布情况如图 4-17～图 4-19 所示。

从实验结果来看，人脸图像同样有明显的变化方向。左右两部分明显有一个表情的变化，左边是开心的微笑着的表情，而右边则是闭着嘴巴的不开心的表情；纵向上显示了人脸姿态的变化，从面向右侧，到正面，最后面向左侧。在像素粒

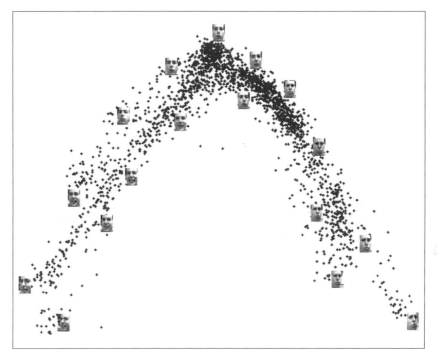

图 4-17　Frey 人脸库在 1×1 图像粒度上应用加权预处理 LPP 算法的二维线性分布

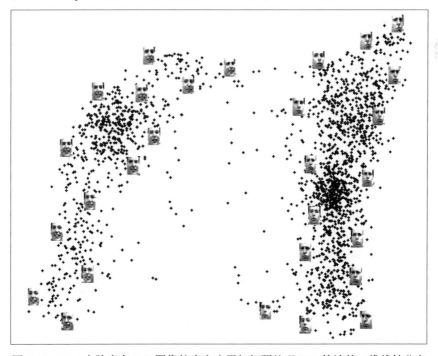

图 4-18　Frey 人脸库在 2×2 图像粒度上应用加权预处理 LPP 算法的二维线性分布

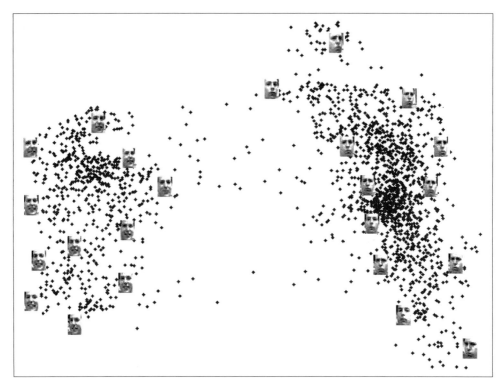

图 4-19　Frey 人脸库在 4×4 图像粒度上应用加权预处理 LPP 算法的二维线性分布

度上，人脸图像在整个二维嵌入中是一个连续的变化过程，在 2×2 和 4×4 粒度下，没有了这种连续的变化，分为左右两个部分，但是整体上还是对人脸表情和姿态有一定规律的变化。和 4.10.1 节实验中未加权处理的图像粒 LPP 算法的结果相比较，加权处理的效果有一定的体现。因为选择的模板在姿态上有非常显著的区别，即三个完全不同的姿态角度，所以按照此模板方式对图像进行加权预处理时，增强了姿态的重要性。从实验结果来看，在相同图像粒下，和未进行加权预处理的人脸图像分布情况相比较，加权预处理的人脸分布有很明显的不同，就是在每个表情部分，图像的集合度降低，在纵向上的姿态的变化更容易区分。

比较运行时间。和图像粒 LPP 算法的实验相比较，在每个粒度上实验时都增加了加权预处理的过程中模板图片权值计算时间、每张图片选择模板和按照模板进行加权处理的时间，结果如表 4-12 所示。显示的结果同图像粒 LPP 算法相同，在每个近邻点个数 k 的取值下，运行时间都随着图像粒的增大而减少，计算复杂度降低。

表 4-12　不同图像粒度下 Frey 人脸库图像的运行时间二　　（单位：s）

k 值	1×1	2×2	4×4
$k=9$	53.939	18.697	7.019
$k=10$	54.244	18.021	7.206
$k=11$	54.247	18.409	7.617
$k=12$	54.303	18.104	7.392
$k=13$	54.287	18.572	7.798
$k=14$	54.539	18.481	7.649
$k=15$	54.050	18.512	7.655
$k=16$	54.325	18.440	7.678

3. 指定图像的分布序列

指定 10 幅人脸图像，如图 4-20 所示。图像可以按表情分为两组，前 5 幅和后 5 幅各为一组，分别是开心和不开心的两个表情，且每一组中的 5 幅图像从左到右都有一个姿态角度的连续变化，从面向右侧，到正面，最后面向左侧。

图 4-20　Frey 人脸库中指定的 10 幅人脸图像

按 0～9 指定每幅图像的序列，在图 4-17～图 4-19 中分别跟踪这 10 幅人脸图像，观察它们在不同图像粒度 LPP 低维嵌入下的分布情况，结果如图 4-21～图 4-23 所示。在像素粒度的实验结果中，指定的人脸图像在整个二维嵌入中变化，开心

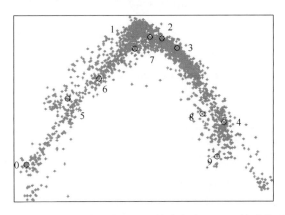

图 4-21　指定的人脸图像在 1×1 粒度上应用 LPP 算法的分布

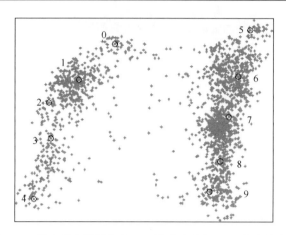

图 4-22　指定的人脸图像在 2×2 粒度上应用 LPP 算法的分布

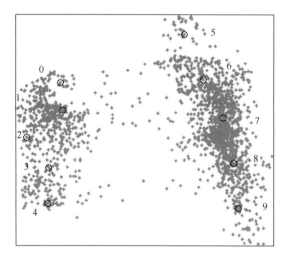

图 4-23　指定的人脸图像在 4×4 粒度上应用 LPP 算法的分布

的和不开心的表情在整个分布上从左到右按角度变化。在 2×2 和 4×4 粒度下，开心的和不开心的表情分别在各个部分按姿态角度从上到下变化。

　　实验结果表明，图像粒 LPP 算法对图像的序列并没有产生影响，图像分布顺序和规律没有因图像粒的方法产生变化。

　　4. 图像信息

　　虽然实验减少了运行时间，提高了速度，但以图像粒方法对图像进行处理时，图像的信息有丢失。在以像素粒度处理时，人脸图像在二维嵌入中显示的是一个连续的变化过程，如图 4-17 所示；而随着图像粒度的增大，图像的信息损失程度增大，二维嵌入中分布的点（即对应的图像）没有了这种连续的变化，如图 4-18、图 4-19 所示，这是因为随着图像粒度的增大，一些细节上的差别信息丢失。分析运用不同大小的图像粒进行实验的人脸图像信息情况。根据定义 4-6，计算每张图像在不同大小的图像粒处理方法下的图像粗糙度。表 4-13 是图 4-3 所示的 9 幅人脸图像的粗糙度计算结果。从表中可以看到，随着图像粒度的增大，图像粗糙度增加，即图像变得粗糙，损失的信息量增多。为了更清楚地分析图像信息量的损失情况，计算了这 9 幅图像的信息熵，随着图像粒度的增大，图像信息熵减少，和图像粗糙度结果相符。

表 4-13　不同图像粒度下 Frey 人脸库图像粗糙度、图像信息熵

图像	图像粗糙度			图像信息熵		
	1×1	2×2	4×4	1×1	2×2	4×4
Frey_01	0.9726	0.9785	0.9878	7.0376	2.0738	0.5384
Frey_02	0.9721	0.9792	0.9869	7.0814	2.0204	0.5492
Frey_03	0.9702	0.9769	0.9873	7.1657	2.0664	0.5456
Frey_04	0.9714	0.9766	0.9846	7.0626	2.0841	0.5549
Frey_05	0.9702	0.9771	0.9869	7.1343	2.0972	0.5514
Frey_06	0.9752	0.9810	0.9872	6.9565	2.0597	0.5634
Frey_07	0.9692	0.9748	0.9854	7.1568	2.0827	0.5634
Frey_08	0.9684	0.9760	0.9862	7.1333	2.0772	0.5465
Frey_09	0.9690	0.9748	0.9830	7.1902	2.0827	0.5527

从图像灰度分布图能很直观地看到结果，结论相同。图 4-24 是图 4-3 中 3 幅图像在不同粒度下的灰度直方图，图 4-24（a）～（c）分别是 Frey_01、Frey_05、Frey_09 这三幅人脸图像的灰度直方分布图，每幅图从左往右分别代表的是 1×1（即像素）、2×2、4×4 的粒度下的灰度直方图。随着粒度的增大，图像所占的灰度区域越来越窄，且不同灰度级上的差异越来越小。图像粒的方法，对图像进行了降维，所以每个灰度级上的值的总和变小；同时，图像粒的处理过程中对粒进行了均值计算，像素之间的灰度值差异变小，对图像进行了平滑，丢失了一部分图像信息。

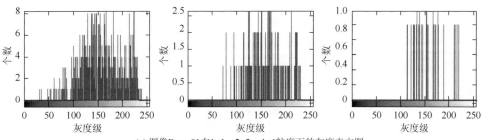

(a) 图像Frey_01在1×1、2×2、4×4粒度下的灰度直方图

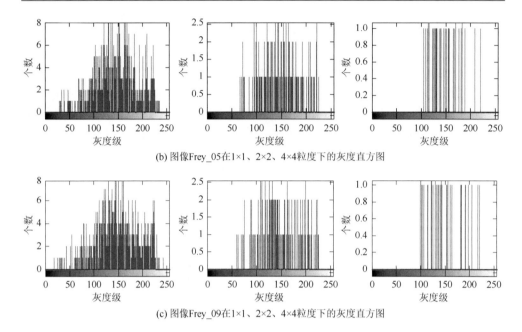

(b) 图像Frey_05在1×1、2×2、4×4粒度下的灰度直方图

(c) 图像Frey_09在1×1、2×2、4×4粒度下的灰度直方图

图4-24　不同图像粒度下图像的灰度直方图

LPP 算法中构造权值矩阵时采用热核法：$w_{ij} = \exp(-\| x_i - x_j \|^2 / t)$，其中 t 是比例参数，用来调节 w_{ij}。可以看到 x_i 和 x_j 之间距离越小，权值 w_{ij} 越大，距离越大，权值 w_{ij} 越小；当 x_i 和 x_j 之间大于一定距离（不是近邻点）时，权值 w_{ij} 为 0。不同的 t 的取值通过影响权值 w，而对实验最终的结果产生影响。要得到较为理想的权值 w，取 t 和分子为同一个数量级为最佳。在实验中，对 t 进行如下计算取值：

$$t_i = \frac{1}{k} \sum_j \| x_i - x_j \|^2 \tag{4-19}$$

其中，x_j 是 x_i 的近邻点；k 是选择的近邻点个数。

对不同 t 的取值，观察权值 w。表 4-14 是四组不同 t 的取值下图像 Frey_05（图 4-3 中）的 15 个近邻点的权重值（按从大到小顺序排列），每两组相邻的 t 取值分别相差一个数量级。从实验数据来看，按式（4-19）计算的 t 得到的权值 w 较为理想。第一组 t 取值较小时，w 也小，只有几个近邻点的权重有意义，其余的值都很小，小于 10^{-4}，没有了"近邻"的意义和作用。第三、四组 t 取值较大时，w 的值也大；增大两个数量级时，所有的权重都在 0.97 以上，接近于 1，即所有的近邻点没有了远和近的差别，不同距离近邻点的作用都相同。

表 4-14 图像 Frey_05 不同 t 取值下的近邻点权重 w

$t_1 = t \times 0.1$			$t_2 = t$		
1×1	2×2	4×4	1×1	2×2	4×4
1.0000	1.0000	1.0000	1.0000	1.0000	1.0000
0.0289	0.0797	0.0513	0.7015	0.7766	0.7430
0.0010	0.0021	0.0073	0.5014	0.5399	0.6117
0.0001	0.0003	0.0019	0.4075	0.4480	0.5357
0.5825E−04	0.8148E−04	0.0011	0.3772	0.3900	0.5037
0.2673E−04	0.5749E−04	0.0008	0.3489	0.3767	0.4902
0.2637E−04	0.0904E−04	0.0002	0.3484	0.3131	0.4203
0.1959E−04	0.0829E−04	0.0001	0.3382	0.3104	0.4026
0.1919E−04	0.0743E−04	0.8058E−04	0.3375	0.3070	0.3896
0.1214E−04	0.0643E−04	0.1333E−04	0.3224	0.3026	0.3254
0.0752E−04	0.0600E−04	0.1122E−04	0.3073	0.3005	0.3199
0.0438E−04	0.0280E−04	0.0168E−04	0.2912	0.2784	0.2645
0.0201E−04	0.0111E−04	0.0018E−04	0.2694	0.2537	0.2120
0.0088E−04	0.0089E−04	0.0003E−04	0.2479	0.2483	0.1795
0.0018E−04	0.0047E−04	0.0004E−08	0.2117	0.2330	0.0736
$t_3 = t \times 10$			$t_4 = t \times 100$		
1×1	2×2	4×4	1×1	2×2	4×4
1.0000	1.0000	1.0000	1.0000	1.0000	1.0000
0.9652	0.9750	0.9707	0.9965	0.9975	0.9970
0.9333	0.9402	0.9520	0.9931	0.9939	0.9951
0.9141	0.9228	0.9395	0.9911	0.9920	0.9938
0.9071	0.9101	0.9337	0.9903	0.9906	0.9932
0.9001	0.9070	0.9312	0.9895	0.9903	0.9929
0.8999	0.8904	0.9170	0.9895	0.9885	0.9914
0.8973	0.8896	0.9130	0.9892	0.9884	0.9909
0.8971	0.8886	0.9100	0.9892	0.9883	0.9906
0.8930	0.8873	0.8938	0.9887	0.9881	0.9888
0.8887	0.8867	0.8923	0.9883	0.9880	0.9887
0.8839	0.8800	0.8755	0.9877	0.9873	0.9868
0.8771	0.8718	0.8563	0.9870	0.9864	0.9846
0.8698	0.8700	0.8422	0.9861	0.9862	0.9830
0.8562	0.8645	0.7704	0.9846	0.9855	0.9743

4.11　本　章　小　结

本章在流形学习算法下对人脸表情和姿态进行研究，主要包括以下内容。

（1）基于图像粒方法的 LLE 算法和 LPP 算法对人脸图像的低维嵌入。由于人脸研究问题中的高维图像和大规模样本的关系，不管线性子空间法还是流形学习算法，均需要进行复杂的计算，这制约着研究任务的快速性和有效性。针对人脸表情研究中的高维度数据和复杂计算度问题，提出一种图像粒的处理方法，应用于流形学习算法 LLE 和 LPP，研究高维人脸表情数据的内在低维结构及分布规律，以及该方法对降低计算复杂度的有效性。

（2）基于图像粒的图像处理方法。粒计算融合了模糊集、粗糙集、人工智能等领域的研究成果，它的思想源于有关模糊集的信息粒化研究。在解决和处理大量复杂信息问题时，总是按各自的特征和性能将其分解为若干较简单的子问题或模块。不同的粒化准则生成不同的粒层次和粒结构，在不同的粒层次下看待和解决问题时往往会产生具有不同特性的方法。图像粒的方法正是基于粒计算的思想，从不同层次上对图像进行处理，对比在像素层次上的计算复杂度、图像信息等实验现象和数据。

参 考 文 献

[1] Jamshidi A A，Kirby M J，Broomhead D S. Geometric manifold learning. Signal Processing Magazine，2011，28（2）：69-76.

[2] Tenenbaum J B，Silva V D，Langford J C. A global geometric framework for nonlinear dimensionality reduction. Science，2000，290（5500）：2319-2323.

[3] Roweis S T，Saul L K. Nonlinear dimensionality reduction by locally linear embedding. Science，2000，290（5500）：2323-2326.

[4] Belkin M，Niyogi P. Laplacian eigenmaps for dimensionality reduction and data representation. Neural Computation，2003，15（6）：1373-1396.

[5] He X，Niyogi P. Locality preserving projections. Advances in Neural Information Processing Systems，2003，16（1）：186-197.

[6] 吕思思，梁久祯. 图像粒 LLE 算法在人脸表情分析中的应用. 合肥工业大学学报，2012，12（35）：1637-1643.

[7] Cai D，He X，Han J. Document clustering using locality preserving indexing. IEEE Transactions on Knowledge and Data Engineering，2005，17（2）：1624-1637.

[8] Camastra F. Data dimensionality estimation methods：A survey. Pattern Recognition，2003，36（12）：2945-2954.

[9] Choi H，Choi S. Kernel Isomap on noisy manifold. Proceedings of 2005 4th IEEE International Conference on Development and Learning，2005：208-213.

[10] Chang H，Yeung D Y. Robust locally linear embedding. Pattern Recognition，2006，39（6）：1053-1065.

[11] Yang J，Zhang D，Niu B. Globally maximizing，locally minimizing：Unsupervised discriminant projection with

applications to face and palm biometrics. IEEE Transactions on Pattern Analysis and Machine Intelligence，2007，29（4）：650-664.

[12]　林晟. 人脸图像特征提取和识别算法研究. 哈尔滨：哈尔滨理工大学，2009.

[13]　He X F，Yan S C，Hu Y X，et al. Face recognition using Laplacian faces. IEEE Transactions on Pattern Analysis and Machine Intelligence，2005，27（3）：328-340.

[14]　Brand M. Charting a manifold. Advances in Neural Information Processing Systems，2003，15：985-992.

[15]　Kokiopoulou E，Saad Y. Orthogonal neighborhood preserving projections：A projection-based dimensionality reduction technique. IEEE Transactions on Pattern Analysis and Machine Intelligence，2007，29（12）：2143-2156.

[16]　张燕平，罗斌，姚一豫，等. 商空间与粒计算：结构化问题求解理论与方法. 北京：科学出版社，2010.

[17]　陈万里. 基于商空间理论和粗糙集理论的粒计算模型研究. 合肥：安徽大学，2005.

[18]　郑征. 相容粒度空间模型及其应用研究. 北京：中国科学院研究生院，2006.

[19]　王国胤，张清华，胡军. 粒计算研究综述. 智能系统学报，2007，2（6）：8-26.

[20]　Yao Y Y. Granular computing for data mining. Proceedings of SPIE Conference on Data Mining，Intrusion Detection，Information Assurance，and Data Networks Security，Kissimmee，2006.

[21]　Pedrycz W，Smith M H，Bargiela A. A granular signature of data. The 19th International Conference of the North American Fuzzy Information Processing Society，Atlanta，2000.

[22]　Hirota K，Pedrycz W. Fuzzy relational compression. IEEE Transactions on Systems，Man and Cybernetics，1999，29（3）：407-415.

[23]　Nobuhara H，Pedrycz W，Hirota K. Fast solving method of fuzzy relational equation and its application to lossy image compression/reconstruction. IEEE Transactions on Fuzzy System，2000，8（3）：325-334.

[24]　修保新，吴孟达. 图像模糊信息粒的适应性度量及其在边缘检测中的应用. 电子学报，2004，32（2）：274-277.

[25]　修保新，任双桥，张维明. 基于模糊信息粒化理论的图像插值方法. 国防科技大学学报，2004，26（3）：34-38.

[26]　刘仁金，黄贤武. 图像分割的商空间粒度原理. 计算机学报，2005，28（10）：1680-1685.

[27]　张燕平，张铃，吴涛. 不同粒度世界的描述法——商空间法. 计算机学报，2004，27（3）：328-333.

[28]　张钹，张铃. 粒计算未来发展方向探讨. 重庆邮电大学学报（自然科学版），2010，22（5）：538-540.

[29]　Colmenarez A，Frey B，Huang T S. Embedded face and facial expression recognition. International Conference on Image Processing，1999.

[30]　Sim T，Baker S，Bsat M. The pose，illumination，and expression（PIE）database. IEEE International Conference on Automatic Face & Gesture Recognition，2012.

第5章 小波变换与特征提取

人们的需求推动着科学理论的不断发展，人脸识别技术同样一步步地发生着变革。由于小波变换具有多分辨率、多尺度分析的特点，可以在频率域较好地反映数据的局部特征，所以它现在已经被研究人员广泛用于人脸识别领域，并且取得了相当多的成果。

Chien 等[1]先使用多分辨率小波变换提取小波脸部特征，然后对此小波脸进行LDA 方法，增强鉴别能力，最后分阶段采用最近邻特征平面（nearest feature plane，NFP）和最近邻特征空间（nearest feature space，NFS）分类器来提高算法在有比较多面部变化时的鲁棒性。Ekenel 等[2]在进行类似 PCA 或 ICA（independent component analysis）子空间投影操作之前，应用多分辨率分析将图像分解到子带上，旨在寻找对表情和光照改变不敏感的子带，然后融合从人脸小波子带中获取的信息。为了降低算法受光照改变的影响，Cao 等[3]考虑用相邻小波系数的相关性提取出一个可以表示关键面部结构的光照不变量，该方法在低频域有较好的边缘保留能力而在高频域又有保留有用信息的特点。此外，针对原始 DWT（discrete wavelet transform）对平移敏感的缺点，Li 等[4]提出了一种基于消除冗余 DWT（decimated redundant discrete wavelet transform，DRDWT）的人脸识别算法，组合全局小波特征和局部小波特征来得到既有整体又有细节的面部特征。

5.1 二维小波变换

二维小波变换是指将二维信号在两个空间维度上进行不同尺度的伸缩和平移，可以划分如下两种类型。

1. 二维连续小波变换

二维连续小波变换的母函数定义为

$$\psi_{a,b_x,b_y} = \frac{1}{|a|}\left(\frac{x-b_x}{a},\frac{y-b_y}{a}\right) \tag{5-1}$$

其中，变量 b_x 和 b_y 分别表示在不同维度上的平移。二维连续小波的变换公式和逆变换公式分别由式（5-2）和式（5-3）描述：

$$W_f(a,b_x,b_y) = \int_{-\infty}^{+\infty}\int_{-\infty}^{+\infty} f(x,y)\psi_{a,b_x,b_y}(x,y)\mathrm{d}x\mathrm{d}y \tag{5-2}$$

$$f(x,y) = \frac{1}{C_\psi} \int_{-\infty}^{+\infty} \int_{-\infty}^{+\infty} \int_{-\infty}^{+\infty} W_f(a, b_x, b_y) \psi_{a, b_x, b_y}(x, y) \mathrm{d}b_x \mathrm{d}b_y \frac{\mathrm{d}a}{a^3} \tag{5-3}$$

其中，$C_\psi = \frac{1}{4\pi^2} \iint \frac{|\psi(\omega_1, \omega_2)|}{|\omega_1^2, \omega_2^2|}$。

2. 二维离散小波变换

二维离散小波变换相当于分别沿 x 轴方向和 y 轴方向经不同一维滤波器滤波，得到低频和高频子带图像。假定有两个一维尺度函数 φ 和 ψ，可分离的尺度函数和方向敏感的二维小波[5]分别如式（5-4）～式（5-7）所示：

$$\varphi(x, y) = \varphi(x)\varphi(y) \tag{5-4}$$

$$\psi^H(x, y) = \psi(x)\varphi(y) \tag{5-5}$$

$$\psi^V(x, y) = \psi(y)\varphi(x) \tag{5-6}$$

$$\psi^D(x, y) = \psi(x)\psi(y) \tag{5-7}$$

其中，ψ^H、ψ^V 和 ψ^D 分别度量沿着列方向、行方向和对角线方向的图像灰度与强度的不同变化。

对一幅图像进行可分离的二维离散小波变换之前需要定义尺度函数和平移基函数，描述如下：

$$\varphi_{j,m,n}(x, y) = 2^{j/2} \varphi(2^j x - m, 2^j y - n) \tag{5-8}$$

$$\psi_{j,m,n}^i(x, y) = 2^{j/2} \psi^i(2^j x - m, 2^j y - n) \tag{5-9}$$

其中，上标 j 表示尺度因子，$i = \{H, V, D\}$。

给定一幅图像 $f(x, y)$，它的分辨率为 $M \times N$，通常 M 和 N 的值设置为 2 的幂。如果上标 $j = 0$，那么尺度因子 $2^j = 2^0 = 1$，即图像的尺度保持不变。随着上标 j 的增大，尺度因子也会成倍增大，而图像的分辨率则呈反向变化。对图像每进行一层二维离散小波变换，图像的低频子图都会进一步分解为原图 1/4 大小的图像。具体的分解过程如下。

（1）对输入的 $f(x, y)$ 的行方向采用一维小波变换，经水平滤波后以 2 为间隔进行下采样处理，从而分解出水平方向上的低频分量和高频分量。

（2）基于步骤（1），从列方向应用一维小波变换，经垂直滤波后进行下采样处理，采样因子仍设置为 2，从而得到四个大小为原图 1/4 的子图，分别对应 LL、LH、HL 和 HH 四个子频带。

这里 LL 子带代表 $f(x, y)$ 的低频分量，LH 子带代表 $f(x, y)$ 的水平高频分量，HL 子带代表 $f(x, y)$ 的垂直高频分量，HH 子带代表 $f(x, y)$ 的对角分量。图 5-1 为一幅图像分别经过二层和三层小波分解的结果。

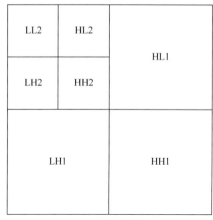
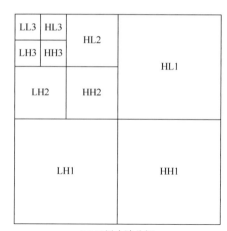

(a) 二层小波分解   (b) 三层小波分解

图 5-1   图像的二层和三层小波分解示意图

5.2   基于小波和流形学习的人脸姿态表情分析

致力于人脸研究时，我们不仅要思考怎样提高识别率，更需要考虑如何解决高维数据和大规模样本产生的复杂计算问题。围绕这两个问题，粒计算的思想横空出世。粒计算[6]融合了模糊集、粗糙集及人工智能等领域的研究成果，旨在基于不同层次的粒度观察、分析和求解问题，能够切实降低问题的计算复杂度。

一幅图像经过 k 层二维离散小波分解后，低频子图像的尺寸变为原图像的 $1/4^k$，降低了图像的维数，可以减少计算复杂度。此外，小波分解虽然会丢失少量的细节信息，但是得到的低频子图像保留了图像的绝大部分信息，且这些信息被用于人脸表情和姿态研究时仍能反映人脸姿态的连续变化以及表情的变换。

基于以上原因，本章针对人脸研究中高维数据和大规模样本所带来的计算复杂度问题，在特征层次上应用粒计算的思想，提出基于小波分解的流形算法，旨在保证人脸表情姿态数据集在低维空间中具有流形分布的同时能降低计算复杂度，提高运行速度。在 Frey 和 CMU PIE 人脸库上对人脸图像进行不同层次的小波分解预处理，然后分别应用 LLE 和 LPP 两种流形学习算法，分析方法的计算复杂度和人脸信息丢失情况。

5.2.1   图像特征信息粒

基于粒计算，当求解一个复杂问题时，可以先对其依据不同的粗细粒度进行划分，然后分别从不同层次角度出发探索该问题的答案。由于粗粒度世界比原问题简单，往往可以加快求解速度。但是这样做可能会造成信息的损失，因此需要选择一个合适的粒度层。利用粒计算思想，在不同层次的粒度上观察图像和提取图像的特征信息，能够达到降低计算复杂度的目的。

给定一幅任意的人脸图像，设 G 表示该图像特征信息粒。

定义 5-1　父粒和子粒：如果信息粒 G_2 由信息粒 G_1 直接分解得到，或者 G_1 由 G_2 和其他信息粒直接合并得到，则 G_1 称为 G_2 的父粒，G_2 称为 G_1 的子粒。

结合粒计算和小波分解的特点，采用自顶而下的方法建立特征粒度空间。构造方法如下。

（1）图像初始化，构造第一层特征信息粒 G_1，即二维图像的灰度特征矩阵；

（2）对特征信息粒 G_1 进行小波变换提取各子带的系数，得到第二层特征信息粒 G_{21}、G_{22}、G_{23}、G_{24}；

（3）循环步骤（2），根据父粒 G_{i1}（低频子带系数构成的特征信息粒）构造第 $i+1$ 层的特征信息粒，直到用户满意的层次。

5.2.2　基于小波分解的流形算法

充分利用粒计算思想，本节提出基于小波分解的流形算法。该方法结合小波变换和流形算法的优势，对人脸图像进行不同层次的小波分解，保留低频分量后再分别应用 LLE 及 LPP 两种流形学习算法，不仅能够反映人脸姿态、表情的分布情况，而且实现了降低计算复杂度的目标。算法的具体流程如下。

算法 5-1　基于小波分解的流形算法

输入：

　　A_i ——第 i 张样本图像，$i=1,2,\cdots,N$；

　　d——样本输出向量维数；

　　level——小波分解的层数；

　　k_1 ——LLE 的近邻点个数；

　　k_2 ——LPP 构造邻接图时每个样本的邻接点的个数。

输出：获得投影到低维空间的输出矩阵 Y 和 W。

for　$i=1,2,\cdots,N$

　　　　对 A_i 进行 level 层的小波分解，获取低频子图像；

　　　　对低频子图像用按列堆叠的方式形成列向量，记为 x_i；

end

　　　　N 个低频子图像组成矩阵 $X=[x_1,x_2,\cdots,x_N]^\mathrm{T}$；

　　　　对 X 执行 LLE 算法，得到矩阵 Y；

　　　　根据 Y 将人脸图像映射到低维空间前两维坐标所描述的二维平面上，并将有代表性的图像标注在对应点旁；

对 X 进行 LPP 算法, 得到矩阵 W, 其中参数 t 设置为 $t_i = \dfrac{1}{k_2} \sum_j \| x_i - x_{ij} \|^2$,

其中 x_{ij} 是 x_i 的近邻点, k_2 是选择的近邻点个数;

根据 W 将人脸图像映射到低维空间的前三维坐标所描述的三维空间上。

5.3　Gabor 小波特征提取

5.3.1　Gabor 小波介绍

Gabor 小波[7]在空间域、频率域都有很好的分辨率, 拥有多尺度和多方向特性。二维 Gabor 小波的核函数定义为

$$\varphi_{u,v}(z) = \frac{\| k_{u,v} \|^2}{\sigma^2} \mathrm{e}^{\frac{-\| k_{u,v} \|^2 \| z \|^2}{2\sigma^2}} \left(\mathrm{e}^{ik_{u,v}z} - \mathrm{e}^{\frac{-\sigma^2}{2}} \right) \tag{5-10}$$

其中, u 和 v 分别为方向和尺度因子; $z = (x, y)$ 为空间域像素的位置, 波矢量 $k_{u,v} = k_v \mathrm{e}^{i\phi_u}$, 这里 $k_v = k_{\max} / f^v$ 和 $\phi_u = \pi u / 8$, $k_{\max}$ 代表最大频率。

通过缩放和旋转波矢量 $k_{u,v}$, 式 (5-10) 中所有自相似的 Gabor 核函数均由母小波而产生。参数 σ 决定了高斯窗口的宽度和波长的比值。通常可以选取 5 个尺度, 8 个方向, 即 $v = 0,1,\cdots,4$, $u = 0,1,\cdots,7$。但是在本书中, 为了简化计算, 仅仅选取了 2 个尺度 $(v = 0,2)$, 4 个方向组合 $(u = 0,2,4,6)$ 的 8 组 Gabor 滤波器用于提取特征。其他参数设置为 $k_{\max} = \pi / 2$, $f = 2$, $\sigma = 2\pi$。

5.3.2　Gabor 特征表示

设 $I(z)(z = (x, y))$ 为输入的灰度图像, 则图像 $I(z)$ 的 Gabor 特征为

$$G_{u,v}(z) = I(z) * \varphi_{u,v}(z) \tag{5-11}$$

其中, $*$ 表示卷积; $G_{u,v}(z)$ 表示当尺寸为 v 和方向为 u 时 Gabor 核函数的卷积图像。由 Gabor 小波提取的图像 $I(z)$ 特征组成集合 $S = \{G_{u,v}(z), v \in \{0,1\}, u \in \{0,2,4,6\}\}$。应用卷积定理, 式 (5-11) 中的 $G_{u,v}(z)$ 可通过快速傅里叶变换得到。

5.4　基于 Gabor 小波的 S2DNPE 算法

基于 Gabor 小波和 S2DNPE 的人脸识别方法是指对图像进行直方图均衡化后利用 Gabor 小波提取人脸图像特征, 然后针对 Gabor 小波提取的图像特征维数太高这一问题, 采用有监督的 2DNPE 算法进行降维, 最后用最近邻分类器进行识别。

5.4.1　有监督的二维近邻保持嵌入

S2DNPE 的关键是利用类别信息来构建权值矩阵 S，给定 N 个大小为 $s \times t$ 的训练图像 $Y_1, Y_2, \cdots, Y_N$，基本步骤如下。

（1）选择每个样本点的近邻点。由类别信息可以知道训练样本集中每个人脸图像样本点所属的类别，为了增强算法的鉴别能力，利用类别信息来选择近邻。样本集 $\{Y_i\}_{i=1}^N \in \mathbf{R}^{s \times t}$ 可以划分为 r 类，C_l 表示第 l 类的图像样本点集合，而 $|C_l|$ 则表示第 l 类所包含的图像样本点个数。假定样本点 $Y_i \in C_l$，首先计算它和其他样本点 Y_j 之间的距离并记为 d_{ij}，这里 $\{Y_j \in C_l | j \neq i\}$。然后将距离集合 $\{d_{ij}, j = 1, 2, \cdots, |C_l| - 1\}$ 中所有元素按从小到大的顺序排列，选择前 k 个最小距离对应的样本点作为图像 Y_i 的 k 个近邻点 $Y_{ij}, j = 1, 2, \cdots, k$。

（2）构建近邻图 G。设 G 为有 N 个顶点的无向图，第 i 个顶点对应于第 i 个图像 Y_i。由步骤（1）可知 Y_i 的 k 个近邻点，若 Y_j 是 Y_i 的近邻点，则在顶点 i 和 j 间添加一条边。

（3）构造权值矩阵 S。S_{ij} 表示近邻图 G 中有边相连的第 i 个顶点和第 j 个顶点之间的权值。权值矩阵 S 通过求解一个约束条件下的最小二乘问题得到：

$$\min \sum_i \left\| Y_i - \sum_j^k s_{ij} Y_j \right\|^2 \tag{5-12}$$

其中，式（5-12）的约束条件：$\sum_j^k s_{ij} = 1$。求解出的 s_{ij} 存储在 $N \times N$ 的权值矩阵 S 中，若 Y_j 和 Y_i 在一个邻域内，则 $S_{ij} = s_{ij}$；否则 $S_{ij} = 0$。

（4）低维映射，求解最优投影矩阵 W。对 W 的求解可以通过求解广义特征值和特征向量：

$$Y^{\mathrm{T}} (I_{Ns} - S \otimes I_s)^{\mathrm{T}} (I_{Ns} - S \otimes I_s) Y \omega = \lambda Y^{\mathrm{T}} Y \omega \tag{5-13}$$

其中，$Y = [Y_1^{\mathrm{T}}, Y_2^{\mathrm{T}}, \cdots, Y_N^{\mathrm{T}}]^{\mathrm{T}}$；$I_{Ns}$ 和 I_s 分别是 $N \times s$ 和 s 阶单位矩阵；$\otimes$ 为矩阵的 Kronecker 乘积算子。这里，$Y^{\mathrm{T}} Y$ 是对称正定矩阵，$Y^{\mathrm{T}} (I_{Ns} - S \otimes I_s)^{\mathrm{T}} (I_{Ns} - S \otimes I_s) Y$ 是对称半正定矩阵。记列向量 $\omega_1, \omega_2, \cdots, \omega_d$ 是式（5-13）的 d 个最小特征值对应的特征向量，则投影矩阵 $W = (\omega_1, \omega_2, \cdots, \omega_d)$。

5.4.2　GS2DNPE 的算法流程

GS2DNPE 算法的基本流程如下。

算法 5-2　GS2DNPE 算法

输入：原始训练图像 $A_1, A_2, \cdots, A_N$ 和它们的类别标签，测试图像 T，特征子空间的维数 d。

输出：测试图像 T 的类别。

begin

    对输入的原始人脸图像进行直方图均衡化处理；

    for $i \leftarrow 1$ to N do

        $Y_i =$ 图像 A_i 的 Gabor 小波变换后的特征表示；

    end

for $i \leftarrow 1$ to N do

        计算 Y_i 的 k 近邻；

end

根据 k 近邻构造权值矩阵 S；

        根据 $Y^{\mathrm{T}}(I_{Ns} - S \otimes I_s)^{\mathrm{T}}(I_{Ns} - S \otimes I_s)Y\omega = \lambda Y^{\mathrm{T}}Y\omega$ 求解最优投影矩阵 W；

for $i \leftarrow 1$ to N do

        $M_i = Y_i W$；

end

$T_{\mathrm{Gabor}} =$ 测试图像 T 的 Gabor 小波变换后的特征表示；

$T_{\mathrm{proj}} = T_{\mathrm{Gabor}}W$；　$\mathrm{neighbor}_{\mathrm{index}} = 0$；　$\min_{\mathrm{dist}} = \mathrm{INFINITY}$；

for $i \leftarrow 1$ to N do

        $d(M_i, T_{\mathrm{proj}}) = \sum_{x=1}^{s} \sum_{y=1}^{d} [M_i^{(x,y)} - Y_{\mathrm{proj}}^{(x,y)}]^2$

    if $d(M_i, T_{\mathrm{proj}}) < \min_{\mathrm{dist}}$ then

        $\min_{\mathrm{dist}} = d(M_i, T_{\mathrm{proj}})$；　$\mathrm{neighbor}_{\mathrm{index}} = i$；

    end

end

测试图像 T 的类别 = 图像 $\mathrm{neighbor}_{\mathrm{index}}$ 的类标签；

end

5.5　基于 Gabor 小波的 SB2DLPP 算法

5.5.1　双向二维局部保持投影

LPP 需要将图像从矩阵转换成向量,不可避免会丢失一些有用的结构信息和出现矩阵奇异值问题,为此 2DLPP 算法被提出来解决这些问题。然而, 2DLPP 算法仅从一个方向进行降维，因此 Chen 等[8]提出了 B2DLPP 算法，同时从行和列两个方向来提取特征，最大限度地去掉冗余成分。现有一组图像数据为 $\{A_1, A_2, \cdots, A_N\} \in \mathbf{R}^{s \times t}$，B2DLPP 的投影公式定义如下：

$$Y_i = U^{\mathrm{T}} A_i V \tag{5-14}$$

其中，$U \in \mathbf{R}^{s \times l}$ 和 $V \in \mathbf{R}^{t \times r}$ 分别对应左、右投影矩阵，对于每一张图像 A_i，我们都可以得到一个 $l \times r$ 的特征矩阵。而 B2DLPP 的目标函数为

$$\min_{U, V} F(U, V) = \min_{U, V} S_{ij} \left\| Y_i - Y_j \right\|^2 \tag{5-15}$$

式（5-15）中的权值 S_{ij} 根据 LE 和 LPP 都用到的热核函数方法来确定，通过一些代数推导可得

$$F(U, V) = \mathrm{tr}[U^{\mathrm{T}} Q(L \otimes VV^{\mathrm{T}}) Q^{\mathrm{T}} U] = \mathrm{tr}[V^{\mathrm{T}} P^{\mathrm{T}} (L \otimes UU^{\mathrm{T}}) PV] \tag{5-16}$$

其中，$Q = [A_1, A_2, \cdots, A_N]$，$P = [A_1^{\mathrm{T}}, A_2^{\mathrm{T}}, \cdots, A_N^{\mathrm{T}}]^{\mathrm{T}}$，$L = D - S$，对角矩阵 D 的对角线上的元素 D_{ii} 为 S 对应列之和。此外我们还需要在式（5-16）基础上添加一个约束条件，即

$$G(U, V) = \sum_I D_{ii} \left\| A_i \right\|^2 = 1 \Rightarrow \begin{cases} \mathrm{tr}[U^{\mathrm{T}} Q(D \otimes VV^{\mathrm{T}}) Q^{\mathrm{T}} U] = 1 \\ \mathrm{tr}[V^{\mathrm{T}} P^{\mathrm{T}} (D \otimes UU^{\mathrm{T}}) PV] = 1 \end{cases} \tag{5-17}$$

结合式（5-15）和式（5-16）两个式子，目标函数的最小化问题简化为求解下面的最小特征值：

$$P^{\mathrm{T}} (L \otimes UU^{\mathrm{T}}) Pv = \gamma P^{\mathrm{T}} (D \otimes UU^{\mathrm{T}}) Pv \tag{5-18}$$

$$Q(L \otimes VV^{\mathrm{T}}) Q^{\mathrm{T}} u = \lambda Q(D \otimes VV^{\mathrm{T}}) Q^{\mathrm{T}} u \tag{5-19}$$

因此，$U = (u_1, u_2, \cdots, u_l)$，$V = (v_1, v_2, \cdots, v_r)$，而 u_i 和 v_j 分别为式（5-18）和式（5-19）对应的最小特征向量。

5.5.2　有监督的双向二维局部保持投影算法

从式（5-18）和式（5-19）这两个公式中可以看出，左右投影矩阵的值是根据矩阵 L 和 D 决定的，而矩阵 L 和 D 又是由相似矩阵 S 计算得到的。由此可见，相似矩阵 S 的值将会直接影响左右投影矩阵的最终结果。理想情况下，我们希望高维数据经过投影之后属于同一类的图像彼此仍相近，而属于不同类的图像则相距较远，从而能够有利于人脸的分类识别。然而，B2DLPP 算法中 S 仅仅与邻域

内的近邻关系有关，因此即使两个来自不同类的图像也可能因其他因素的影响导致它们在特征子空间中的位置关系相近，而这一关系会产生干扰并导致人脸分类出现差错。围绕这一问题，本节提出了 SB2DLPP 算法，利用类别信息来构造 S，从而能够最大限度地保证同类样本维数约简后仍然靠近，而不同类样本在低维空间中彼此远离。

假定样本集 $\{A_i\}_{i=1}^N \in \mathbf{R}^{s \times t}$ 可以被划分为 r 类。C_i 表示第 i 类的图像集合，而 $|C_i|$ 则表示第 i 类所包含的图像总数。对所有图像的顺序进行重排，使得相同类别的图像相邻出现。假定 $A = \{A_1, A_2, \cdots, A_N\}$ 是重新排序后的图像集合，其中 $\{A_1, A_2, \cdots, A_{|C_1|}\}$ 是第一类图像，$\{A_{|C_1|+1}, A_{|C_1|+2}, \cdots, A_{|C_1|+|C_2|}\}$ 是第二类图像，以此类推。为了充分地利用类别信息，定义如下的规则：如果 A_i 和 A_j 属于同一类别，那么这两个样本点的相似度被赋予一个非零权值，否则，权值赋予 0。权值的定义如下：

$$S_{ij} = \begin{cases} 1, & \text{如果样本点} X_i \text{和} X_j \text{属于同一类别} \\ 0, & \text{否则} \end{cases} \tag{5-20}$$

或者

$$S_{ij} = \begin{cases} \exp(-\|X_i - X_j\|^2 / t), & \text{如果样本点} X_i \text{和} X_j \text{属于同一类别} \\ 0, & \text{否则} \end{cases} \tag{5-21}$$

因此，相似矩阵 S 可被重写为

$$S = \begin{bmatrix} L_1 & & & \\ & L_2 & & \\ & & \ddots & \\ & & & L_r \end{bmatrix} \tag{5-22}$$

其中，S 的对角块 $L_k (k = 1, 2, \cdots, r)$ 是一个对称矩阵 $(L_{ij} = L_{ji})$。通过这一定义可发现，$X_i \in L_k$ 的近邻点均来自 L_k。

在相似矩阵 S 构造完成后，可以通过求解式（5-18）和式（5-19）中的广义特征值问题来得到左投影矩阵 U 和右投影矩阵 V。式（5-18）和式（5-19）相互依赖，因此不能独立地计算矩阵 U 和 V，需要采取迭代的方法进行求解。为了能获得式（5-18）的 r 个最小特征值对应的特征向量组成的 V_1，需要初始化 $U_0 = I_s$。然后将 V_1 代入式（5-19）来求解其 l 个最小特征值对应的特征向量，从而得到 U_1。迭代地执行这两个步骤，直至收敛。

本节的 GSB2DLPP 算法的框架图如图 5-2 所示。

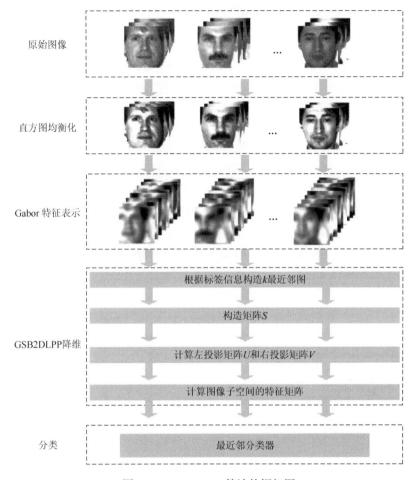

图 5-2　GSB2DLPP 算法的框架图

5.6　双向二维近邻保持嵌入算法

近邻保持嵌入（neighborhood preserving embedding，NPE）算法是 LLE 算法的线性化逼近，该算法提供了线性映射的表达式，可以弥补 LLE 算法在出现新的测试样本时无法直接得到样本的低维嵌入表示这一缺点。由于 NPE 算法需要将输入的二维图像矩阵预先转换为一维向量后再计算，但是这样的预处理会面临以下几个问题。

（1）图像转化为向量可能会丢失一些重要的结构化信息；

（2）小样本问题，高维人脸数据的维度远远大于样本的数目在计算过程中可能会引起奇异值。

因此，研究学者围绕这一问题提出了二维近邻保持嵌入（2-D neighborhood preserving embedding，2DNPE）算法，该算法是在二维图像矩阵基础上直接执行维数约简操作，从而得到有效的低维特征。虽然 2DNPE 算法能够避免矩阵转换为向量所带来的弊端，但是其仍有一些自己的劣势：仅仅在一个方向进行高维数据的约简。针对这一问题，Zhang 等[9]提出了双向二维近邻保持嵌入（bidirectional 2-D neighborhood preserving embedding，B2DNPE）算法，充分利用图像数据行方向和列方向之间的相关性，对原始观测空间中的高维数据从行和列两个方向进行维数压缩，保留数据点之间的内在流形结构。

事实上，NPE、2DNPE 和 B2DNPE 算法都是无监督流形学习算法，没有充分利用原始数据空间中类成员的关系。相较于无监督算法，有监督学习方法在人脸识别领域中具有更好的分类效果。举个例子来说，2DPCA 和 2DLDA 都是全局线性子空间方法，但是由于 2DLDA 引入了类别信息，充分考虑类内的相关性和类间的差异性，因而它比 2DPCA 具有更好的鉴别能力。

受 2DLDA 的启发，本章在 B2DNPE 算法的基础上充分利用类别信息构建类内散射矩阵和类间散射矩阵来增强算法的鉴别能力，寻求一个最优的投影方向使类内散射矩阵和类间散射矩阵的比例最小化。

假定有 N 个图像组成的样本集 $\{A_1, A_2, \cdots, A_N\} \in \mathbf{R}^{m \times n}$，B2DNPE 算法旨在降维过程中保持原有数据的局部结构不变，也就是说如果样本点 A_i 可以由其邻域内的 k 个近邻点线性表示，那么将其降维后得到的低维特征 Y_i 也可由 Y_i 邻域内的 k 个近邻点用相同的系数组合来线性重构。B2DNPE 算法的核心思想是通过一定的性能目标来寻找线性变换矩阵 U 和 V，将高维数据映射到低维空间中形成低维样本集 $Y = \{Y_1, Y_2, \cdots, Y_N\}$，这里，$Y_i$ 是样本点 A_i 的低维映射，映射函数为

$$Y_i = U^{\mathrm{T}} A_i V, \quad i = 1, 2, \cdots, N \tag{5-23}$$

其中，左投影矩阵 $U \in \mathbf{R}^{m \times l}(l < m)$，右投影矩阵 $V \in \mathbf{R}^{n \times r}(r < n)$。

B2DNPE 算法的步骤可概括如下。

（1）构造近邻图：采用 k 近邻法选择样本集中每个样本点的近邻，进而构造出包含 N 个顶点的近邻图，每个顶点对应一个样本点。

（2）计算权值 W_{ij}：W_{ij} 表示原始图像空间中每个样本点 A_i 与其近邻点 A_j 之间的权值关系。

（3）求解线性变换矩阵 U 和 V：通过最小化代价函数来求解左右投影矩阵，代价函数的定义如下：

$$\min_{U,V} F(U, V) = \min_{U,V} \sum_i \left\| Y_i - \sum_j W_{ij} Y_j \right\|_F^2 \tag{5-24}$$

其中，$\|\cdot\|_F$ 表示 Frobenius 范数。通过简单的代数推导，可以得到：

$$\begin{aligned} F(U, V) &= \mathrm{tr}[U^{\mathrm{T}} Q(M \otimes VV^{\mathrm{T}}) Q^{\mathrm{T}} U] \\ &= \mathrm{tr}[V^{\mathrm{T}} P^{\mathrm{T}} (M \otimes UU^{\mathrm{T}}) PV] \end{aligned} \tag{5-25}$$

其中，$Q = [A_1, A_2, \cdots, A_N]$ 是所有二维图像特征矩阵按照行方向拼接得到的，大小为 $m \times nN$；$P = [A_1^T, A_2^T, \cdots, A_N^T]^T$ 是全部输入的图像特征矩阵依据列方向拼接获得的，大小为 $mN \times n$；$M = (I_N - W)^T (I_N - W)$（$N \times N$ 的方阵）；$\text{tr}(\bullet)$ 表示方阵的迹。

为了消除任意尺度变换所带来的影响，需在上述的最优化问题上添加一个约束条件：

$$G(U,V) = \sum_i \|Y_i\|_F^2 \Rightarrow \text{tr}[U^T Q(I_N \otimes VV^T)Q^T U] = 1$$

$$\Rightarrow \text{tr}[V^T P^T(I_N \otimes UU^T)PV] = 1 \tag{5-26}$$

因此，代价函数的最小化问题可以转换为求解下面的广义特征值问题：

$$Q(M \otimes VV^T)Q^T u = \lambda Q(I_N \otimes VV^T)Q^T u \tag{5-27}$$

$$P^T(M \otimes UU^T)Pv = \gamma P^T(I_N \otimes UU^T)Pv \tag{5-28}$$

左投影矩阵 $U = [u_1, u_2, \cdots, u_l]$，$u_i(i=1,2,\cdots,l)$ 为式（5-27）的 l 个最小特征值对应的特征向量；右投影矩阵 $V = [v_1, v_2, \cdots, v_r]$，$v_i(i=1,2,\cdots,r)$ 为式（5-28）的 r 个最小特征值对应的特征向量。上述两个式子相互关联，采取迭代的思想计算左右投影矩阵 U 和 V。初始化设置 $U_0 = I_m$，将其代入式（5-27）求解出 V_1，然后将 V_1 代入式（5-28）中求解出 U_1，如此循环计算，直到所求的结果收敛。

5.7　双向二维近邻保持判别嵌入算法

B2DNPE 算法虽然从行和列两个方向同时对高维数据进行了降维处理，能够达到用最少的系数表示低维空间中样本点特征的目的，但是在面对分类识别问题时，该算法并没有考虑类别信息，其鉴别能力还有待进一步提高。为此，本节在此基础上提出了双向二维近邻保持判别嵌入（bidirectional 2-D neighborhood preserving discriminant embedding，B2DNPDE）算法，利用原始数据的类别关系来构建两个重构权值矩阵，从而增强算法的判别能力。我们提出的 B2DNPDE 算法首先利用 B2DNPE 算法对训练样本集中的同类和不同类分别计算得到两个独立的重构权值矩阵，然后构建类内散射矩阵和类间散射矩阵，最后寻求一个最优投影方向使得类内散射矩阵和类间散射矩阵的比例最小。

5.7.1　投影矩阵的求解

从式（5-27）和式（5-28）可以发现，左投影矩阵和右投影矩阵是由 M 决定的，而 M 又是依据重构权值矩阵计算得到的。然而，在传统的 B2DNPE 算法中，矩阵 M 仅仅和邻域内的近邻选择有关联。因此，即使两个样本点在原始的高维空间中属于不同的类别，但因光照、表情、角度等外部因素的影响，它们的位置可能相近，互为近邻点，从而在经过维数约简后的特征子空间中仍然保持这种近邻关系。当应用于人脸识别等分类问题时，算法的分类效果会受到很大的影响。

为了保证来自同一类的样本图像彼此相近和来自不同类的样本图像彼此远离，本节提出的 B2DNPDE 算法引入了样本图像的类别信息，该算法的关键是如何利用类别信息来构建类内散射矩阵和类间散射矩阵，具体方法介绍如下。

给定样本集合 $\{X_i\}_{i=1}^{N} \in \mathbf{R}^{m \times n}$，这个集合可被划分为 r 类。令 C_l 表示第 l 类图像的集合，$|C_l|$ 表示第 l 类图像集合所包含的图像数目。将训练集合中的所有图像进行排序，使得图像按照类别顺序排列，即同类图像依次相邻。假定 $X = \{X_1, X_2, \cdots, X_N\}$ 是重新排序后的图像集合，其中 $\{X_1, X_2, \cdots, X_{|C_1|}\}$ 是第一类图像，$\{X_{|C_1|+1}, X_{|C_1|+2}, \cdots, X_{|C_1|+C_2|}\}$ 是第二类图像，依次类推。

1. 类内散射矩阵的定义

令 W^W 表示类内重构权值矩阵，该矩阵是为了反映出每个样本点邻域内的所有近邻点对其线性重构占有的权重，其定义为：如果 X_i 和 X_j 隶属于同一类别，那么 $W_{ij}^W \neq 0$；否则 $W_{ij}^W = 0$。训练人脸数据的类内重构权值矩阵 W^W 的计算可以通过求解一个带有约束条件的最小乘方问题而得到：

$$\min \sum_i \left\| X_i - \sum_j^{|C_l|} W_{ij}^W X_j \right\|^2 \tag{5-29}$$

其中，$X_i \in C_l$，式（5-29）的约束条件为 $\sum_j W_{ij}^W = 1$。式（5-29）求解出的权值 W_{ij}^W 将会被存储在大小为 $N \times N$ 的类内重构权值矩阵 W^W 中。

为了让同类的图像样本经过维数约简后在特征子空间中的位置仍然保持相近，可以通过最小化下面的代价函数来得到最优的投影矩阵：

$$\min_{U,V} F_{(U,V)}^W = \min_{U,V} \sum_i \left\| Y_i - \sum_j W_{ij}^W Y_j \right\|_F^2 \tag{5-30}$$

记 $Z_i = Y_i - \sum_j W_{ij}^W Y_j$，$Z = [Z_1, Z_2, \cdots, Z_N]$ 和 $Y = [Y_1, Y_2, \cdots, Y_N]$，式（5-30）中的代价函数 $F_{(U,V)}^W$ 可以重写为

$$\begin{aligned} F_{(U,V)}^W &= \sum_i \left\| Y_i - \sum_j W_{ij}^W Y_j \right\|_F^2 = \sum_i \|Z_i\|_F^2 = \mathrm{tr}(ZZ^T) \\ &= \mathrm{tr}\left\{ Y[(I_N - W^W)^T (I_N - W^W) \otimes I_r] Y^T \right\} \end{aligned} \tag{5-31}$$

因为 $Y = U^T XV$，式（5-30）中的代价函数进一步转换成：

$$F_{(U,V)}^W = \mathrm{tr}[U^T Q (M^W \otimes VV^T) Q^T U] \tag{5-32}$$

同样地，我们可以得到代价函数 $F_{(U,V)}^W$ 的另一种形式：

$$F_{(U,V)}^W = \mathrm{tr}[V^T P^T (M^W \otimes UU^T) PV] \tag{5-33}$$

其中，$Q = [X_1, X_2, \cdots, X_N]$；$P = [X_1^{\mathrm{T}}, X_2^{\mathrm{T}}, \cdots, X_N^{\mathrm{T}}]^{\mathrm{T}}$；$M^W = (I_N - W^W)^{\mathrm{T}}(I_N - W^W)$；$I$ 为单位矩阵。

2. 类间散射矩阵的定义

令 W^B 表示类间重构权值矩阵，它的构建是通过类间的信息而得到的，具体定义为：假定 $X_i \in C_l$，若 $X_j \notin C_l$ 并且 X_j 是样本点 X_i 的 k 近邻之一，那么 $W_{ij}^B \neq 0$；否则，$W_{ij}^B = 0$。训练人脸数据的类间重构权值矩阵 W^B 的计算可以通过最小化下面的目标函数而得到：

$$\min \sum_i \left\| X_i - \sum_j^k W_{ij}^B X_j \right\|^2 \tag{5-34}$$

式（5-34）的约束条件为 $\sum_j W_{ij}^B = 1$。式（5-34）求解出的权值 W_{ij}^B 将会被存储在大小为 $N \times N$ 的类间重构权值矩阵 W^B 中。

为了让不同类别的图像样本经过维数约简投影到特征子空间后相互之间的位置仍然保持远离，可以通过最大化下面的代价函数来实现：

$$F_{(U,V)}^W = \sum_i \left\| Y_i - \sum_j W_{ij}^B Y_j \right\|_F^2 = \mathrm{tr}\left[U^{\mathrm{T}} Q(M^B \otimes VV^{\mathrm{T}}) Q^{\mathrm{T}} U \right] \tag{5-35}$$

或

$$F_{(U,V)}^W = \mathrm{tr}[V^{\mathrm{T}} P^{\mathrm{T}}(M^B \otimes UU^{\mathrm{T}}) PV] \tag{5-36}$$

其中，$Q = [X_1, X_2, \cdots, X_N]$；$P = [X_1^{\mathrm{T}}, X_2^{\mathrm{T}}, \cdots, X_N^{\mathrm{T}}]^{\mathrm{T}}$；$M^B = (I_N - W^B)^{\mathrm{T}}(I_N - W^B)$。

3. 求解最优的左投影矩阵 U 和右投影矩阵 V

B2DNPDE 算法的目标函数是最小化 $F_{(U,V)}^W$ 的同时最大化 $F_{(U,V)}^B$，即

$$\underset{(U,V)}{\arg\min} \frac{F_{(U,V)}^W}{F_{(U,V)}^B} = \underset{(U,V)}{\arg\min} \frac{\mathrm{tr}[U^{\mathrm{T}} Q(M^W \otimes VV^{\mathrm{T}}) Q^{\mathrm{T}} U]}{\mathrm{tr}[U^{\mathrm{T}} Q(M^B \otimes VV^{\mathrm{T}}) Q^{\mathrm{T}} U]} \tag{5-37}$$

或

$$\underset{(U,V)}{\arg\min} \frac{F_{(U,V)}^W}{F_{(U,V)}^B} = \underset{(U,V)}{\arg\min} \frac{\mathrm{tr}[V^{\mathrm{T}} P^{\mathrm{T}}(M^W \otimes UU^{\mathrm{T}}) PV]}{\mathrm{tr}[V^{\mathrm{T}} P^{\mathrm{T}}(M^B \otimes UU^{\mathrm{T}}) PV]} \tag{5-38}$$

从式（5-37）和式（5-38）中的目标函数可以看出，B2DNPDE 算法是一种基于图嵌入和 Fisher 准则的有监督流形学习算法，同时构造了类内散射矩阵和类间散射矩阵。通过利用 Fisher 准则，样本数据的局部邻域特性被保留，同时局部类间分离性增大。为了求解最优的左投影矩阵 U 和右投影矩阵 V，可以采用迭代的方法来计算如下的广义特征值问题：

$$Q(M^W \otimes VV^{\mathrm{T}}) Q^{\mathrm{T}} u = \lambda Q(M^B \otimes VV^{\mathrm{T}}) Q^{\mathrm{T}} u \tag{5-39}$$

$$P^{\mathrm{T}}(M^W \otimes UU^{\mathrm{T}})Pv = \gamma P^{\mathrm{T}}(M^B \otimes UU^{\mathrm{T}})Pv \qquad (5\text{-}40)$$

在式（5-39）和式（5-40）中，$Q(M^W \otimes VV^{\mathrm{T}})Q^{\mathrm{T}}$、$Q(M^B \otimes VV^{\mathrm{T}})Q^{\mathrm{T}}$、$P^{\mathrm{T}}(M^W \otimes UU^{\mathrm{T}})P$ 和 $P^{\mathrm{T}}(M^B \otimes UU^{\mathrm{T}})P$ 四个矩阵均是对称半正定矩阵。列向量 $u_i(i=1,2,\cdots,l)$ 是式（5-39）的最小特征值 $\lambda_0 \leqslant \lambda_1 \leqslant \cdots \leqslant \lambda_l$ 对应的特征向量，而列向量 $v_i(i=1,2,\cdots,r)$ 则是式（5-40）的最小特征值 $\gamma_0 \leqslant \gamma_1 \leqslant \cdots \leqslant \gamma_r$ 对应的特征向量。因此，最终的左右投影矩阵为 $U=[u_1,u_2,\cdots,u_l]$ 和 $V=[v_1,v_2,\cdots,v_r]$。

5.7.2　特征分类识别

经过 B2DNPDE 算法降维，所有高维训练数据样本 $\{X_i\}_{i=1}^N \in \mathbf{R}^{m \times n}$ 得到的低维特征矩阵为

$$Y_i = U^{\mathrm{T}} X_i V, \quad i=1,2,\cdots,N \qquad (5\text{-}41)$$

给定一个测试样本 T，可以通过式（5-41）得到它的特征矩阵 T_{proj}，利用最近邻分类器找到其对应的图像类别，距离计算公式为

$$d(Y_i,Y_j) = \sum_{x=1}^l \sum_{y=1}^r [Y_i^{(x,y)} - Y_j^{(x,y)}]^2 \qquad (5\text{-}42)$$

如果 $d(T_{\mathrm{proj}},Y_l) = \min_j d(T_{\mathrm{proj}},Y_j)$，那么测试样本 T 将被划分到训练图像 X_l 所属的类别。

5.8　实验结果与分析

5.8.1　基于 Gabor 小波的 S2DNPE 算法

为了验证 GS2DNPE 算法的识别性能，在 Yale、FERET 和 AR 人脸图像库上进行对比实验。三个实验中，数据都是随机地分为两组，一组作为训练数据，另一组作为测试数据。每次做 20 次随机分组实验，取平均结果。B2DLPP 是一个从行和列两个方向同时进行降维的算法，实验中为了方便 B2DLPP 算法在行和列方向降低到相同的维数，即投影到 $d \times d$ 大小的特征子空间上。实验中 2DLPP、2DNPE、B2DLPP 和 GS2DNPE 都需要设置 k 近邻参数，与文献[9]相比，本节并没有固定 k 的取值为 4。因为不同大小的人脸库中同一个人含有的图像数不同，同时相同人脸库上需要对比训练样本数变化下的识别率，因此动态地设置 k 的值更为合适。本节实验中 k 的值动态地设置为 $p-1$（p 为每人选取的训练样本数）。此外，本节也没有在实验前对图像进行裁剪和调整大小的处理。本次的实验平台为 Inter（R）Core（TM）I5-3470 的中央处理器，4GB 内存，MATLAB 2012 版本，Windows 7 系统。

1. 人脸库简介

Yale 人脸库[10]：由 15 个人的 165 幅人脸图像组成，每个人有 11 幅不同的人脸图像，这些图像有不同表情（悲伤、喜悦、正常、睡意、惊奇、眨眼）、不同光照条件（左光源、正面光源、右光源）和不同面部细节（戴/不戴眼镜）。每一幅人脸图像的分辨率为 100×100，部分图像如图 5-3 所示。

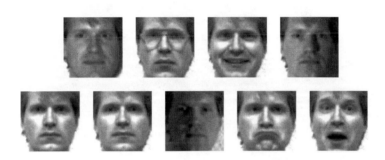

图 5-3　Yale 人脸库中部分人脸图像

AR 人脸库[11]：由西班牙巴塞罗那计算机视觉中心建立，为研究对象在不同光照、不同面部表情、不同遮挡物（墨镜、围巾）条件下的图像，共 120 个人（男性有 65 个人，女性有 55 个人），每个人有 26 幅图像。图像是在两个时间段采集得到的，两个时间段间隔了两周。每一时间段每个人采集了 13 幅图像，图像采集的条件为：中性表情、微笑、生气、尖叫、左光源、右光源、所有方向光源、戴着太阳眼镜、戴着太阳眼镜和左光源、戴着太阳眼镜和右光源、戴围巾、戴围巾和左光源、戴围巾和右光源。第二时间段是在相同的拍照环境下采集得到的。每一幅图像的分辨率为 100×80，部分图像如图 5-4 所示。

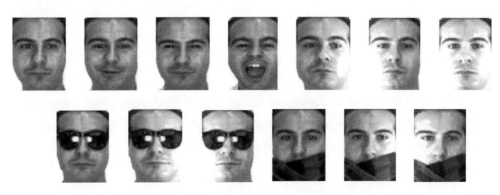

图 5-4　AR 人脸库中部分人脸图像

FERET 人脸库[12]：含有 200 个人的 1400 幅多姿态、不同性别、光照、拍摄方向和种族的灰度人脸图像，每个人有 7 幅图像。每一幅人脸图像的分辨率为 80×80，部分图像如图 5-5 所示。

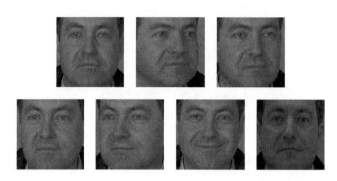

图 5-5　FERET 人脸库中部分人脸图像

2. Yale 人脸库上的实验

为了对比不同算法在训练样本数变化情况下的识别率，实验中每个人随机选取 p（$p = 4, 5, 6, 7, 8$）幅图像来构建训练数据集，其余的图像被用作测试数据集。表 5-1 是在五种情况下各种方法最高识别率以及对应的特征子空间维数 d（括号内数字）。当特征子空间维数改变时，识别率一般也会随之改变。

表 5-1　Yale 人脸库上每个人随机取 p 幅图像作为训练样本，最高识别率对比（单位：%）

算法	$p = 4$	$p = 5$	$p = 6$	$p = 7$	$p = 8$
2DPCA	78.10（7）	84.39（11）	85.87（11）	81.17（11）	84.89（10）
2DLPP	77.62（21）	84.11（27）	84.73（32）	80.92（15）	85.89（17）
2DNPE	77.19（21）	83.94（31）	84.60（30）	81.00（40）	83.22（51）
B2DLPP	79.00（17）	84.22（30）	85.53（25）	81.33（32）	84.89（28）
G2DPCA	82.71（36）	86.11（34）	85.80（33）	82.75（32）	86.78（33）
GS2DNPE	86.38（39）	90.44（42）	90.47（47）	89.33（58）	92.44（40）

从表 5-1 可看出，对于每个固定的 p，GS2DNPE 算法的最高识别率均高于其他五种算法。这是因为 Yale 人脸库中的图像受到光照、表情等多种因素的影响，而 GS2DNPE 算法利用了 Gabor 小波进行特征提取，比其他方法对于这些因素产生的影响更具有鲁棒性。

为了研究二者之间的关系，我们进行了第二组实验，而图 5-6 中反映的是在 $p = 6$ 时，各种算法识别率随着特征子空间维数的变化情况。

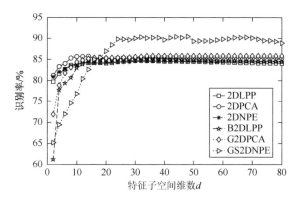

图 5-6　Yale 人脸库 $p = 6$ 时不同特征子空间维数下各种算法识别率对比

图 5-6 显示当 $p = 6$ 时，GS2DNPE、G2DPCA、B2DLPP、2DNPE、2DLPP、2DPCA 六种算法的最高识别率分别为 90.47%、85.80%、85.53%、84.60%、84.73%、85.87%，对应的特征子空间维数为 47、33、25、30、32、11。当特征子空间维数 $d > 19$ 时，GS2DNPE 算法的识别率就会始终高于其他算法，而其他五种算法的识别率随着 d 的增加几乎保持不变。

3. AR 人脸库上的实验

本节的实验先从库中随机筛选 25 男 25 女共 50 个人的图像作为实验所用的数据集。同时实验主要验证 GS2DNPE 算法对光照、表情因素变化是否具有鲁棒性，因此从每个人的 26 幅图像中选出 12 幅只有光照和表情变化的图像。

在 AR 人脸库上依旧要进行训练数据集和测试数据集的划分，为此从同一个人的 12 幅人脸图中随机选择 p（$p = 5, 6, 7, 8, 9$）幅图像用于训练，剩下的顺理成章地被用于测试。表 5-2 中数据记录的是在这五种情况下本书提出的 GS2DNPE 算法和其他五种对比方法的最高识别率以及对应的特征子空间维数 d。

表 5-2　AR 人脸库上每个人随机取 p 幅图像作为训练样本，最高识别率对比（单位：%）

算法	$p = 5$	$p = 6$	$p = 7$	$p = 8$	$p = 9$
2DPCA	76.63（47）	79.85（29）	84.85（30）	86.25（29）	85.67（29）
2DLPP	79.70（50）	82.33（28）	85.53（59）	88.84（29）	86.79（41）
2DNPE	79.25（27）	82.52（50）	87.53（29）	88.22（51）	86.29（39）
B2DLPP	75.91（33）	81.17（37）	86.58（29）	87.53（25）	85.67（34）
G2DPCA	77.66（79）	78.65（80）	83.18（79）	82.25（79）	82.08（70）
GS2DNPE	89.89（80）	93.29（80）	91.08（79）	90.72（80）	92.58（80）

图 5-7 中反映的是在 $p = 7$ 时，各种算法识别率随着降维得到的空间维数 d 的变化而变化的情况。

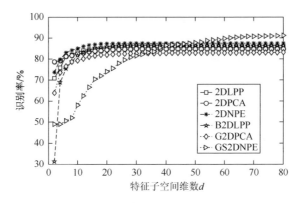

图 5-7　AR 人脸库 $p = 7$ 时不同特征子空间维数下各种算法识别率对比

图 5-7 表明当 $p = 7$ 时，GS2DNPE、G2DPCA、B2DLPP、2DNPE、2DLPP、2DPCA 六种算法的最高识别率分别为 91.08%、83.18%、86.58%、87.53%、85.53%、84.85%，对应的维数 d 为 79、79、29、29、59、30。当特征子空间的维数 $d > 47$ 时，GS2DNPE 算法的识别率才会始终略高于其他算法，而其他五种算法的识别率随着 d 的增加变化不明显。

4. FERET 人脸库上的实验

和前两个库一样，FERET 人脸库上同样做两组对比实验：一是对比分析每种方法的最高识别率；二是探索识别率和特征子空间维数之间的关系。由于 FERET 人脸库所含图像较少，这次参数 p 的值设置为 2、3、4 和 5。表 5-3 为当训练集合大小不同时，六种算法在各维数（括号内数字）空间中取得的最佳分类效果。

表 5-3　FERET 人脸库上每个人随机取 p 幅图像作为训练样本，最高识别率对比　　　　　　　　　　　　　　　　（单位：%）

方法	$p = 2$	$p = 3$	$p = 4$	$p = 5$
2DPCA	73.62（2）	75.60（2）	76.20（2）	78.90（2）
2DLPP	66.52（1）	71.83（2）	75.60（2）	79.45（6）
2DNPE	66.82（1）	73.23（2）	75.03（2）	78.25（7）
B2DLPP	54.28（7）	67.30（14）	72.30（14）	77.40（19）
G2DPCA	64.36（18）	72.78（46）	77.03（31）	79.35（31）
GS2DNPE	52.88（20）	69.85（24）	76.53（57）	83.15（43）

从表 5-3 看出，只有在训练样本数 $p = 5$ 这种情形下，GS2DNPE 算法的识别率比其他五种方法更好，而在训练样本数 $p = 2, 3, 4$ 时，GS2DNPE 算法并没有取得最好的识别率。对于主要是姿态变化的 FERET 人脸库，本书的 GS2DNPE 算法需要在训练数达到一定数量时才能体现出它的优势。

图 5-8 对应的是 $p = 5$ 时，几种算法投影到不同维数的特征子空间中识别率的变化趋势。

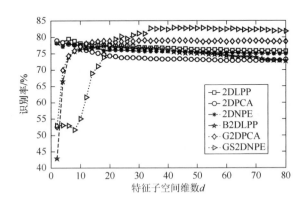

图 5-8　FERET 人脸库 $p = 5$ 时不同特征空间维数下各种算法的识别率对比

分析图 5-8 的结果后发现，当 $p = 5$ 时，GS2DNPE、G2DPCA、B2DLPP、2DNPE、2DLPP、2DPCA 六种算法的最高识别率分别为 83.15%、79.35%、77.40%、78.25%、79.45%、78.90%，此时投影到的空间维数对应为 43、31、19、7、6、2。当维数 $d >$ 25 时，GS2DNPE 算法的识别率会始终高于其他算法，而 B2DLPP、2DNPE、2DLPP、2DPCA 四种算法在 d 较小时就会取得最高识别率，而随着 d 值增加则呈略微下降趋势，G2DPCA 算法的识别率随着 d 的增加达到最大值后几乎保持不变。

5.8.2　基于 Gabor 小波的 SB2DLPP 算法

在三个公开的人脸库即 Yale、FERET 和 JAFFE 上进行实验来评估 GSB2DLPP 算法的有效性。实验中，对比了 GSB2DLPP 算法和其他人脸识别算法包括 LPP、2DLPP、2DNPE、B2DNPE、B2DLPP、GLBPLPP（LPP 基于 Gabor 小波和 LBP 算子）、GILPP（基于 Gabor 小波的改善的 LPP）、GSLPP 和 G2DPCA 的识别性能。

实验分为三类：第一类实验是为了对比分析 GSB2DLPP 算法在预处理和没有预处理两种情况下的性能；第二类实验是为了揭示不同算法的识别率与低维空间维数之间的关系，记录一系列不同的特征子空间维数及其对应的识别率；第三类实验是为了探索研究人脸最高识别率与不同的训练样本数之间的关系，在不同的人脸库上每人随机地选择 p 幅图像用于构建训练样本集合，剩余的图像用于测试。对这三类中的每组实验，训练数据和测试数据均是任意划分的，然后重复执行 20 次取平均结果。

1. 人脸库简介

Yale 和 FERET 人脸库的介绍详见 5.8.1 小节。

JAFFE 人脸库[13]：10 个日本女性的 216 幅图片，可分为七种表情（高兴、悲伤、惊讶、生气、厌恶、恐惧和中性）。原始图片的大小为 256 像素×256 像素，一个人的七种表情如图 5-9 所示。实验前，对图像进行预处理，调整所有图像的眼睛到同一水平线的相同位置，并裁剪至大小为 160 像素×160 像素。

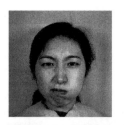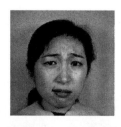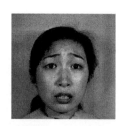
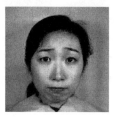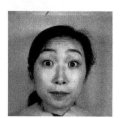

图 5-9　JAFFE 人脸库一个人的部分示例图

2. Yale 人脸库上的实验

图 5-10 为 Yale 人脸库上 GSB2DLPP 算法是否使用直方图均衡化作为预处理的结果。

在 Yale 人脸库上进行的第二类实验可分为四组，分别为每个人选取 4、5、6 或 7 幅图像用于训练。实验中，不同方法将高维数据投影到低维空间得到的特征矩阵大小也是不同的，Yale 人脸库上 GSB2DLPP、B2DLPP 和 B2DNPE 三种算法对应的特征矩阵大小为 $d×d$，2DLPP、2DPCA、2DNPE 和 G2DPCA 对应的特征矩阵大小为 $100×d$，而一维向量方法 LPP、SLPP、GLBPLPP、GILPP 和 GSLPP 对应的特征矩阵大小则为 d。图 5-11 为 Yale 人脸库上不同算法在特征子空间维数 d 连续改变时对应的识别率。从图 5-11 的结果可以看出，本书提出的 GSB2DLPP 算法相较于其他 11 种对比算法在参数 p 取值 4、5、6 和 7 的四种情况下均具有最高的识别率。

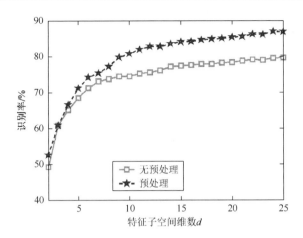

图 5-10　Yale 人脸库上 GSB2DLPP 算法是否利用直方图均衡化进行预处理的性能对比

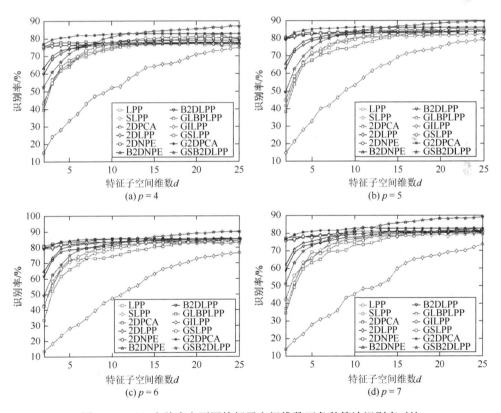

图 5-11　Yale 人脸库上不同特征子空间维数下各种算法识别率对比

　　在 Yale 人脸库上进行的第三类实验中，每人随机选取的用于组成训练集的图像数 p 设置为 4、5、7 和 8。对于每个给定的 p 值，没有重叠的图像既用于测试又用于训练。为了能更为公平地对比不同方法的最高识别率，分别记录每种算法在不同的特征子空间维数下的识别率并选取其中最好的。表 5-4 为不同方法在 Yale 人脸库上不同训练样本数下的最高识别率以及对应的特征子空间维数（表格中识别率右边括号里对应的数值）。

表 5-4 Yale 人脸库上每人随机选取 *p* 幅图像作为训练样本，GSB2DLPP 与其他算法的最高识别率对比 （单位：%）

算法	$p = 4$	$p = 5$	$p = 6$	$p = 7$	$p = 8$
LPP	77.52（20）	82.94（29）	83.60（16）	81.42（29）	84.11（24）
SLPP	78.67（24）	82.78（27）	84.13（24）	80.17（16）	83.89（34）
2DPCA	78.10（100×7）	84.39（100×11）	85.87（100×11）	81.17（100×11）	84.89（100×10）
2DLPP	77.62（100×21）	84.11（100×26）	84.73（100×32）	80.92（100×15）	85.89（100×17）
2DNPE	77.19（100×21）	83.94（100×31）	84.60（100×30）	81.00（100×40）	83.22（100×51）
B2DNPE	78.05（35×35）	84.11（31×31）	85.73（31×31）	81.83（33×33）	85.00（25×25）
B2DLPP	79.00（16×16）	84.22（30×30）	85.53（25×25）	81.33（32×32）	84.89（28×28）
GLBPLPP	81.76（28）	85.94（35）	86.73（44）	84.17（34）	87.89（32）
GILPP	79.00（33）	83.39（35）	81.87（38）	77.92（40）	85.11（43）
GSLPP	82.43（23）	85.61（21）	84.93（22）	82.67（24）	89.11（23）
G2DPCA	82.81（100×11）	86.50（100×11）	86.00（100×11）	83.42（100×11）	88.67（100×11）
GSB2DLPP	87.05（24×24）	89.72（25×25）	90.4（25×25）	89.33（25×25）	92.56（22×22）

表 5-4 的结果显示，相同的 *p* 值下，GSB2DLPP 算法都能获得最高的人脸识别率，并且当 *p* 等于 8 时，GSB2DLPP 算法的识别效果最好，识别率达到 92.56%，此时数据空间的维数为 22×22。

3. FERET 人脸库上的实验

图 5-12 为 FERET 人脸库上 GSB2DLPP 算法是否使用直方图均衡化作为预处理的结果。

在 FERET 人脸库上进行的第二类实验中，由于每个人只含有 7 幅图像，参数 *p* 设置为 3、4、5、6。实验中，GSB2DLPP、B2DLPP 和 B2DNPE 三种算法对应的特征矩阵大小为 *d*×*d*，2DLPP、2DPCA、2DNPE 和 G2DPCA 算法对应的特征矩阵大小为 80×*d*，而其他一维向量算法 LPP、SLPP、GLBPLPP、GILPP 和 GSLPP 对应的特征矩阵大小则为 *d*。图 5-13 为 FERET 人脸库上不同算法的识别率在特征子空间维数 *d* 变化时的变化情况。

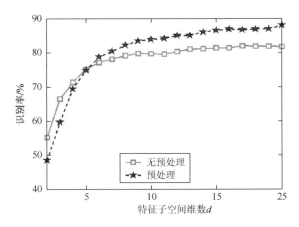

图 5-12　FERET 人脸库上 GSB2DLPP 算法是否利用直方图均衡化进行预处理的性能对比

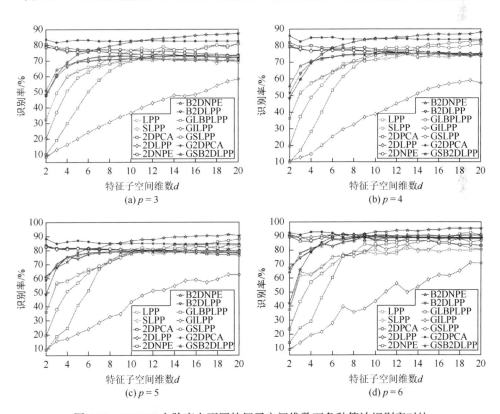

图 5-13　FERET 人脸库上不同特征子空间维数下各种算法识别率对比

　　从图 5-13 的实验数据可以看出，当参数 p 等于 3、4、5、6 时，本书提出的 GSB2DLPP 算法在特征子空间维数大于某个阈值后就一直具有最高的识别率。

　　FERET 人脸库上的第三类实验中，我们将任意地挑选同一个人的 2、3、4、5、

6 幅图像去构造训练所需的图像集合。对于参数 p 的每组取值，我们在此库上划
分得到的两个不同用途的集合依旧没有交集。经过多次实验，分析各种算法在不
同维数下的低维嵌入空间中能够取得的识别率，然后记录其中最好的。表 5-5 为
不同算法在 FERET 人脸库上不同训练样本数下的最高识别率以及对应的特征子
空间维数（表格中识别率右边括号里对应的数值）。

表 5-5　FERET 人脸库上每人随机选取 p 幅图像作为训练样本，GSB2DLPP 与
其他算法的最高识别率对比　　　　　　　　　　　　（单位：%）

算法	$p=2$	$p=3$	$p=4$	$p=5$	$p=6$
LPP	67.25（39）	71.44（15）	74.92（13）	85.00（39）	81.00（13）
SLPP	68.70（39）	72.00（11）	75.50（13）	83.00（40）	85.25（32）
2DPCA	79.10（80×2）	80.63（80×2）	81.75（80×2）	83.5（80×2）	89.75（80×2）
2DLPP	73.15（80×3）	79.13（80×2）	79.25（80×2）	83.38（80×2）	91.00（80×2）
2DNPE	74.65（80×1）	79.50（80×1）	80.83（80×1）	82.63（80×2）	90.75（80×6）
B2DNPE	65.12（5×5）	72.88（8×8）	74.92（10×10）	79.50（15×15）	90.00（13×13）
B2DLPP	60.50（9×9）	71.38（10×10）	75.42（11×11）	78.88（12×12）	89.75（11×11）
GLBPLPP	72.55（27）	84.25（33）	85.92（42）	90.38（35）	95.25（48）
GILPP	67.50（30）	76.06（38）	81.92（44）	83.13（50）	85.75（48）
GSLPP	71.80（23）	81.81（29）	81.83（26）	87.00（33）	92.50（34）
G2DPCA	81.10（80×6）	83.69（80×2）	85.83（80×2）	88.37（80×2）	92.75（80×2）
GSB2DLPP	82.35（19×19）	87.31（20×20）	88.00（20×20）	91.25（19×19）	95.25（17×17）

从表 5-5 可以发现，对于每一组 p，GSB2DLPP 算法的识别率最高，并且当 p
等于 6 时，GSB2DLPP 算法的识别效果最好，识别率达到 95.25%，此时对应的特
征子空间维数为 17×17。

4. JAFFE 人脸库上的实验

图 5-14 为 JAFFE 人脸库上 GSB2DLPP 算法是否使用直方图均衡化作为预处
理的结果。

JAFFE 人脸库中每个人的每类表情仅含有三幅或四幅图片，因此我们从每个
人的 7 类表情中随机地选择出 2 幅图像用于训练，而库中剩下的图像则用于构造
测试集合。实验中，GSB2DLPP、B2DLPP 和 B2DNPE 三种算法对应的特征矩阵
大小为 $d×d$，2DLPP、2DPCA、2DNPE 和 G2DPCA 算法对应的特征矩阵大小为
160×d，而其他一维向量算法 LPP、SLPP、GLBPLPP、GILPP 和 GSLPP 对应的
特征矩阵大小则为 d。同样，对比分析特征子空间维数变化时不同方法的

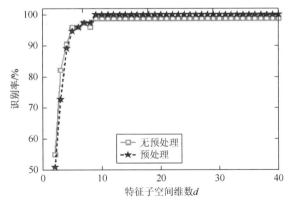

图 5-14　JAFFE 人脸库上 GSB2DLPP 算法是否利用直方图均衡化进行预处理的性能对比

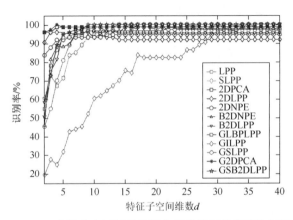

图 5-15　JAFFE 人脸库上不同特征子空间维数下各种算法识别率对比

识别率变化趋势。图 5-15 显示了 JAFFE 人脸库上不同算法的识别率与特征子空间维数 d 之间的关系。表 5-6 为 JAFFE 人脸库上 GSB2DLPP 和其他算法的最高识别率及对应的特征子空间维数。

表 5-6　JAFFE 人脸库上 GSB2DLPP 与其他算法的最高识别率对比　（单位：%）

算法	LPP	SLPP	2DPCA	2DLPP	2DNPE	B2DNPE	B2DLPP	GLBPLPP	GILPP	GSLPP	G2DPCA	GSB2DLPP
识别率	98.63	98.63	98.63	95.89	94.52	98.63	97.26	100	98.63	98.63	100	100
特征子空间维数	(20)	(20)	(160×3)	(160×3)	(160×12)	(22×22)	(9×9)	(14)	(34)	(10)	(160×4)	(9×9)

5. 实验结果分析

从 Yale、FERET 和 JAFFE 三个人脸库的结果，我们可以得到以下几个结论。

（1）本书的 GSB2DLPP 算法在识别率方面确实能比其他对比算法取得更好的效果。使用 Gabor 小波进行特征选择并且用 SB2DLPP 算法来降维，使其在低维空间中能具有鉴别能力强的图像特征。

（2）二维的算法如 2DPCA、2DLPP、2DNPE、B2DNPE 和 B2DLPP 等与基于向量的算法（LPP、SLPP）相比识别效果更好，也证明了直接在矩阵上执行维数约简可以避免信息结构的丢失。

（3）和 B2DLPP 算法相比，GSB2DLPP 算法展现了更好的识别性能。尽管 B2DLPP 算法是一种二维流形方法，但是它是无监督的。而有监督的 GSB2DLPP 充分利用类别标签隐含的信息来构建投影矩阵，从而增强了算法的分类能力。

5.8.3 双向二维近邻保持判别嵌入算法

为了评估 B2DNPDE 算法应用于人脸识别领域时的性能，实验在 Yale、PICS 和 AR 三个人脸库上进行，对比本书的 B2DNPDE 和 2DPCA、2DLPP、2DNPE、S2DNPE、B2DLPP、B2DNPE 六种算法的识别效果。实验中，所有数据将会被分割成两个部分：一部分用于训练，另一部分用于测试。2DLPP、2DNPE、S2DNPE、B2DLPP、B2DNPE 和 B2DNPDE 算法都涉及近邻参数 k 的设置，在实验中 k 的值设置为 $p-1$（p 为构建训练数据集合时每个人选取的图像数目）。此外，B2DLPP、B2DNPE 和 B2DNPDE 算法迭代的次数设置为 2，同时为了简便，这三种算法中行和列降维的维数设置为一样的，即 $r = l$。

三个人脸库上的实验被划分为两类进行。

（1）为了对比本小节的算法与其他算法在不同的训练样本数下的识别效果，从人脸库中每人随机选择 p 幅图像用于构建训练集合，其余的图像用于构建测试集合，这两个集合中的样本图像没有重叠的部分。在每个给定的 p 值，每个库进行 20 次随机测试，最终取 20 次的平均值作为当前 p 值下的识别率，记录所有算法最好的识别率以及其对应的特征子空间维数。

（2）通常，人脸识别率会随着特征子空间维数的变化而变化。为了揭示识别率和子空间维数之间的关系，分别随机进行 20 次实验，20 次实验结果的平均值作为当前特征维数条件下的最终识别率。

1. Yale 人脸库上的实验

对于 Yale 人脸库，p 的值设置为 5、6、7 和 8。高维数据经过不同的算法降维后得到的特征矩阵大小不同：本书的 B2DNPDE、B2DLPP 和 B2DNPE 算法对应为 $d \times d$；2DPCA、2DLPP、2DNPE 和 S2DNPE 算法对应为 $100 \times d$。表 5-7 记录的是 Yale 人脸库上不同算法在训练集合大小不一样时的平均最高识别率以及对应的特征子空间维数，特征子空间维数列在识别率右边的括号中。图 5-16 为在给定的 p 值条件下，B2DNPDE、2DPCA、2DLPP、2DNPE、S2DNPE、B2DLPP 和 B2DNPE 七种算法在不同特征子空间维数 d 下的识别率变化情况。

表 5-7　Yale 人脸库上每人随机选取 p 幅图像作为训练样本，B2DNPDE 与其他算法的最高识别率对比　　　　　　　　　　　　　　　　（单位：%）

算法	$p = 5$	$p = 6$	$p = 7$	$p = 8$
2DPCA	84.39（100×11）	85.87（100×11）	81.17（100×11）	84.89（100×10）
2DLPP	84.11（100×27）	84.73（100×32）	80.92（100×15）	85.89（100×17）
2DNPE	83.94（100×31）	84.60（100×30）	81.00（100×40）	83.22（100×51）
S2DNPE	87.11（100×17）	88.00（100×35）	85.08（100×26）	89.22（100×11）
B2DLPP	84.22（30×30）	85.53（25×25）	81.33（32×32）	84.89（28×28）
B2DNPE	84.11（31×31）	85.73（31×31）	81.83（33×33）	85.00（25×25）
B2DNPDE	86.28（21×21）	88.73（18×18）	87.00（17×17）	93.22（69×69）

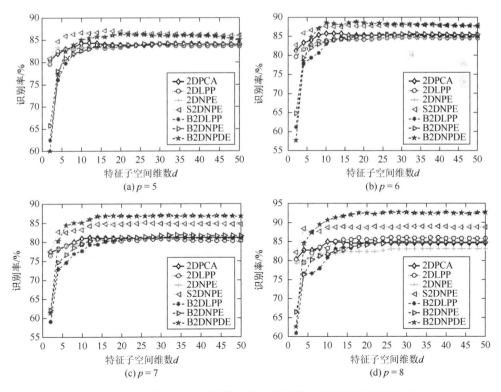

图 5-16　Yale 人脸库上不同特征子空间维数下各种算法识别率对比

从表 5-7 可以看出，当 p 为 6、7 和 8 时，B2DNPDE 算法的识别率优于其他算法。图 5-16 的结果显示，参数 p 的值分别设置为 6、7、8 时，B2DNPDE 算法具有最高的识别率，而 S2DNPE 算法在 p 等于 5 时取得了最高识别率。

2. PICS 人脸库上的实验

和 Yale 人脸库上的实验类似，在 PICS 人脸库上同样进行了两类实验。在第一类实验中，由于 PICS 人脸库中每个人仅仅含有 7 幅图像，因此共做了四组实验，即每人随机选取的图像数目 p 取值分别为 3、4、5 和 6。表 5-8 的内容为 PICS 人脸库上不同算法的平均最高人脸识别率以及对应的特征子空间维数（表格中括号里的数字）。在第二类实验中，对于每一个 p 值（3、4、5 和 6），同样进行了不同空间维数下各种算法的对比实验。图 5-17 显示了 PICS 人脸库上 B2DNPDE、2DPCA、2DLPP、2DNPE、S2DNPE、B2DLPP 和 B2DNPE 七种算法投影到不同维数大小的特征子空间时识别率呈现的变化规律。

表 5-8　PICS 人脸库上每人随机选取 p 幅图像作为训练样本，B2DNPDE 与其他算法的最高识别率对比　　　　　　　　　（单位：%）

算法	$p = 3$	$p = 4$	$p = 5$	$p = 6$
2DPCA	83.13（60×16）	85.00（60×11）	86.04（60×6）	89.17（60×6）
2DLPP	80.52（60×14）	84.03（60×11）	86.25（60×6）	91.67（60×9）
2DNPE	80.42（60×9）	84.86（60×7）	85.83（60×9）	89.17（60×8）
S2DNPE	82.92（60×11）	86.11（60×8）	86.88（60×11）	90.83（60×7）
B2DLPP	80.42（23×23）	84.86（12×12）	87.71（20×20）	89.58（10×10）
B2DNPE	81.15（26×26）	86.67（12×12）	89.79（19×19）	93.75（27×27）
B2DNPDE	86.35（19×19）	89.44（10×10）	93.13（34×34）	97.50（8×8）

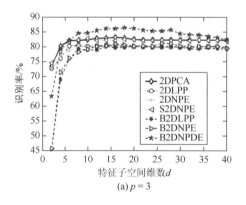

(a) $p = 3$

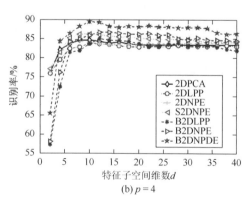

(b) $p = 4$

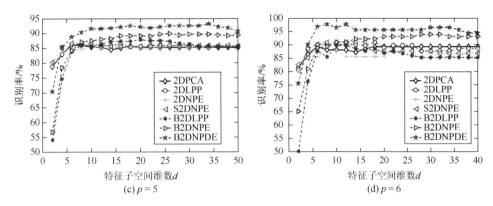

图 5-17 PICS 人脸库上不同特征子空间维数下各种算法识别率对比

从表 5-8 可以看出，针对相同的 p 值，B2DNPDE 算法相较于其他算法都具有最高的识别率。图 5-17 的结果反映，参数 p 的值分别设置为 3、4、5、6 时，随着特征子空间维数的变化，B2DNPDE 算法在大于某个阈值时识别率就会一直高于其他所有对比算法。

3. AR 人脸库上的实验

对于 AR 人脸库，p 值取 5、9、13 和 17。高维数据经过不同的算法降维后得到的特征矩阵大小不同：B2DNPDE、B2DLPP 和 B2DNPE 算法对应为 $d \times d$；2DPCA、2DLPP、2DNPE 和 S2DNPE 算法对应为 $25 \times d$。表 5-9 为 AR 人脸库上七种不同算法在训练人脸图像数变化时的平均最高识别率以及对应的特征子空间维数（识别率右边的括号里）。图 5-18 描述的是训练样本数不变时，B2DNPDE、2DPCA、2DLPP、2DNPE、S2DNPE、B2DLPP 和 B2DNPE 七种算法的识别率与降维得到的空间对应的维数之间的关系。

表 5-9 AR 人脸库上每人随机选取 p 幅图像作为训练样本，B2DNPDE 与其他算法的
最高识别率对比 （单位：%）

算法	$p=5$	$p=9$	$p=13$	$p=17$
2DPCA	80.48（25×20）	87.62（25×20）	90.22（25×20）	91.29（25×20）
2DLPP	81.77（25×20）	88.43（25×20）	92.03（25×19）	95.33（25×4）
2DNPE	82.78（25×19）	89.31（25×19）	92.06（25×20）	94.23（25×3）
S2DNPE	88.60（25×19）	92.20（25×19）	92.55（25×20）	93.61（25×20）
B2DLPP	82.25（20×20）	92.42（20×20）	95.45（20×20）	97.96（20×20）
B2DNPE	84.89（20×20）	93.07（20×20）	95.57（18×18）	97.67（20×20）
B2DNPDE	91.23（20×20）	96.92（18×18）	96.52（17×17）	98.03（20×20）

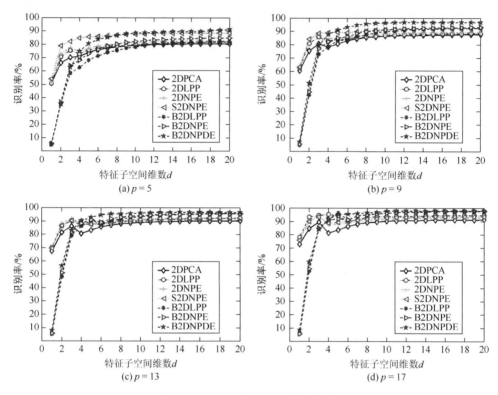

图 5-18 AR 人脸库中部分人脸图像

从表 5-9 可发现,B2DNPDE 算法在每一固定的 p 值下都比其他对比算法有更好的识别率。分析图 5-18 识别率的走向,在四组情况中,B2DNPDE 算法的识别率随着特征子空间维数不断变大而提高,且超过某个维数阈值时,其识别性能就总比其他算法好。

4. 实验结果及分析

根据 Yale、PICS 和 AR 三个人脸库上的实验结果,我们可以得到下面的结论。

(1)实验结果显示,除了 Yale 人脸库上每人随机选择 5 幅图像来构建训练数据集的实验外,B2DNPDE 算法的人脸识别率明显优于 6 种对比算法。在 B2DNPDE 算法中,由同一类别的样本点构造出的类内散射矩阵能够有效地揭示潜在的数据结构。但是如果在构建训练数据集时我们选择的样本点过少,那么 B2DNPDE 算法就无法获得足够的信息来寻找到最优的投影矩阵,从而会影响其分类效果。随着训练样本数目的增加,B2DNPDE 算法的识别率也会提高。

(2)B2DNPDE 算法在三个人脸库上的实验结果都要比原始的 B2DNPE 算法好。B2DNPE 算法是一种无监督流形学习算法,仅仅利用 k-近邻来构造重构权值矩阵，因此，即使两个来自不同类的样本点也可能存在近邻关系。从某种程度上来说，这种情况可能会造成潜在的真实数据结构信息的丢失，从而极大地影响 B2DNPE 算法的鉴别能力。然而，B2DNPDE 算法的目标是寻找到一个最优的投影方向，该方向不仅保留了邻域内数据的位置关系，而且保证了不同类别的样本点相互远离。因此，应用于分类时，B2DNPDE 算法的鉴别能力要优于 B2DNPE 算法，实验结果也很好地证明了这一结论。

（3）2DNPE 算法是一种无监督算法，而 S2DNPE 算法是 2DNPE 算法的有监督扩展。S2DNPE 算法的核心是在近邻选择阶段利用类别信息限制每个样本点的近邻选择范围，使其在同一类选择自己的近邻点。因此，S2DNPE 算法的识别效果比 2DNPE 算法略好。虽然 S2DNPE 算法的识别率相较于 2DNPE 算法已经有明显的改善，但是它的性能仍然没有 B2DNPDE 算法好。这是因为 B2DNPDE 算法同时利用了类间和类内信息来构建重构权值矩阵，从而求解得到最终的投影矩阵，而 S2DNPE 算法仅仅考虑了样本类内的信息。

5.9　本 章 小 结

本章主要研究了基于流形学习的人脸识别算法，主要的研究内容如下。

（1）基于小波分解和流形学习的人脸姿态表情分析。本章在特征层次上应用粒计算的思想，提出基于小波分解的流形算法，采用不同层次的小波对高维数据进行分解，对其执行维数压缩处理，然后应用 LLE 或 LPP 算法，从而达到降低计算复杂度的目的。研究高维人脸数据在此方法下的姿态和表情分布变化规律，同时分析运行时间和经小波分解得到的低频子图像的能量损失情况。

（2）基于 Gabor 小波的有监督 2DNPE 的人脸识别算法研究。主要介绍了本章提出的基于 Gabor 小波的有监督 2DNPE 的人脸识别算法。首先利用 Gabor 小波对人脸图像进行特征提取，得到对光照、表情等因素都具有一定鲁棒性的图像特征，然后应用 S2DNPE 算法对其进行降维、提取映射到低维子空间的特征向量，最后采用最近邻分类器分类识别。在 Yale、FERET 和 AR 人脸库上进行实验，实验结果表明该算法具有较好的识别率。

（3）基于 Gabor 小波的有监督 B2DLPP 的人脸识别算法研究。介绍了本章提出的基于 Gabor 小波的有监督 B2DLPP 的人脸识别算法，该算法是原始的无监督流形学习算法 B2DLPP 的有监督改进，考虑了类成员之间的关系来提高算法的分类性能。此外，由于经过 Gabor 滤波得到的图像能够克服光照、尺度、姿态等因素产生的影响，所以在特征提取阶段采用 Gabor 小波对人脸图像进行特征提取，从而提高算法的鲁棒性。通过实验对比了 B2DNPDE 算法与其他现有的人脸识别算法的识别性能，证明了 B2DNPDE 算法具有更好的识别率。

（4）B2DNPDE 算法研究。本章提出一种名为 B2DNPDE 的新算法来提高 B2DNPE 算法的识别率，通过构建类内和类间两个散射矩阵来计算得到最优的投影矩阵。同时在公开的人脸数据库上的实验结果验证了 B2DNPDE 算法的有效性。

参 考 文 献

[1] Chien J T，Wu C C. Discriminant wavelet faces and nearest feature classifiers for face recognition. IEEE Transactions on Pattern Analysis and Machine Intelligence，2002，24（12）：1644-1649.

[2] Ekenel H K，Sanker B. Multiresolution face recognition. Image and Vision Computing，2005，23：469-477.

[3] Cao X，Shen W，Yu L G，et al. Illumination invariant extraction for face recognition using neighboring wavelet coefficients. Pattern Recognition，2012，45（4）：1299-1305.

[4] Li D，Tang X，Pedrycz W. Face recognition using decimated redundant discrete wavelet transforms. Machine Vision and Applications，2012，23（2）：391-401.

[5] Gonzalez R C，Woods R E. 数字图像处理. 2 版. 阮秋琦，译. 北京：电子工业出版社，2003.

[6] 张燕平，罗斌，姚一豫，等. 商空间与粒计算：结构化问题求解理论与方法. 北京：科学出版社，2010.

[7] Zhang Y，Qi M X，Shang L. Palmprint recognition based on two-dimensional gabor wavelet transform and two-dimensional principal component analysis//Advanced Intelligent Computing. Berlin: Springer，2012: 405-411.

[8] Chen S B，Luo B，Hu G P，et al. Bilateral two-dimensional locality preserving projections. Acoustics，Speech and Signal Processing，ICASSP，2007：II-601-II-604.

[9] Zhang D M，Fu M S，Luo B. Image recognition with two-dimensional neighbourhood preserving embedding. Pattern Recognition and Artificial Intelligence，2011，24（6）：810-815.

[10] Yale Face Database. http://vision.ucsd.edu/content/yale-face-database[2017-11-12].

[11] AR Face Database. http://www2.ece.ohio-state.edu/～aleix/ARdatabase.html[2017-10-02].

[12] Phillips P J，Moon H，Rizvi S A，et al. The FERET evaluation methodology for face-recognition algorithms. IEEE Transations on Pattern Analysis and Machine Intelligence，2000，22（10）：1090-1104.

[13] JAFFE Face Database. http://www.kasrl.org/jaffe.html[2017-09-12].

第 6 章　稀疏表示与字典学习

6.1　稀疏表示的模型和求解算法

基于稀疏表示（sparse representation classifier，SRC）[1]的理论，有大量的工作被提出。其中 Gao 等[2]提出将核稀疏表示的方法用于人脸识别，而 Yang 等[3]试图通过学习 Gabor 遮挡字典的方法来解决人脸识别中的遮挡问题。值得注意的是，在 SRC 中，人脸是需要将特征预先对齐的，同时有很多针对该问题的研究，如文献[4]中的方法对图像平面转换具有鲁棒性，而文献[5]提出解决图像不对齐和光照变化的问题，Peng 等[6]利用低秩矩阵分解的方法解决图像模糊的问题。尽管 SRC 已经广泛地应用于人脸识别问题，其中 l_1 范数约束仍是被大量研究的问题之一，许多学者致力于提高稀疏系数 x 的 l_1 规则化作用，例如，Liu 等[7]为稀疏系数添加了一个非负约束，Gao 等[8]为稀疏系数引入拉普拉斯项，Yuan 等[9]利用混合特征进行稀疏表示，所有的这些工作均强化了稀疏系数在分类中的作用。但是，训练样本自身的作用往往被忽略。

SRC 的主要思想如下。

假设有训练样本 $A = \{A_1, A_2, \cdots, A_K\}$ ，其中 $A_i \in \mathrm{R}^{m \times n_i}$ 为第 i 类训练数据，$N = \sum_{i=1}^{K} n_i$ 为样本总数，规范化参数 λ，测试样本 y，求解 $\hat{x} = \arg\min_x \|y - Ax\|_2^2 + \lambda \|x\|_1$ 得到稀疏系数 $\hat{x}$，然后通过 $\hat{x}$ 计算测试样本由每类训练样本重构的重构误差 $e_i = \|y - A_i \hat{x}_i\|_2^2$ 通过得到的重构误差，得到测试样本的标签：

$$\mathrm{identify}(y) = \arg\min_i \{e_i\} \tag{6-1}$$

因此，SRC 算法的主要流程见算法 6-1。

算法 6-1　SRC 算法

输入：训练数据 $A = \{A_1, A_2, \cdots, A_K\}$ ，测试样本 y ，参数 λ 。

输出：稀疏系数 $\hat{x}$ 及相应的标签。

1. 初始化训练样本使每列的 l_2 范数等于 1；
2. 计算测试样本 y 由 A 重构的重构系数 $\hat{x}$ ：

$$\hat{x} = \arg\min_x \|y - Ax\|_2^2 + \lambda \|x\|_1$$

3. 计算重构误差：

$$e_i = \left\| y - A_i \hat{x}_i \right\|_2^2$$

4. 得到测试样本的标签:

$$\text{identify}(y) = \arg\min_i \{e_i\}$$

从稀疏表示的理论可知,求解稀疏系数是一个关键问题,大量的研究人员针对此问题提出了很多快速求解的算法,主要可以分为贪婪算法和凸松弛算法。其具体的代表性工作如表 6-1 所示。

表 6-1 典型的稀疏求解算法

稀疏求解算法	代表性工作
贪婪算法	正交匹配追踪(orthogonal matching pursuit,OMP)[10],正则化的正交匹配追踪(regularized orthogonal matching pursuit,ROMP)[11],压缩感知匹配追踪(CoSaMP)[12],分段匹配追踪(stagewise OMP,StOMP)[13],子空间追踪(subspace pursuit,SP)[14],稀疏自适应匹配追踪(sparsity adaptive matching pursuit,SAMP)[15]等
凸松弛算法	FOCUSS[16],最小绝对值收缩选择算法[17],梯度投影稀疏重构法[18],最小角度回归算法[19]等

此外,基于稀疏表示的分类器的原理与最近邻相关分类算法如最近邻(NN)、最近特征线(nearest feature line,NFL)[20]、最近特征面(nearest feature plane,NFP)[21]、局部子空间(local subspace,LS)[22]和最近子空间(nearest subspace,NS)[23]有部分相似之处。其中 NN、NFL 和 NFP 使用每类的一个、两个或者三个训练样本来表示测试样本,而 LS 和 NS 则使用每类所有的训练样本表示测试样本。与这些近邻分类器相似的是,SRC 也使用每类的训练样本线性表示测试样本。不同的是,SRC 使用所有的训练样本用于表示测试样本,而近邻的方法使用每类的训练样本分别表示测试样本。

6.2 协同表示理论

正如 6.1 节讨论的,在 SRC 中有两个关键问题:①稀疏系数 x 被强制具有稀疏性;②测试样本 y 被所有训练样本重构。作为传统的近邻方法的一个提升,SRC 仍存在未解决的问题:是否一定要使用 l_1 范数约束?

假设 $\Phi \in \mathbf{R}^{m \times n}$ 为字典的基,如果 Φ 是完备的,则对于任意信号 $y \in \mathbf{R}^m$ 均可由 Φ 完美地线性重构,若 Φ 是完备正交基,通常需要较多的基共同参与方能正确重构 y。换句话说,越多的字典原子参与重构,重构 y 的方式越多,即过完备基重

构信号的能力更强。在人脸识别中，训练样本能够投影到低维子空间中，即 m 维的人脸样本能够在更低维的空间中被重构。假设有足够的训练样本，第 i 类的样本可由该类的所有样本 A_i 正确表示，此时 A_i 则可视为过完备基，而属于该类的测试样本 y 则可由 A_i 重构且系数是稀疏的。另一个事实是，不同类的人脸往往有很多相似之处，这导致 A_i 类的字典与 A_j 类的字典相关。在使用近邻分类器时，对于来自第 i 类的测试样本 y，利用最小二乘法，可以得到表示向量 α_i 使得 $\alpha_i = \arg\min_\alpha \|y - A_i\alpha_i\|_2^2$，令 $r_i = y - A_i\alpha_i$。相似地，若使用第 j 类样本重构测试样本 y，则有 $\alpha_j = \arg\min_\alpha \|y - A_j\alpha_j\|_2^2$，而 $r_j = y - A_j\alpha_j$。假设每类的训练样本数量相同，即 $A_i, A_j \in \mathrm{R}^{m \times n}$，而由于 A_i 和 A_j 相似，令 $A_j = A_i + \Delta$，当 X_i 和 X_j 足够相似时，Δ 则足够小使得 $\xi = \dfrac{\|\Delta\|_F}{\|A_i\|_F} \leqslant \dfrac{\sigma_1(A_i)}{\sigma_n(A_i)}$，其中 $\sigma_1(A_i)$ 为矩阵 A_i 的最大特征值，$\sigma_n(A_i)$ 为矩阵 A_i 的最小特征值，由文献[24]可知以下关系：

$$\frac{\|r_j - r_i\|_2}{\|y\|_2} \leqslant \xi[1 + \kappa(A_i)]\min\{1, m - n\} + o(\xi^2) \tag{6-2}$$

其中，$\kappa(A_i)$ 为矩阵 A_i 的条件数，明显地，若 Δ 很小，则 r_i 和 r_j 之间的距离很小，这个性质会导致样本错分类，因为一些小的噪声可能导致 $\|r_j\|_2 \leqslant \|r_i\|_2$。

　　而这个问题可以通过规则化 α_i 和 α_j 来解决，以 l_0 范数稀疏约束为例，若测试样本属于第 i 类，则其由第 i 类的少量的基进行重构可达到较小的重构误差，如 5 个，而被第 j 类重构时，若想达到相同的重构效果，则可能需要更多的基参与，如 9 个或者 10 个。而利用 l_0 范数规则化，则测试样本 y 被其本类进行重构时将获得更小的重构误差，从而更有利于分类。

　　上面讨论的是训练样本充足的情况下的分类问题，而人脸识别恰是一个典型的小样本问题，因此 A_i 在一般情况下是欠完备的。若使用 A_i 表示其本类的测试样本 y 得到的重构误差 r_i 甚至会很大，若增加第 i 类的样本，相应的重构误差则会变小，而如何扩展样本仍是一个问题。如前所述，人脸中存在很多样本相似度比较大，即不同类别之间的训练样本可能有相同的特征，而当重构某一类样本时，其他类的与该类样本具有较高相似性的样本则会参与重构。此时，存在的问题是：

　　（1）如何确定这些有贡献的样本，我们的目的是人脸分类，而非人脸重建，因此使用欧氏距离或者余弦距离衡量相似度显然不够；

　　（2）当使用别的样本时，面临的风险是，最后得到的每类的重构误差均比较接近，从而导致分类困难；

　　（3）当试图寻找其他类的相似度高的样本时，其相应会提高计算复杂度，因为每类的样本与其相似的均是不同的。

　　因此，去掉 SRC 中的 l_1 范数约束，目标函数则变为一个最小二乘问题 $\hat{x} = \arg\min_x \| y - Ax \|_2^2$，得到的测试样本的重构 $\hat{y} = \sum_i A_i \hat{x}_i$ 即测试数据在训练数据 A 张成的空间上的投影见图 6-1，于是测试样本由每一类重构的重构误差 $e_i = \| y - A_i \hat{x}_i \|_2^2$ 可以拆分成：

$$e_i = \| y - A_i \hat{x}_i \|_2^2 = \| y - \hat{y} \|_2^2 + \| \hat{y} - A_i \hat{x}_i \|_2^2 \tag{6-3}$$

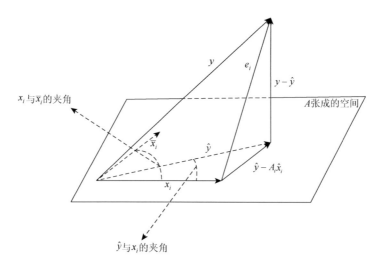

图 6-1　协同表示分类（collaborative representation classification，CRC）的原理

　　由于 $\| y - \hat{y} \|_2^2$ 是一个定值，于是 $\hat{e}_i = \| \hat{y} - A_i \hat{x}_i \|_2^2$ 用于确定样本的标签。从几何的观点出发，$\hat{e}_i$ 可表示为

$$\hat{e}_i = \frac{\sin^2(\hat{y}, x_i) \| \hat{y} \|_2^2}{\sin^2(x_i, \overline{x}_i)} \tag{6-4}$$

其中，$x_i = A_i \hat{x}_i$ 是 A_i 张成的平面中的一个向量，而 $\overline{x}_i = \sum_{j \neq i} A_j \hat{x}_j$ 是除了 A_i 类之外所有的训练样本张成的空间中的向量。式（6-4）说明，在 CRC 中，当判断测试样本 y 是否属于第 i 类时，不仅考虑了 $\hat{y}$ 与 x_i 的夹角要足够小，也就是 $\sin(\hat{y}, x_i)$ 要小，同时考虑了 x_i、$\overline{x}_i$ 之间的夹角要足够大，也就是 $\sin(x_i, \overline{x}_i)$ 要足够大，该机制保证了 CRC 在分类时的鲁棒性。基于以上讨论，CRC 算法的流程见算法 6-2。

算法 6-2　CRC 算法

输入：训练数据 $A = \{A_1, A_2, \cdots, A_K\}$，测试样本 y，参数 λ。

输出：稀疏系数 $\hat{x}$ 及相应的标签。

1. 初始化训练样本是每列的 l_2 范数等于 1；
2. 计算测试样本 y 由 A 重构的重构系数 $\hat{x}$：

$$\hat{x} = Py, \quad P = (A^{\mathrm{T}} A + \lambda I)^{-1} A^{\mathrm{T}}$$

3. 计算重构误差:

$$e_i = \| y - A_i \hat{x}_i \|_2^2 / \| \hat{x}_i \|_2$$

4. 得到测试样本的标签:

$$\text{identify}(y) = \arg \min_i \{ e_i \}$$

6.3　字　典　学　习

在鉴别字典学习中, 学习到的字典 $D = [D_1, D_2, \cdots, D_K]$ 是由 K 个子字典组成的, 字典中的每个原子均有其相应的标签即 D_i 对应于第 i 类样本。假设有测试样本被学习到的字典重构的稀疏系数可以表示为 $x = [x_1, x_2, \cdots, x_K]$, 则 x_i 是对应的由 D_i 重构的稀疏系数。于是测试样本的标签可以通过计算每类字典重构的重构误差 $\| y - D_i x_i \|_2$ 获得。设子字典 $D_i = [d_1, d_2, \cdots, d_{n_i}] \in \mathbb{R}^{m \times n_i}$, 其中 m 为字典的特征维数, n_i 为该类字典包含的原子的个数, 子字典可以通过求解下面函数的方式得到:

$$\min_{\{D_i, Z_i\}} \{ \| A_i - D_i Z_i \|_F^2 + \lambda \| Z_i \|_1 \} \quad \text{s.t.} \ \| d_j \|_2 = 1, \forall j \tag{6-5}$$

其中, Z_i 是训练样本 A_i 由字典 D_i 重构的稀疏系数, 式（6-5）为典型的类别特色字典学习的目标函数, 该模型为每类样本单独学习一个字典。该模型未考虑不同类别之间的关系, Ramirez 等[25]提出通过约束子字典之间的关系使其尽量独立来学习子字典, 这种被称为结构不相关约束的字典学习方法的目标函数为

$$\min_{\{D_i, Z_i\}} \sum_{i=1}^{K} \{ \| A_i - D_i Z_i \|_F^2 + \lambda \| Z_i \|_1 \} + \eta \sum_{i \neq j} \| D_i^{\mathrm{T}} D_j \|_F^2 \quad \text{s.t.} \ \| d_n \|_2 = 1, \quad \forall n \tag{6-6}$$

其中, 最小化 $\| D_i^{\mathrm{T}} D_j \|_F^2$ 则是用于约束结构字典, 使其尽量不相关。

6.4　类别特色字典学习

不同于以往的类别字典学习, 本章提出一种类别特色字典学习的方法, 该方法试图充分利用子字典和相应的稀疏系数的信息, 将两个约束分别施加于相应的子字典和系数, 得到更有利于分类的类别特色字典。同时, 在分类策略中, 稀疏系数起到了作用, 从而达到最优的分类结果, 本章算法在处理多个训练样本时更具有优势, 下面将详细介绍本章类别特色字典学习的模型。

假设有 K 类训练数据 $A = \{ A_1, A_2, \cdots, A_K \}$, 其中 $A_i \in \mathbb{R}^{m \times n_i}$ 为第 i 类训练数据,

$N = \sum_{i=1}^{K} n_i$ 为样本总数，$X_i \in \mathbf{R}^{N \times n_i}$ 为第 i 类数据的稀疏系数，类别字典为 $D = \{D_1, D_2, \cdots, D_K\}$，其中 D_i 为学习到的第 i 类的字典。

定义如下目标函数：

$$\min_{\{D_i, X_i\}_{i=1}^{k}} \sum_{i=1}^{K} E(A_i, D_i, X_i) + \lambda_1 \|X\|_1 + \lambda_2 \Psi(X, D) \quad \text{s.t.} \ \|D_i(:, j)\|_2 = 1, \quad \forall i, j \quad (6\text{-}7)$$

其中，λ_1 为尺度因子；λ_2 用于平衡重构项和稀疏系数项；$E(A_i, D_i, X_i)$ 为重构误差项；$\Psi(X, D)$ 为稀疏系数和结构字典约束项，使得到的稀疏系数和子字典更具有辨别性。将字典 D 中除了 D_i 之外剩余的集合表示为

$$D_{i-} = [D_1, \cdots, D_{i-1}, D_{i+1}, \cdots, D_k], \quad i = 1, 2, \cdots, k \quad (6\text{-}8)$$

所有的数据均能被 D 重构，并且每类数据 A_i 均可被本类的子字典 D_i 重构，而不是被其他类的字典重构。此外，学习到的子字典之间的相关性越小则子字典越具有辨别性，故重构误差项 $E(A_i, D_i, X_i)$ 为

$$E(A_i, D_i, X_i) = \|A_i - DX_i\|_F^2 + \|A_i - D_i X_i^i\|_F^2 \quad (6\text{-}9)$$

其中，X_i 是 A_i 被 D 重构的稀疏系数；X_i^i 是 A_i 被 D_i 重构的稀疏系数；式中等号右边第一项表示第 i 类训练数据 A_i 被整体字典 D 重构的误差；等号右边第二项是 A_i 被本类子字典 D_i 重构的重构误差。

目标函数（6-7）中最后一项 $\Psi(X, D)$ 用于约束对应的稀疏系数和结构字典。对于稀疏系数，基于 Fisher 准则，稀疏系数类内方差越小越好而类间方差越大越好。类内方差 $S_W(X)$ 和类间方差 $S_B(X)$ 可定义为

$$S_W(X) = \sum_{i=1}^{K} \sum_{x_k \in X_i} (x_k - \mu_i)(x_k - \mu_i)^{\mathrm{T}} \quad (6\text{-}10)$$

$$S_B(X) = \sum_{i=1}^{K} n_i (\mu_i - \mu_0)(\mu_i - \mu_0)^{\mathrm{T}} \quad (6\text{-}11)$$

其中，$x_k \in \mathbf{R}^{N \times 1}$ 为样本的稀疏系数；μ_i 为第 i 类稀疏系数的类中心；μ_0 为所有稀疏系数的中心。同时，加入结构化字典约束项 $\|D_i^{\mathrm{T}} D_{i-}\|_F^2$，基于文献[26]的定理一，$\Psi(X, D)$ 可简化为

$$\Psi(X, D) = \mathrm{tr}[S_W(X) - S_B(X)] + \|D_i^{\mathrm{T}} D_{i-}\|_F^2 \quad (6\text{-}12)$$

其中，$\mathrm{tr}(\bullet)$ 为矩阵的迹。因此目标函数（6-7）的完整形式为

$$\min_{\{D_i, X_i\}_{i=1}^{k}} \sum_{i=1}^{K} \{\|A_i - DX_i\|_F^2 + \|A_i - D_i X_i^i\|_F^2\} + \lambda_1 \|X\|_1 + \lambda_2 \{\mathrm{tr}[S_W(X) - S_B(X)] + \|D_i^{\mathrm{T}} D_{i-}\|_F^2\}$$

$$\text{s.t.} \ \|D_i(:, j)\|_2 = 1, \quad \forall i, j$$

$$(6\text{-}13)$$

6.5　类别特色字典优化

目标函数（6-13）为一个非凸函数，将其优化问题分解为两个步骤：①固定字典，计算稀疏系数；②固定稀疏系数，更新字典。具体步骤如下。

（1）初始化字典 D。将训练数据 A 的特征向量初始化为字典的原子，且将字典的每一类归一化（2 范数）为 1，$D_i(:,j)_2 = 1, \forall i, j$。

（2）固定字典，更新稀疏系数。目标函数转换为

$$Q(X_i) = \arg\min_{X_i}\{\theta(A_i, D_i, X_i) + 2\gamma \| X_i \|_1\} \tag{6-14}$$

其中，$\gamma = \lambda_1 / 2$，$\theta(A_i, D_i, X_i) = \| A_i - DX_i \|_F^2 + \| A_i - D_i X_i^i \|_F^2 + \lambda_2 \Psi(X, D)$，$X_i$ 的求解可通过文献[27]中的方法。

（3）固定 X，更新 D。在更新子字典时，采用逐个更新的方法，即当更新第 j 个子字典时，默认其他子字典 $D_j(i \neq j)$ 已更新完毕，因此目标函数可转化为

$$D_i = \arg\min_{D_i} \| \hat{A} - D_i X_i \|_F^2 + \| A_i - D_i X_i^i \|_F^2 + \| D_i^{\mathrm{T}} D_{i-} \|_F^2 \quad \text{s.t.} \quad \|D_i(:,j)\|_2 = 1, \quad \forall i, j \tag{6-15}$$

其中，$\hat{A} = A - \sum_{j=1, j\neq i}^{k} D_j X^j$，$X^j$ 是所有数据 A 由字典 D_j 表示的系数，因此 $Q(D_i)$ 可转换为

$$D_i = \arg\min_{D_i} \| \Lambda_i - D_i Z_i \|_F^2 + \| D_i^{\mathrm{T}} D_{i-} \|_F^2 \quad \text{s.t.} \quad \|D_i(:,j)\|_2 = 1, \quad \forall i, j \tag{6-16}$$

其中，$\Lambda_i = [\hat{A}, A_i]$，$Z_i = [X_i, X_i^i]$，同理，逐个更新 $D_i = [d_i^1, \cdots, d_i^{K_i}]$ 中的原子，当更新 d_i^k 时，其他原子已更新完毕。

设 $Z_i = [z_{(1)}; \cdots; z_{(m)}]$，其中 $z_{(k)}$ 为 Z_i 的第 k 行，令 $\hat{\Lambda}_i = \Lambda_i - \sum_{j\neq k} d_i^j z_{(j)}$，于是有

$$d_i^k = \arg\min_{d_i^k}\{g(d_i^k) = \| \hat{\Lambda}_i - d_i^k z_{(k)} \|_F^2 + \| d_i^{k\mathrm{T}} D_{i-} \|_F^2\} \tag{6-17}$$

令 $\partial g(d_i^k) / d_i^k = 0$，得到

$$d_i^k = ((D_{i-})(D_{i-})^{\mathrm{T}} + \| z_{(k)} \|_2^2 I)^{-1} \hat{\Lambda}_i z_{(k)}^{\mathrm{T}} \tag{6-18}$$

将得到的 d_i^k 规范化：

$$d_i^k = d_i^k / \| d_i^k \|_2 \tag{6-19}$$

（4）重复步骤（2）和步骤（3）直到前后两次的函数 Q 的值达到阈值或者达到最大迭代次数。算法流程见算法 6-3。

算法 6-3　类别特色字典优化算法
输入：训练数据 $A = \{A_1, A_2, \cdots, A_K\}$，参数 λ_1、λ_2。

输出：字典 D 和稀疏系数 X 及相应的标签。

1. 初始化字典 D；
2. 固定 D，更新 X_i；

　　初始化 D 之后，固定 D，利用式（6-14）依次求解 $X_i, i=1,2,\cdots,N$；

3. 固定 X_i，更新 D；

　　$X_i, i=1,2,\cdots,N$ 更新完毕后，利用式（6-17）依次更新 $d_j, j=1,2,\cdots$；

4. 重复步骤 2 和步骤 3 直到前后两次的 Q 值达到阈值或者达到最大迭代次数。

6.6　共享字典学习

通常情况下，在人脸识别中，人们一直致力于扩大不同类别之间的差异，一般是通过提取鲁棒性的特征或者训练有利于分类的分类器。在这个过程中，可能忽略了一个事实：不同类别之间可能存在相同的特征，而在传统思维中，往往认为这种相同的特征对于正确的分类是没有贡献的，不应该参与最终的分类，在特征提取的过程中就将其筛选掉。如图 6-2 所示，我们发现不同类的样本在高兴这个表情变化下是有共同的特征的，这也就是我们熟知的人脸表情识别的前提，在表情识别中，我们希望提取的是与表情有关的特征，而应与样本所属人的特征无关。同样，在遮挡变化中，不同类的样本在发生遮挡时也存在一定的共性。基于此，本书希望获得每一种可能变化的特征，利用这些特征重构存在变化的测试样本，因此本节提出一种新的共享字典学习算法，算法的主要思想如下。

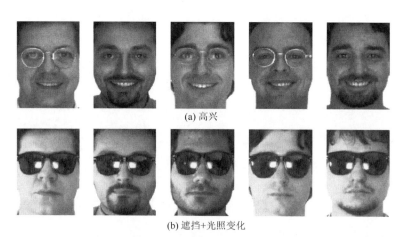

(a) 高兴

(b) 遮挡+光照变化

图 6-2　不同类别在相同变化下的样本

假设有 K 类样本参与学习共享字典 D_S，第 j 类中包含 n_j 张图片，所有类的正常脸可表示为

$$N =[N_1, N_2, \cdots, N_K], \quad N_j =[n_1, n_2, \cdots, n_{d_j}]$$

其中，d_j 为第 j 类中包含的正常脸的个数。而变化样本的集合可表示为

$$B =[B_1, B_2, \cdots, B_K], \quad B_j =[b_1, b_2, \cdots, b_{r_j}]$$

其中，$n_j = d_j + r_j$。因此每类样本的正常脸的平均脸组成的矩阵为

$$M =[m_1, m_2, \cdots, m_K], \quad m_j =1/d_j \sum_{j=1}^{d_j} n_{d_j} \qquad (6\text{-}20)$$

其中，$m_j \in \mathrm{R}^{m \times 1}$ 为第 i 类样本的平均脸。共享字典则可由每类的变化样本减去其本类的平均脸得到：

$$D_S =[B_1 - m_1 c_1, B_2 - m_2 c_2, \cdots, B_K - m_K c_K] \qquad (6\text{-}21)$$

如图 6-3 所示，（a）为每类的平均脸，（b）为共享字典学习到的结果。在图 6-3（b）中，每一列是不同样本中的同一个变化，可以看出每一列中的相似性明显，通过共享字典学习操作，我们去除了样本本身的轮廓等基本信息，而学习到了表情、光照、遮挡这些可能的变化信息的特征。通过这些特征，我们可以获得测试样本中的变化信息，从而在表示测试样本时达到更加逼近的效果，也就是更小的重构误差。值得注意的是，该方式的逼近是否会影响最后的分类？测试样本可能存在的变化是否会导致每类样本的重构误差比较接近？这些问题将在实验部分进行讨论。

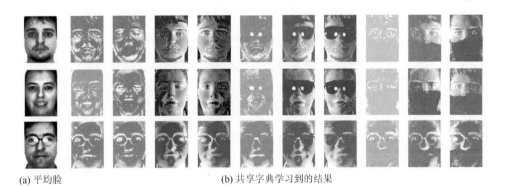

(a) 平均脸　　　　　　　　　　　(b) 共享字典学习到的结果

图 6-3　AR 人脸库上部分样本的共享字典学习结果

6.7　共享字典和类别特色字典结合的分类方法

字典学习完成之后得到类别字典 D 和 D_S，本书的共享字典和类别特色字典结合的分类方法的整体框架如图 6-4 所示。

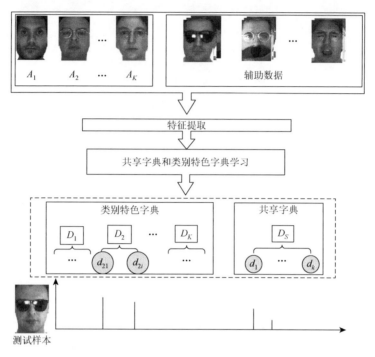

图 6-4　共享字典和类别特色字典结合的分类方法

针对每类训练样本的个数将会有以下两种分类策略。

1. 全局分类策略

每类训练样本的数量均很少，学习到的子字典可能不能够很好地重构测试样本，此时需将整体类子字典参与重构测试数据，相应的稀疏系数为

$$\begin{bmatrix} \hat{x}_1 \\ \hat{x}_2 \end{bmatrix} = \arg\min_{x_1, x_2}\left\{\left\| y - [D, D_S]\begin{bmatrix} x_1 \\ x_2 \end{bmatrix}\right\|_2^2 + \lambda\left\|\begin{bmatrix} x_1 \\ x_2 \end{bmatrix}\right\|_1\right\} \tag{6-22}$$

其中，y 为测试数据；$\hat{x}_1$ 为由类别字典 D 得到的稀疏系数；$\hat{x}_2$ 为由共享字典 D_S 得到的稀疏系数；λ 为稀疏约束参数。于是测试数据由第 i 类字典 D_i 重构的误差为

$$e_i = \left\| y - [D_i, D_S]\begin{bmatrix} \hat{x}_1^i \\ \hat{x}_2 \end{bmatrix}\right\|_2^2 + \omega\|\hat{x}_1^i - m_i\|_2^2 \tag{6-23}$$

其中，$\hat{x}_1^i$ 为对应于 D_i 的稀疏系数；m_i 为该类系数的类中心；ω 用于平衡重构项和稀疏系数项的贡献。于是 y 的标签为

$$\text{identify}(y) = \arg\min_i\{e_i\} \tag{6-24}$$

2. 局部分类策略

训练样本的数量较多时，学习到的子字典将能够很好地重构测试数据，可将子字典与共享字典结合组成 K 个字典：

$$\hat{D}_1 = [D_1, D_S], \hat{D}_2 = [D_2, D_S], \cdots, \hat{D}_K = [D_K, D_S] \qquad （6-25）$$

用于重构测试数据，类似地：

$$\begin{bmatrix} \hat{x}_1 \\ \hat{x}_2 \end{bmatrix} = \arg\min_{x_1, x_2} \left\{ \left\| y - [D_i, D_S] \begin{bmatrix} x_1 \\ x_2 \end{bmatrix} \right\|_2^2 + \lambda \left\| \begin{bmatrix} x_1 \\ x_2 \end{bmatrix} \right\|_1 \right\} \qquad （6-26）$$

重构误差为

$$e_i = \left\| y - [D_i, D_S] \begin{bmatrix} \hat{x}_1 \\ \hat{x}_2 \end{bmatrix} \right\|_2^2 + \omega \| \hat{x}_1 - m_i \|_2^2 \qquad （6-27）$$

同样地，y 的标签为

$$\text{identify}(y) = \arg\min_i \{e_i\} \qquad （6-28）$$

6.8 类内变化字典学习

假设用于学习共享字典的数据一共有 K 类，标准无变化的数据表示为

$$N = \{N_1, N_2, \cdots, N_K\}, \quad N_i \in \mathbf{R}^{m \times l_i} \qquad （6-29）$$

其中，m 为数据的维数；l_i 为第 i 类标准数据的个数。存在变化的数据可表示为

$$X = \{X_1, X_2, \cdots, X_K\}, \quad X_i = [x_{i1}, x_{i2}, \cdots, x_{in_i}] \in \mathbf{R}^{m \times n_i} \qquad （6-30）$$

其中，m 为数据的维数；n_i 为第 i 类变化数据的个数，$N = \sum_{i=1}^{K} n_i$ 为变化数据的总数。通过学习的方法得到的类内变化字典应能够很好地表示各种可能的变化，如图 6-5 所示，有变化的数据 X 可由标准数据和类内变化字典联合重构。

因此类内变化字典学习的目标函数如下：

$$\min_{D_S, \alpha_i, \beta_i} \| x_{i,n_k} - N_i \alpha_i - D_S \beta_i \|_F^2 + \lambda \left\| \begin{matrix} \alpha_i \\ \beta_i \end{matrix} \right\|_1 \quad \text{s.t.} \quad d_j^{\mathrm{T}} d_j = 1 \qquad （6-31）$$

其中，$D_S \in \mathbf{R}^{m \times r}$ 为共享字典，m 为字典维数，r 为字典原子的个数；$\alpha_i \in \mathbf{R}^{n_i \times 1}$；$\beta_i \in \mathbf{R}^{r \times 1}$；$\lambda$ 为尺度因子，用于平衡重构项和 1 范数约束项。

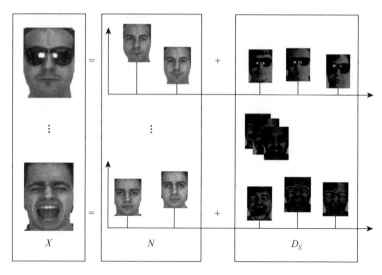

$$X \qquad\qquad N \qquad\qquad D_S$$

图 6-5　类内变化字典学习框架

6.9　类内变化字典优化

　　式（6-31）是一个非凸函数，因此可采用分布优化的方法，即固定 D 更新 $\alpha_i \beta_i$，固定 $\alpha_i \beta_i$ 更新 D_S。具体的过程如下。

　　（1）初始化字典 D_S。初始化的字典方法有很多种，可以随机产生一个固定大小的字典，也可手工初始化字典，本书采用如下方式：

$$\hat{D} = [D_1, D_2, \cdots, D_K], \qquad D_i = X_i - M_i I_{n_i} \tag{6-32}$$

其中，M_i 为第 i 类标准数据的中心，一般可取该类数据的平均向量；I_{n_i} 为大小为 n_i 的单位向量。

　　（2）固定 D，更新 $\alpha_i \beta_i$。目标函数转换为

$$Q_{\gamma_i} = \arg\min_{\gamma_i} \| X_i - D_i \gamma_i \|_F^2 + \lambda \| \gamma_i \|_1 \tag{6-33}$$

其中，$D_i = [N_i, D]$；$\gamma_i = [\alpha_i, \beta_i]^{\mathrm{T}}$。式（6-33）可通过一般的求解稀疏系数的方法解决。

　　（3）固定 $\alpha_i \beta_i$，更新 D。得到所有的稀疏系数 $\alpha_i \beta_i$ 之后，目标函数转换为

$$Q_D = \arg\min_D \| X_i - N_i \alpha_i - D \beta_i \|_F^2 \quad \text{s.t.} \quad d_j^{\mathrm{T}} d_j = 1 \tag{6-34}$$

　　设 $R_i = X_i - N_i \alpha_i$，$R = [R_1, R_2, \cdots, R_N]$，$\beta = [\beta_1^{\mathrm{T}}, \beta_2^{\mathrm{T}}, \cdots, \beta_N^{\mathrm{T}}]^{\mathrm{T}}$
于是目标函数转换为

$$Q_D = \arg\min_D \| R - D\beta \|_F^2 \quad \text{s.t.} \quad d_j^{\mathrm{T}} d_j = 1 \tag{6-35}$$

当更新字典原子 d_j 时，假设其余的原子已更新完毕，因此有

$$Q_{d_j} = \arg\min_{d_j} \left\| R - \sum_{i \neq j} d_i \beta(i,:) - d_i \beta(j,:) \right\|_F^2 \quad \text{s.t.} \quad d_j^{\mathrm{T}} d_j = 1 \qquad (6\text{-}36)$$

设 $Y = R - \sum\limits_{i \neq j} d_i \beta(i,:)$，采用拉格朗日乘子法，目标函数转换为

$$Q_{d_j, \lambda} = \arg\min_{d_j, \lambda} \mathrm{tr}\{-d_j \beta(j,:) Y^{\mathrm{T}} - Y \beta(j,:)^{\mathrm{T}} d_j^{\mathrm{T}} + d_j [\beta(j,:) \beta(j,:)^{\mathrm{T}} - \lambda] d_j^{\mathrm{T}} + \lambda\}$$

$$(6\text{-}37)$$

$$\frac{\partial \mathbf{Q}}{\partial d_j} = -\beta_j Y^{\mathrm{T}} - \beta_j Y^{\mathrm{T}} - 2[\beta(j,:) \beta(j,:)^{\mathrm{T}} - \lambda] d_j^{\mathrm{T}} \qquad (6\text{-}38)$$

令 $\dfrac{\partial \mathbf{Q}}{\partial d_j} = 0$，于是有

$$d_i = Y \beta(j,:)^{\mathrm{T}} [\beta(j,:) \beta(j,:)^{\mathrm{T}} - \lambda]^{-1} \qquad (6\text{-}39)$$

又 $d_j^{\mathrm{T}} d_j = 1$，因此

$$d_i = Y \beta(j,:)^{\mathrm{T}} \| Y \beta(j,:)^{\mathrm{T}} \|_2 \qquad (6\text{-}40)$$

（4）重复步骤（2）和步骤（3）直到前后两次的函数 Q 的值达到阈值或者达到最大迭代次数，算法流程见算法 6-4。

算法 6-4　类内变化字典学习

输入：标准数据 N，变化数据 X，参数 λ。

输出：字典 D_S。

1. 初始化共享字典 D；
2. 固定 D，更新 $\alpha_i \beta_i$；

初始化 D 之后，固定 D，利用式（6-33）依次求解 $\alpha_i \beta_i, i = 1, 2, \cdots, N$；

3. 固定 $\alpha_i \beta_i$，更新 D；

$\alpha_i \beta_i, i = 1, 2, \cdots, N$ 更新完毕后，利用式（6-39）依次更新 $d_j, j = 1, 2, \cdots, r$；

4. 重复步骤 2 和步骤 3，直到前后两次的 Q 值达到阈值或者达到最大迭代次数为止。

6.10　分类策略

字典学习完成之后得到类别字典 D 和 D_s，采用下列全局分类策略，每类训练

样本的数量均很少，学习到的子字典可能不能够很好地重构测试样本，此时需将整体类子字典参与重构测试数据，相应的稀疏系数为

$$\begin{bmatrix} \hat{x}_1 \\ \hat{x}_2 \end{bmatrix} = \arg\min_{x_1,x_2} \left\{ \left\| y - [D,D_S]\begin{bmatrix} x_1 \\ x_2 \end{bmatrix} \right\|_2^2 + \lambda \left\| \begin{bmatrix} x_1 \\ x_2 \end{bmatrix} \right\|_1 \right\} \tag{6-41}$$

其中，y 为测试数据；$\hat{x}_1$ 为由类别字典 D 得到的稀疏系数；$\hat{x}_2$ 为由共享字典 D_S 得到的稀疏系数；λ 为稀疏约束参数。于是测试数据由第 i 类字典 D_i 重构的误差为

$$e_i = \left\| y - [D_i,D_S]\begin{bmatrix} \hat{x}_1^i \\ \hat{x}_2^i \end{bmatrix} \right\|_2^2 + \omega\|\hat{x}_1^i - m_i\|_2^2 \tag{6-42}$$

其中，$\hat{x}_1^i$ 为对应于 D_i 的稀疏系数；m_i 为该类系数的类中心；ω 用于平衡重构项和稀疏系数项的贡献。于是 y 的标签为

$$\text{identify}(y) = \arg\min_i\{e_i\} \tag{6-43}$$

6.11　实验结果分析

6.11.1　类别特色字典优化实验

为了验证本书类别特色字典的有效性，在人脸分类任务中，主要从训练样本的数量、人脸图像的分辨率、特征子空间的维数、不同的数据库上的表现几个角度考察本章算法的有效性。此外，实验设计了另外两组图像分类任务，观察本章算法在图像分类中的表现。

1. JAFFE 和 PICS 人脸库实验结果分析

为了观察算法在表情变化的人脸分类任务中的表现，在包含丰富表情变化的 JAFFE 和 PICS 两个人脸库上进行实验。对于 JAFFE 人脸库，选取 10 个人，每个人 20 幅图片，实验样本如图 6-6 所示，并未做裁剪预处理，样本中仍包含部分背景信息，图片原始大小为 256 像素×256 像素。实验所有图像均为灰度图像，首先选取 3 幅没有任何表情变化的图片作为训练样本，剩余的作为测试样本，为了进一步观察训练样本数量对实验结果的影响，我们依次增加训练样本的数量，分析训练样本从 3 个增加到 9 个引起识别率的变化。另外，每次训练样本均包含原始的三张正常脸，至于增加的部分则通过随机选择获得。

实验采用图片的灰度特征，然后利用 PCA 进行降维，实验结果如表 6-2 所示，其中第一行的数值是训练样本的数量。

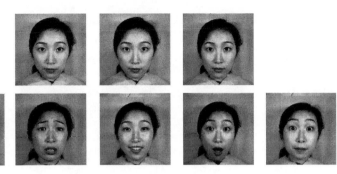

图 6-6　JAFF 人脸库样本

表 6-2　JAFFE 人脸库的实验结果　　　　　　　　　（单位：%）

算法	训练样本个数							
	2	3	4	5	6	7	8	9
NN	81.11	90.00	96.87	96.67	97.85	98.46	97.50	98.18
SRC[1]	81.18	94.71	98.75	98.67	98.57	98.46	98.33	98.18
SVGDL[28]	83.33	91.80	97.50	97.30	97.90	98.50	98.30	98.20
算法 6-3	87.22	95.89	99.38	99.33	99.29	99.23	99.17	99.09

　　由表 6-2 可以观察到，所有的算法在训练样本增加时相应的表现也更好，即获得了更高的识别率。同时，算法 6-3 在各个条件下均有最好的表现，说明经过字典的学习，提高了稀疏表示的能力，相较于 NN 算法，SRC 获得了更好的表现，所有算法的识别率多维持在 90% 以上，原因是该数据库的样本变化不是特别严峻，即没有非常大的类内变化，所以算法的表现均比较好。

　　为了方便观察不同训练样本下，本章模型的迭代收敛过程，图 6-7 给出了在 JAFFE 人脸库实验中的模型在不同的训练样本下的目标函数的值（其中横坐标是迭代次数，纵坐标是重构误差），每次实验迭代 15 次，求出目标函数值，每次迭代时，由模型优化的过程可知，每次迭代均分为稀疏系数迭代和字典迭代，由此，图中 coding 指的是稀疏系数迭代时的值，dic 指的是字典迭代时目标函数的值。

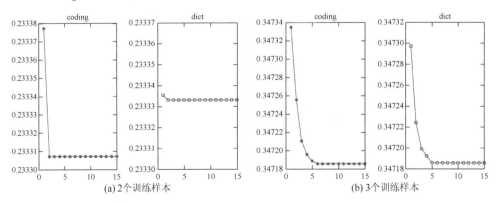

(a) 2 个训练样本　　　　　　　　　　　　(b) 3 个训练样本

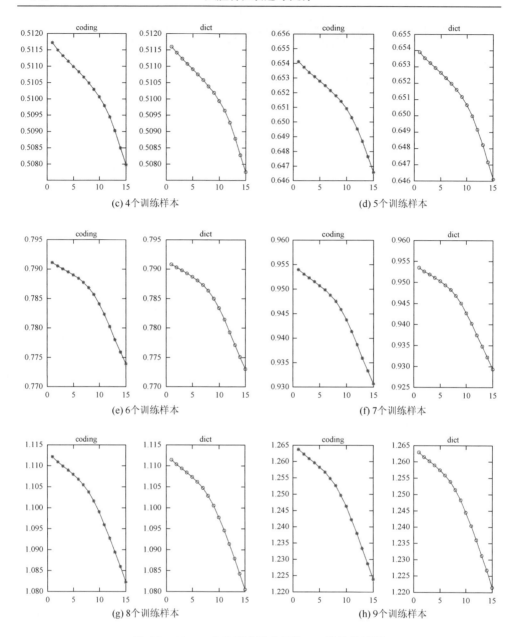

图 6-7　JAFFE 人脸库实验中算法 6-3 的收敛情况

从图 6-7 中不同训练样本的收敛情况，我们发现，当训练样本增加时，虽然识别率会上升，但每次稀疏系数迭代的最优值和字典迭代的最优值均有所上升。也就是说，当更多的训练样本参与分类时，测试样本在被重构时的难度增加了。

对于 PICS 人脸库，样本图像如图 6-8 所示。

图 6-8　PICS 人脸库样本图像

考虑变换图像的尺寸，算法在不同分辨率下的表现。实验选取了三种尺寸的图片，分别为 80 像素×60 像素、160 像素×120 像素、240 像素×180 像素。同时，在每种尺度下，分别选取训练样本 3、4、5 进行实验，实验结果如表 6-3 所示。

表 6-3　PICS 人脸库实验结果　　　　　　　　（单位：%）

尺寸为 80 像素×60 像素			尺寸为 160 像素×120 像素			尺寸为 240 像素×180 像素		
算法	3	4	5	算法	3	4	5	算法	3	4	5
NN	87.50	94.44	87.50	NN	85.41	91.67	87.50	NN	87.50	91.67	87.50
SRC	93.75	97.22	87.50	SRC	87.50	97.22	87.50	SRC	93.50	88.90	87.50
SVGDL	87.50	88.90	87.50	SVGDL	87.50	88.90	87.50	SVGDL	93.50	88.90	87.50
算法6-3	93.75	97.22	95.83	算法6-3	93.75	97.22	95.83	算法6-3	93.75	97.22	95.83

从表 6-3 的结果可以观察到，不同的算法在不同的实验设置下实验结果有一定的差异，但差异不是特别明显，相反，当图像的分辨率更高时，有的算法如 SRC 的识别率有所下降，而算法 6-3 在不同图像尺度、相同的训练数时，识别率是没有变化的，这也说明了算法 6-3 的鲁棒性。此外，识别率比较稳定的另一个原因是该数据库的人脸样本对齐效果较好，当分辨率降低时对算法的影响不是那么明显。后续，我们会通过人脸样本比较复杂的数据库重复该设置，观察此结论的正确性。

另外，为了观察算法 6-3 在 PICS 人脸库上的表现，把不同尺寸不同训练样本下算法的收敛效果展示于图 6-9（其中横坐标为迭代次数，纵坐标为重构误差），同样，算法的迭代次数设置为 15。我们发现虽然算法在三种尺寸下的识别率是相同的，但是其每次收敛的最优值是不同的。当图片的分辨率增高时，目标函数的最优值也会随之增加。

2. FRGC 2.0 人脸库实验结果分析

本次实验的目的是在人脸类别较多的数据库上进行实验，选择在 FRGC 2.0 人脸库上进行算法的效果验证。实验选取 236 个人，每个人包含 40 个样本，如图 6-10 所示（其中，横坐标代表迭代次数，纵坐标代表重构误差）。

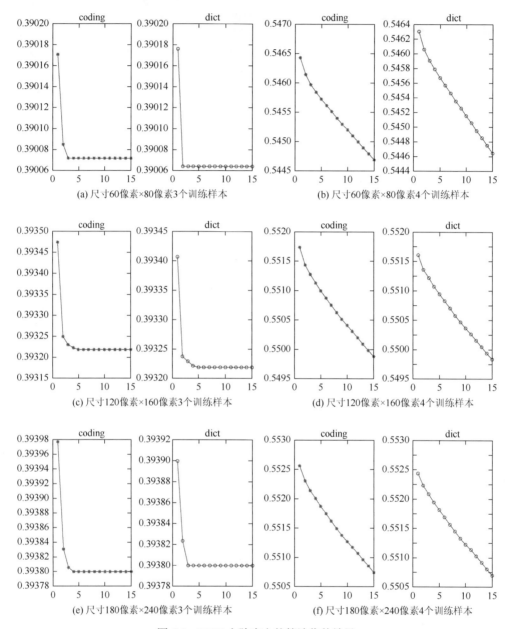

(a) 尺寸60像素×80像素3个训练样本　　　　(b) 尺寸60像素×80像素4个训练样本

(c) 尺寸120像素×160像素3个训练样本　　　　(d) 尺寸120像素×160像素4个训练样本

(e) 尺寸180像素×240像素3个训练样本　　　　(f) 尺寸180像素×240像素4个训练样本

图 6-9　PICS 人脸库上的算法收敛效果

图 6-10　FRGC 2.0 人脸库样本

　　该数据库上的样本的类内变化较大，包含光照、遮挡、姿态和模糊的变化，这也增加了识别的难度。图片原始的尺寸为 128 像素×168 像素，实验时将所有的图片下采样为 96 像素×126 像素、64 像素×84 像素和 32 像素×42 像素。同时，本次实验的另一个目的是观察算法在不同的特征空间下的识别率，因此，每种尺度的图像均利用 PCA 将特征维数分别降至 100、150、200、250、300、350、400、450、500 维观察算法的表现。三种尺寸的图像的实验结果见图 6-11。

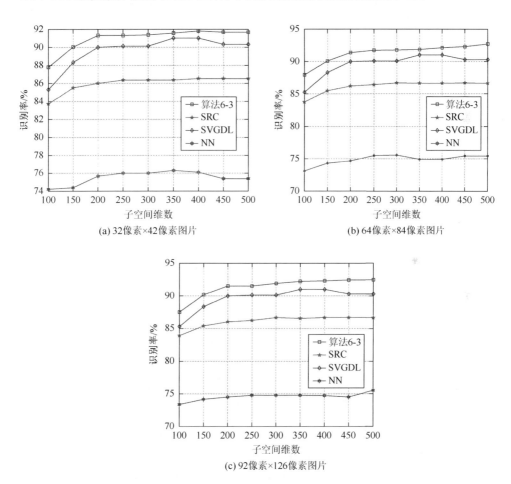

图 6-11　FRGC 2.0 人脸库上实验结果

　　由图 6-11 的结果可知，在 FRGC 2.0 人脸库上，算法 6-3 的优势更加明显，说明算法 6-3 更有利于解决复杂的人脸识别问题。同时，实验结果说明图像的分辨率对识别效果是有影响的，随着子空间维数的增加，算法的整体表现也会更好。

3. CK + 和 AR 人脸库上图像分类

本章提出的模型的应用范围是图像分类，而与人脸识别非常相近的一个图像任务是人脸表情识别，因此本实验设计的目的是尝试使用算法 6-3 进行人脸表情分类，观察效果。于是我们在人脸库 CK + 上选取了 6 种基本的表情（高兴、惊讶、恐惧、愤怒、悲伤、厌恶）一共 360 张图片，图 6-12 为部分样本，图片的原始尺寸为 110 像素×150 像素。

图 6-12　CK + 人脸库上的 6 种表情样本

实验直接提取图像的像素级别特征，然后用 PCA 降维。令本次实验继续讨论训练样本对识别率的影响，不同于人脸识别，表情识别一般选取大于 10 的训练样本，因此实验将训练样本从 10 增加至 50，同时，为了保证实验的准确性，同一个人的同一种表情不交叉出现在训练和测试样本中，实验结果如表 6-4 所示。

表 6-4　CK + 人脸库上实验结果　　　　　　（单位：%）

算法	训练样本个数								
	10	15	20	25	30	35	40	45	50
NN	23.06	22.22	51.70	51.89	45.30	49.51	51.15	44.44	37.72
SRC	36.11	51.23	71.09	73.86	70.94	79.90	78.89	71.53	67.54
SVGDL	24.40	49.10	58.80	63.60	62.40	67.60	69.00	66.00	67.50
算法 6-3	47.50	64.51	80.61	80.30	76.50	84.80	81.60	78.47	79.83

由表 6-4 的结果观察，随着训练样本的增加，算法的表现有变好的趋势，但是增加到一定程度则会出现下降的趋势。从实验结果可以看出，算法可以应用于图像分类的任务中，算法 6-3 随着维数的增加，识别率有所提高，但并未表现出持续增加的趋势，原因是针对特定的图像分类任务，我们需要提取不同的特征，具体于表情分类，往往需要提取表情图像的特定纹理特征，如 LBP 等，而实验中直接利用图像的像素特征，因此算法并未得到很好的结果，另外，对于表情识别，训练样本的数量至关重要，实验选取的训练样本的数量也不足。同样，图 6-13 给出了算法 6-3 的具体收敛情况，其中，横坐标代表迭代次数，纵坐标代表重构误差。该图的结果也验证了此前的结论，随着训练样本的增加，目标函数的最优值也会增加。

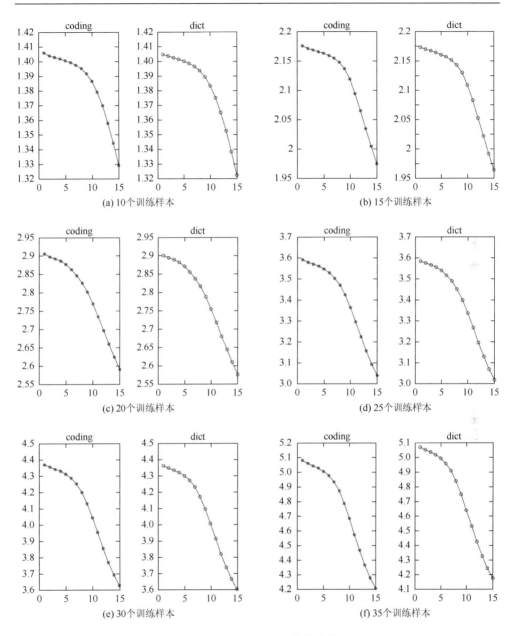

图 6-13 CK + 人脸库上的收敛结果

在 AR 人脸库上设计了另一组实验,本次实验的目的是性别分类,即选取 AR 人脸库上的 70 张男士、70 张女士的照片进行性别分类,本次处理的问题只有两类:男和女。将图像下采样至 40 像素×50 像素,如图 6-14 所示。

(a) 男士　　　　　　　　　　　　　　　　　　(b) 女士

图 6-14　AR 人脸库上的样本

训练样本由 10 增加至 40，观察算法在性别分类中的表现，实验结果如表 6-5 所示，算法 6-3 在不同的训练样本下均达到了最佳的结果。

表 6-5　AR 人脸库上性别分类的结果　　　　　（单位：%）

算法	训练样本个数						
	10	15	20	25	30	35	40
NN	80.00	88.18	91.00	88.88	91.25	92.00	91.00
SRC	65.83	90.73	92.00	88.89	91.25	86.00	88.33
SVGDL	67.50	87.30	91.00	91.60	91.00	88.00	88.30
算法 6-3	91.68	91.82	93.00	92.22	93.75	94.00	91.67

从表 6-5 可知，所有的算法在训练样本增加时均表现较好，原因是性别分类是二分类的问题，算法 6-3 在训练样本较少时优势比较明显，而当训练样本增加时，算法 6-3 的优势则越来越不明显。进一步说明，算法更有利于解决复杂的图像分类任务。类似地，算法 6-3 的具体收敛情况见图 6-15，其中，横坐标代表迭代次数，纵坐标代表重构误差，在该次实验中迭代次数为 15 次。

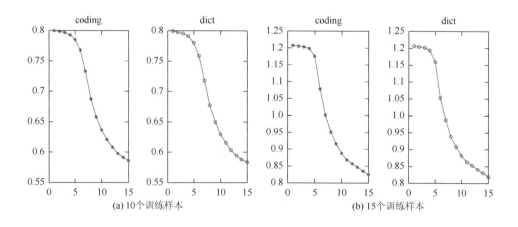

(a) 10个训练样本　　　　　　　　　　　　　(b) 15个训练样本

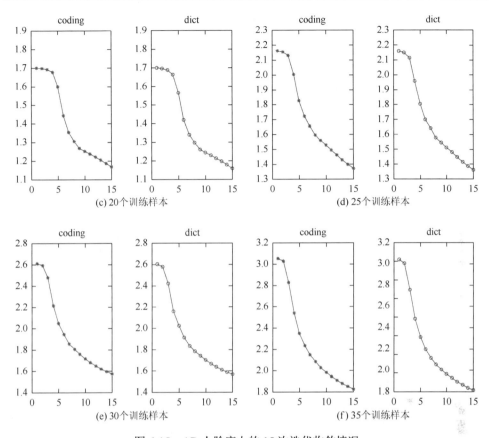

图 6-15 AR 人脸库上的 15 次迭代收敛情况

6.11.2 算法 6-4 实验

将 SRC[1]、CRC[29]、FDDL[30]、ESRC[31]、SVGDL[28]、SSRC[32]和算法 6-4 分别在 AR、Yale A、CMU PIE 和 Yale B 人脸库上进行对比实验。算法 6-4 中存在两个可变参数 λ_1、λ_2，进行 5 次交叉验证，最终可从集合 {0.1, 0.05, 0.01, 0.005, 0.001} 中选择，在所有的实验中均取 $\omega = 0.5$。

1. AR 人脸库实验

AR 人脸库包含 126 个人，每人 26 幅图片，实验随机选取 100 个人共 2600 幅图片。每个人的 26 幅图片被分为 7 个集合，如图 6-16 所示，其中没有光照表情变化的 1 张人脸用于训练，其余的用于测试，S_1 为包含表情变化的样本；S_2 为包含光照变化的样本；S_3 为包含遮挡（戴墨镜和围巾）变化的样本；S_4 为戴墨镜且包含光照变化的样本；S_5 为戴围巾且包含光照变化的样本；$S_6 = \{S_4, S_5\}$ 为包含遮挡和光照变化的样本；实验图片下采样为 60 像素×80 像素，无其他任何预处理操作，最后采用 PCA 将样本降为 160 维。表 6-6 为各算法在各集合上的识别率。

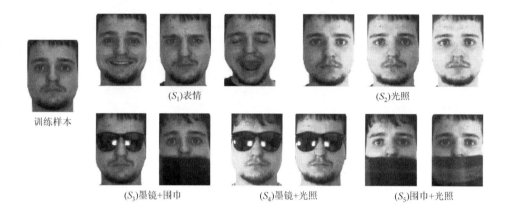

(S_1)表情　　　　　　　　　　(S_2)光照

训练样本

(S_3)墨镜+围巾　　　　　(S_4)墨镜+光照　　　　　(S_5)围巾+光照

图 6-16　AR 人脸库样本

表 6-6　各算法在 AR 人脸库上的实验结果　　　　（单位：%）

算法	S_1	S_2	S_3	S_4	S_5	S_6
CRC	78.96	71.86	26.56	15.63	53.75	20.09
SRC	84.38	61.46	34.69	6.25	41.88	20.47
FDDL	85.21	80.65	24.38	30.32	50.31	22.34
ESRC	84.79	98.54	85.31	71.56	88.44	77.97
SVGDL	82.90	80.40	20.30	20.60	48.40	25.00
SSRC	89.58	98.96	88.75	86.25	72.19	82.66
算法 6-4	92.92	99.58	91.88	83.75	93.75	88.13

从表 6-6 中可看出，算法 6-4 在集合 S_1、S_2、S_3、S_5、S_6 中均取得了最好的分类结果，表明算法 6-4 在测试样本与训练样本差异较大的情况下，也能达到理想的效果。此外 ESRC、SSRC 和算法 6-4 在仅存在光照变化的集合 S_2 上的识别率均达到了 98%以上，这说明在测试样本含有光照变化时引入类内变化字典学习的方法可有效提高识别率。同样，ESRC、SSRC 算法的识别率优于原始的 SRC 也表明引入辅助字典的是十分有必要的。同理算法 6-4 的结果优于仅通过类别字典学习的 FDDL 算法。而算法 6-4 在存在比较复杂的变化的集合 S_6 上的表现优于 ESRC 算法和 SSRC 算法，也表明算法 6-4 在处理的测试样本存在复杂变化时更有优势。

但是，从表 6-6 中可以看出，算法在比较复杂的变化集合 S_6 上的实验结果并不是特别理想，原因是：①训练样本太少；②用于字典学习的特征是像素级特征，可能会丢失一些局部信息。因此，为了进一步验证算法的鲁棒性，在 AR 人脸库设计了实验 2，每个人选取 13 幅图片，如图 6-17 所示，其中 7 幅具有光照、表情变化的图像作为训练样本，剩余的包含遮挡变化的样本作为测试样本。同时，我们提取对表情、光照鲁棒的 Gabor 特征用于字典学习。

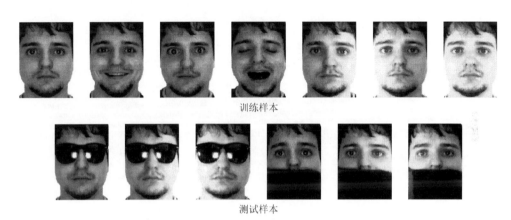

图 6-17　AR 人脸库上的样本

首先，图片的原始尺寸分别为 120 像素×165 像素和下采样的 60 像素×80 像素。相应的 Gabor 特征的维数为 12000 维和 2800 维。为了观察算法在不同的特征空间的表现，利用 PCA 将 Gabor 降到 100、150、200、250、300、350、400、450和 500 维。实验结果见图 6-18 和图 6-19。由两幅图可观察到，随着特征空间维数的增加，不同的算法的识别率有相应的提升，而当维数增加到一定程度，识别率基本保持稳定。本书基于 Gabor 特征的字典学习的算法 6-4 在各种情况下均取得了最好的识别率。此外，我们发现图片尺寸由 120 像素×165 像素变为 60 像素×80像素时，所有算法的识别率均有所下降。

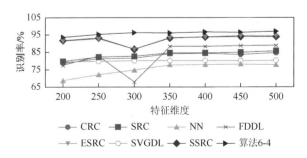

图 6-18　AR 人脸库上实验 2 的结果（120 像素×165 像素）

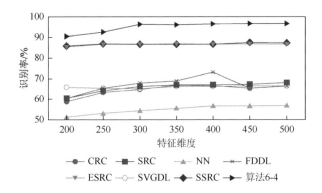

图 6-19　AR 人脸库上实验 2 的结果（60 像素×80 像素）

为了刻画所有算法的下降程度，我们引入下降率的概念，假设 SRC 算法在图 6-18 中 200 维的情况下识别率为 R_1，相应的在图 6-19 中 200 维时，其识别率为 R_2，则下降率定义为 $(R_1 - R_2)/R_1$。用下降率来反映算法的稳定程度，基于此定义，所有算法在不同的维数空间内的下降率如图 6-20 所示。由图 6-20 可知，SRC、NN、FDDL 算法会因图片的下采样操作而使识别率急剧下降，而算法 6-4 具有最低的下降率，即算法的稳定性更好。

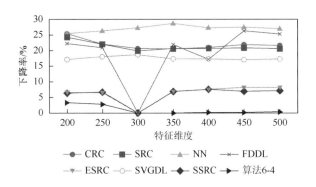

图 6-20　AR 人脸库上实验 2 各算法的下降率

2. Yale A 人脸库交叉实验

Yale A 人脸库包含 12 个人，每人 11 幅图片，实验选取两幅光照标准和无表情的样本作为训练样本，其余 9 幅作为测试样本，图 6-21 是一个样本的部分图片。实验图片下采样为 60 像素×80 像素，无其他任何预处理操作，并采用 PCA 分别降维，表 6-7 为各算法在对应维数上的识别率。

训练样本 测试样本

图 6-21 Yale A 人脸库的样本

表 6-7 各算法在 Yale A 人脸库上的实验结果 （单位：%）

算法	60 维	80 维	100 维	120 维	140 维	160 维
SRC	83.70	84.44	82.22	84.44	85.19	85.19
ESRC	21.48	22.96	22.96	22.96	22.96	22.96
SSRC	22.22	22.22	21.48	22.22	22.96	22.96
CSDL	84.44	86.67	86.67	86.67	86.67	86.67
算法 6-4	90.37	90.37	91.11	91.11	91.11	95.19

表 6-7 中 CSDL 算法是仅使用本书类别字典进行分类，不加入辅助字典得到的分类结果。CSDL 算法的结果优于 SRC 算法，说明类别子字典学习的必要性。而 ESRC 算法和 SSRC 算法的结果比原始的 SRC 算法的结果差，可能的原因是这两种算法学习到的辅助字典的能力是有限的，在 AR 人脸库上能达到比较好的辅助效果，而在 Yale A 人脸库上该辅助数据可能变为噪声从而导致识别率下降。算法 6-4 的识别率高于 CSDL 算法，说明本书提出的辅助字典学习的方法可以摆脱数据库的限制，在交叉库上也能起到辅助的作用。

3. CMU PIE 人脸库实验

CMU PIE 人脸库包含 68 个人的 41368 幅图片，实验选取每个人的 80 幅图片共 5440 幅图片，P_1：40 幅正面包含部分光照和遮挡变化图片，P_2：10 幅右转图片，P_3：10 幅左转图片，P_4：10 幅抬头图片，P_3：10 幅低头图片。实验统一随机选取 18 个人作为辅助数据，剩余的 50 个人中每个人的 2 幅正面光照比较正常的图片作为训练样本，其余的作为测试样本，图 6-22 为一个样本的部分图片。图片采用 PCA 降维，无任何预处理操作，实验结果如表 6-8 所示。

由表 6-8 可知，因集合 P_1 中仅包含光照和少量的遮挡变化，几种算法的识别率均在 93%之上，而对于其他集合，算法 6-4 分别高于其他的算法 14%、2%、2%、6%之上，说明加入类内变化字典一定程度上可以改善姿态变化的识别效果，但 P_2、P_3、P_4、P_5 的总体结果均不是很理想，可能是姿态变化会引起更多的未对齐问题，需要更多的辅助数据来学习可能的变化。

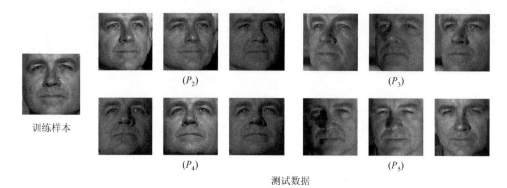

训练样本

(P_2) (P_3)

(P_4) (P_5)

测试数据

图 6-22　CMU PIE 人脸库样本

表 6-8　各算法在 CMU PIE 人脸库上的实验结果　　　（单位：%）

算法	P_1	P_2	P_3	P_4	P_5
CRC	93.79	54.83	56.90	63.44	72.76
SRC	93.33	50.69	56.55	64.48	73.75
FDDL	95.44	68.00	60.34	66.21	76.90
ESRC	95.29	65.17	63.15	67.93	78.97
SVGDL	93.30	49.00	45.90	55.50	63.80
SSRC	94.78	70.33	60.33	71.67	76.33
算法 6-4	95.75	84.86	65.17	74.14	85.33

4. FERET 人脸库实验

为了进一步验证算法 6-4 在测试样本含有姿态变化时的表现，在 FERET 人脸库上进行另一组实验。在该人脸库上，随机选择 200 个人用于实验，如图 6-23 所示，其中每人包含 6 个样本，两幅是正面人脸，其余 4 幅是 4 个角度变化的人脸图片。

训练样本　　　　　　　　　　　　　　　　测试样本

图 6-23　FERET 人脸库的训练和测试样本

随机选择 50 个人用于学习稀疏变化字典，同样，我们观察特征维数在 100、150、200、250、300、350、400、450 维时的识别率。实验结果见表 6-9。

表 6-9　各算法在 FERET 人脸库上的实验结果　　　　（单位：%）

维数	CRC	SRC	NN	FDDL	ESRC	SVGDL	SSRC	算法 6-4
100	56.00	53.83	44.83	60.07	77.83	56.00	77.67	82.67
150	59.50	58.67	48.67	63.33	77.33	62.30	79.67	82.50
200	62.50	61.67	50.50	65.00	80.00	62.70	81.17	84.00
250	63.33	64.00	50.67	65.67	80.67	64.20	80.17	84.33
300	63.67	64.17	52.50	66.33	81.17	64.20	82.00	84.33
350	63.17	64.67	52.00	66.67	81.83	65.00	82.00	85.17
400	63.50	65.33	52.83	67.33	81.33	65.50	83.00	85.17
450	61.50	65.00	53.33	67.83	81.00	64.80	82.33	84.83

由表 6-9 的结果可知，算法 6-4 在各个特征维数上均达到了最好的识别率。随着特征维数的增加，每个算法的识别率均有所提升。此外，FERET 人脸库上的变化跟 CMU PIE 人脸库中的 P_2、P_3 类似，而在该数据库上算法取得了更高的识别率，原因是学习类内变化字典的类别数的增加，从而得到了更加丰富的变化特征。从而进一步说明本章的稀疏类内变化字典学习算法会随着辅助样本的增加有更好的表现。

5. Yale B 人脸库实验

为了测试算法在测试样本存在复杂光照变化时的表现，在 Yale B 人脸库进行了实验，该人脸库包含 38 个人一共 2414 幅图片。该人脸库上一共设计两组实验，在实验 1 中，选取每个人的镜头在（A + 000），（E + 00）作为训练样本，剩余的作为测试样本。图 6-24 为其中一个样本的训练样本和部分测试样本。

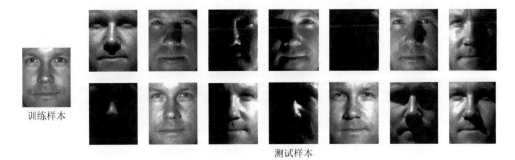

训练样本　　　　　　　　　　　　　　　　　测试样本

图 6-24　Yale B 人脸库样本

实验将裁剪后的图片下采样为 96 像素×84 像素，然后使用 PCA 进行降维，无其他任何预处理操作。为了验证算法是否受辅助数据数量的影响，辅助数据随机挑选 7、10、13、16、19 个人，相应的会有 S_1、S_2、S_3、S_4、S_5 五种集合。各算法在各集合上的识别率结果见表 6-10。

表 6-10　各算法在 Yale B 人脸库上的实验结果　　　（单位：%）

算法	S_1	S_2	S_3	S_4	S_5
CRC	50.06	51.53	58.42	59.77	62.93
SRC	52.30	52.81	58.55	60.10	62.93
FDDL	47.93	49.30	59.63	59.36	60.06
ESRC	69.08	68.39	69.90	72.66	76.15
SVGDL	45.70	47.60	51.30	47.40	52.20
SSRC	70.05	71.97	71.26	74.30	77.68
算法 6-4	70.11	74.07	77.30	83.17	82.28

表 6-10 中 ESRC 和 SSRC 算法的平均识别率高于 SRC 和 CRC 算法 13%以上，说明在测试样本存在复杂光照变化的情况下，辅助字典的优势更明显。且 ESRC、SSRC 和算法 6-4 均随着辅助数据的增加，其相应的识别率也有所提升，但值得注意的是，算法 6-4 在辅助数据为 16 个人的时候的分类识别率已高于 ESRC 和 SSRC，进一步说明算法 6-4 需要更少的辅助数据便可达到比较好的效果。然而，从表中可知，即使是算法 6-4 其识别率也是不够理想的，可能的原因是 Yale B 人脸库的光照变化比较严重，参见图 6-24，可以看到有很多图片的光照条件极差甚至肉眼已无法分辨，另一个原因可能是用于学习类内变化字典的数据过少，辅助字典不能够很好地掌握复杂的光照变化。

为了进一步说明算法的有效性，设计了实验 2，实验对象为实验 1 中分类结果最差的集合 S_1，即实验随机选取 7 个人用于学习类内变化字典，剩余的 31 个人的训练与测试数据选取方法同上，不同的是本次实验提取两种尺寸包括 size1（192 像素×168 像素）、size2（96 像素×84 像素）的 Gabor 特征，然后使用 PCA 进行降维。实验结果如表 6-11 所示。

表 6-11　各算法在集合 S_1 上的实验结果　　　（单位：%）

尺寸	CRC	SRC	FDDL	ESRC	SVGDL	SSRC	算法 6-4
size1	70.00	69.79	74.88	83.33	73.40	81.90	89.76
size2	77.26	77.26	77.97	86.79	76.70	85.24	93.69

由表 6-11 可知，因 Gabor 特征对光照具有鲁棒性且能够提取更多局部特征，实验 2 在集合 S_1 上的结果优于实验 1。另外，所有算法在 size2 图片上提取的特征得到的结果均优于 size1，可能的原因是图像降采样丢失的更多的是细节的特征，而该数据库上主要是复杂的光照变化，降采样后的图片反而更有利于图像分类，因此，在存在较少的表情、遮挡、姿态变化且仅有复杂的光照变化时，可以减小图片的尺寸，这样既能提高分类算法的识别率，又能降低其复杂度。

读到此处，不免疑问，类内变化字典学习算法是否优于共享字典学习算法？于是我们将 Extended Yale B 人脸库上同样的辅助数据用于共享学习，两个算法的表现如图 6-25（a）所示。其中 C4 是共享字典学习的算法，C5 是类内变化字典学习算法。由图 6-25 的对比结果可知，本节的类内变化有优势，在相同数量的辅助数据下，C5 取得了更好的识别率。类内变化字典学习算法相较于共享字典学习算法在处理复杂光照变化方面更有优势。

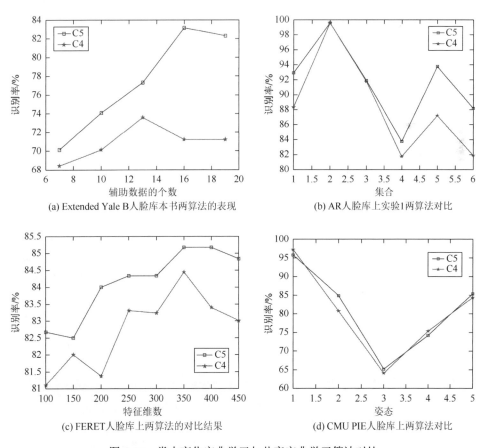

(a) Extended Yale B 人脸库本书两算法的表现　　　(b) AR 人脸库上实验 1 两算法对比

(c) FERET 人脸库上两算法的对比结果　　　(d) CMU PIE 人脸库上两算法对比

图 6-25　类内变化字典学习与共享字典学习算法对比

　　类似地，我们将本节的 AR 人脸库实验 1 相同的数据、FERET 人脸库上相同的实验数据和 CMU PIE 人脸库相同的实验数据用于学习两种字典，得到的两算法的实验结果分别见图 6-25（b）～（d）。从图中的实验结果，我们可以观察到类内变化字典学习算法在各数据库上的综合表现是优于共享字典学习算法的。

　　特别地，我们可以看到在 FERET 人脸库上类内变化字典学习算法的优势明显，而在同样包含姿态变化的 CMU PIE 人脸库上的优势有所下降，原因是在 CMU PIE 人脸库上的辅助数据的数据量较小，这也从另一个角度说明类内变化字典学习算法的优势，即随着辅助数据量的增加其优势会更明显。另外，在 AR 人脸库上，两个算法的表现相当，但类内变化字典学习算法在解决复杂的变化问题上仍表现了一定的优势。

　　另外，随着辅助数据的增加，两算法的识别率会有所增加，但当增加至一定程度时均表现出下降的趋势，而理想的状况是，类内变化字典随着辅助数据的增加，其学习能力会越来越好，也就是说不存在下降的趋势是最理想的。该性质非常重要，因为，在大数据支撑的时代，如果能够获得大量的辅助数据，这对模型是有利的。但类内变化字典学习算法在这方面的表现还不够好，这也说明该算法仍有很大的进步空间。

6.12　本　章　小　结

　　本章主要研究了基于稀疏表示的人脸识别方法，主要包含以下几个方面。

　　（1）类别特色字典学习算法。希望学习到的类别特色字典能够很好地重构所有训练数据，约束每个类的子字典，使其能很好地重构本类的数据，通过约束类别子字典之间尽量不相关，使每类子字典能够很好地重构本类数据。同时，基于 Fisher 准则，通过约束稀疏系数使类内方差尽量小，类间方差尽量大，这样得到的稀疏表示也能够参与最终的分类。基于以上设想，提出了一种类别特色字典学习的方法，能够最大限度地利用训练样本中的信息，提高训练样本有限时算法的识别率。

　　（2）共享字典和类别特色字典学习的人脸识别算法研究。结合类别特色字典学习算法，提出了共享字典和类别特色字典学习的人脸识别算法。在 AR 人脸库上的实验结果验证了该算法的在解决训练样本较少、测试样本包含复杂变化的问题的优势。讨论了特征提取对人脸识别最终效果的影响，实验结果表示，采用局部 Gabor 特征更有利于得到人脸的细节特征，从而提高人脸识别率。

　　（3）类别特色字典和类内变化字典的人脸分类方法。假设每类的变化样本应该能够由本类的正常脸和类内变化字典很好地重构，通过求解优化问题得到最终的变化字典。结合类别特色字典学习算法，提出一种新的人脸表示算法，该算法在多个人脸库（包含 AR、PIE、Yale A、Extended Yale B 和 FERET）上的表现说明，在解决训练样本数量少且均为正常脸，同时测试样本包含复杂的光照、表情、遮挡和姿态变化的人脸识别问题方面具有明显的优势。在 Extended Yale B 人脸库的实验对比，说明了类内变化字典学习算法相较于共享字典学习算法具有更好类内变化的学习能力，同时验证了该节初始部分的假设。

<h2 style="text-align:center">参 考 文 献</h2>

[1]　Wright J，Yang A Y，Ganesh A，et al. Robust face recognition via sparse representation. IEEE Transactions on Pattern Analysis and Machine Intelligence，2009，31（2）：210-227.

[2]　Gao S，Tsang W H，Chia L T. Kernel sparse representation for image classification and face recognition. Proceedings of European Conference Computer Vision，2010，6314（IV）：1-14.

[3]　Yang M，Zhang L. Gabor feature based sparse representation for face recognition with Gabor occlusion dictionary. Proceedings of European Conference Computer Vision，2010，6316（7）：448-461.

[4]　Huang J Z，Huang X L，Metaxas D. Simultaneous image transformation and sparse representation recovery. Proceedings of IEEE Conference on Computer Vision and Pattern Recognition，Anchorage，2008：1-8.

[5]　Wagner A，Wright J，Ganesh A，et al. Towards a practical face recognition system: Robust registration and illumination by sparse representation. Proceedings of IEEE Conference on Computer Vision and Pattern Recognition，2009，34（2）：597-604.

[6]　Peng Y G，Ganesh A，Wright J，et al. RASL: Robust alignment by sparse and low-rank decomposition for linearly correlated images. Proceedings of IEEE Conference on Computer Vision and Pattern Recognition，2012，34（11）：2233-2246.

[7]　Liu Y N，Wu F，Zhang Z H，et al. Sparse representation using nonnegative curds and whey. Proceedings of IEEE Conference on Computer Vision and Pattern Recognition，2010，119（5）：3578-3585.

[8]　Gao S H，Tsang W H，Chia L T，et al. Local features are not lonely-laplacian sparse coding for image classification. Proceedings of IEEE Conference on Computer Vision and Pattern Recognition，2010，23（3）：3555-3561.

[9]　Yuan X T，Yan S. Visual classification with multitask joint sparse representation. IEEE Transactions on Image Processing，2012，21（10）：4349-4360.

[10]　Pati Y，Rezaiifar R，Krishnaprasad P. Orthogonal matching pursuit: Recursive function approximation with applications to wavelet decomposition. Proceedings of the Twenty-Seventh Asilomar Conference on Signals，Systems and Computers，2002，1：40-44.

[11]　Needell D，Vershynin R. Uniform uncertainty principle and signal recovery via regularized orthogonal matching pursuit foundations of computational mathematics. Foundations of Computational Mathematics，2009，9（3）：317-334.

[12]　Needell D，Tropp J A. CoSaMP: Iterative signal recovery from incomplete and inaccurate samples. Applied and Computational Harmonic Analysis，2009，26（3）：301-321.

[13]　Donoho D L，Tsaig Y，Drori I，et al. Sparse solution of underdetermined systems of linear equations by stagewise orthogonal matching pursuit. IEEE Transactions on Information Theory，2012，58（2）：1094-1121.

[14]　Dai W，Milenkovic O. Subspace pursuit for compressive sensing signal reconstruction. IEEE Transactions on Information Theory，2009，55（5）：2230-2249.

[15] Do T T, Gan L, Nguyen N, et al. Sparsity adaptive matching pursuit algorithm for practical compressed sensing. Proceedings of the Asilomar Conference on Signals, Systems and Computes, 2008, 581-587.

[16] Gorodnitsky I F, Rao B D. Sparse signal reconstruction from limited data using FOCUSS: A re-weighted minimum norm algorithm. IEEE Transactions on Signal Processing, 1997, 45 (3): 600-616.

[17] Tlbshirani R. Regression shrinkage and selection via the Lasso: A retrospective. Journal of the Royal Statistical Society, 2011, 73 (3): 273-282.

[18] Figueiredo M A, Nowak R D, Wright S J. Gradient projection for sparse reconstruction: Application to compressed sensing and other inverse problems. IEEE Journal of Selected Topics in Signal Processing, 2007, 1 (4): 586-597.

[19] Efron B, Hastie T, Johnstone I, et al. Least angle regression. The Annals of Statistics, 2004, 32 (2): 407-451.

[20] Li S Z. Face recognition based on nearest linear combinations. Proceedings of IEEE Conference on Computer Vision and Pattern Recognition, 1998: 839-844.

[21] Chien J T, Wu C C. Discriminant waveletfaces and nearest feature classifiers for face recognition. IEEE Transactions on Pattern Analysis Machine Intelligence, 2002, 24 (12): 1644-1649.

[22] Laaksonen J. Local subspace classifier. Proceedings of International Conference on Artificial Neural Networks, 1997, 1327: 637-642.

[23] Lee K, Ho J, Kriegman D. Acquiring linear subspaces for face recognition under variable lighting. IEEE Transactions on Pattern Analysis and Machine Intelligence, 2005, 27 (5): 684-698.

[24] Golub G H, Loan C F V. Matrix Computation. Baltimore: Johns Hopkins University Press, 1996.

[25] Ramirez I, Sprechmann P, Sapiro G. Classification and clustering via dictionary learning with structured incoherence and shared features. Proceedings of IEEE Conference on Computer Vision and Pattern Recognition, 2010: 3501-3508.

[26] Guha T, Ward R K. Learning sparse representations for human action recognition. IEEE Transactions on Pattern Analysis and Machine Intelligence, 2012, 34 (8): 1576-1588.

[27] Mairal J, Bach F, Ponce J. Task-driven dictionary learning. IEEE Transactions on Pattern Analysis and Machine Intelligence, 2012, 34 (4): 791-804.

[28] Cai S, Zuo W, Zhang L, et al. Support vector guided dictionary learning//Computer Vision-ECCV 2014. Switzerland: Springer International Publishing, 2014: 624-639.

[29] Zhang D, Yang M, Feng X. Sparse representation or collaborative representation: Which helps face recognition? IEEE International Conference on Computer Vision (ICCV), 2011: 471-478.

[30] Yang M, Zhang D, Feng X. Fisher discrimination dictionary learning for sparse representation. IEEE International Conference on Computer Vision (ICCV), 2011: 543-550.

[31] Deng W, Hu J, Guo J. Extended SRC: Undersampled face recognition via intraclass variant dictionary. IEEE Transactions on Pattern Analysis and Machine Intelligence, 2012, 34 (9): 1864-1870.

[32] Deng W, Hu J, Guo J. In defense of sparsity based face recognition. 2013 IEEE Conference on Computer Vision and Pattern Recognition (CVPR), 2013: 399-406.

第7章 特征筛选与人脸表情识别

本章介绍几种经典的特征提取方法，即 LBP 算子、CLBP 算子、DisCLBP 算子以及在此基础之上，结合 Fisher 准则对 DisCLBP 特征筛选算法的改进[1]。

7.1 LBP 算子

LBP[2]能对灰度图像中局部邻近区域的纹理信息进行有效度量与提取，是一种有效的描述局部区域纹理变化的算子。采用 LBP 算子对图像 $f(x,y)$ 的像素进行标识时，LBP 算子描述的纹理定义为：对于给定图像，对非边界区域进行如图 7-1 形式的局部二值编码，即

$$\text{LBP}_{P,R} = \sum_{p=0}^{P-1} s(g_p - g_c)2^p, \quad S(x) = \begin{cases} 1, & x \geqslant 0 \\ 0, & x < 0 \end{cases} \quad (7\text{-}1)$$

其中，g_c 为窗口中心位置 (x_c, y_c) 处的灰度值；g_p 为均匀分布在中心点为 (x_c, y_c)、半径为 R 的圆周上的 P 领域点的灰度值。

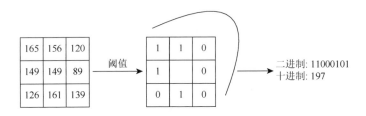

图 7-1　LBP 算子

对 $\text{LBP}_{P,R}$ 而言，共有 2^p 种 0 和 1 组合的可能性，其中一定可以找到一种组合确切地表示图像的局部特征，因此 Ojala 等[3]提出了具有较高分辨率的统一的局部二值模式 $\text{LBP}_{P,R}^{u2}$ 和旋转不变的局部二值模式 $\text{LBP}_{P,R}^{riu2}$。$\text{LBP}_{P,R}^{u2}$ 表示一种等价模式的 LBP 算子，在二进制数进行一次循环运算时，最多只产生两位变化，$u2$ 表示等价模式，如式（7-2）所示：

$$U(\text{LBP}_{P,R}) = |s(g_{p-1} - g_c) - s(g_0 - g_c)| + \sum_{p=1}^{P-1} |s(g_p - g_c) - s(g_{p-1} - g_c)| \quad (7\text{-}2)$$

其中，$U(\text{LBP}_{P,R})$ 表示 0 到 1 或 1 到 0 跳变的次数，$\text{LBP}_{N,R}^{ri}$ 表示如下：

$$\text{LBP}_{N,R}^{ri} = \min\{\text{ROR}(\text{LBP}_{N,R}, i) \mid i = 0, 1, \cdots, N-1\} \quad (7\text{-}3)$$

其中，$\text{ROR}(x, i)$ 为旋转函数，表示将 x 循环右移 $i(i < p)$ 位。此外，旋转不变性的 LBP 还可以与统一模式联合起来，即将统一模式进行旋转得到旋转不变的统一模式，使得可能的模式种类由 2^p 类减少为 $p+1$ 类，所有的非等价模式被归为第 $p+1$ 类，表示如式（7-4）所示：

$$\text{LBP}_{P,R}^{riu2} = \begin{cases} \displaystyle\sum_{p=0}^{P-1} s(g_p - g_c), & U(\text{LBP}_{P,R} \leqslant 2) \\ P+1, & \text{其他} \end{cases} \quad (7\text{-}4)$$

7.2 CLBP 算子

由于 LBP 只考虑中心像素与领域像素的差值符号特征，没有考虑差值幅度，丢失了一部分信息。为了使 LBP 提取更加充分，Guo 等[4]提出了 CLBP 算子，该算子从局部差分符号数值变换（local difference sign-magnitude transform，LDSMT）的角度分析了 LBP 算法，并给出了三种不同的描述子：中心描述子（CLBP-Center，CLBP_C）、符号描述子（CLBP-Sign，CLBP_S）和大小描述子（CLBP-Magnitude，CLBP_M），特征提取过程如图 7-2 所示。

LDSMT 如式（7-5）所示：

$$d_p = s_p \times m_p, \quad m_p = |d_p|, \quad s_p = \begin{cases} 1, & d_p \geqslant 0 \\ -1, & d_p < 0 \end{cases} \quad (7\text{-}5)$$

其中，s_p 是 d_p 的符号；m_p 是 d_p 的大小。由式（7-5）可看出，描述子 CLBP_S 和原始的 LBP 编码是一致的，只是将编码值 "0" 变成了 "-1"。其余的两个描述子 CLBP_M、CLBP_C 的计算方法分别为

$$\text{CLBP}\_M_{P,R} = \sum_{p=0}^{P-1} t(m_p, c) 2^p \quad (7\text{-}6)$$

$$\text{CLBP}\_C_{P,R} = t(g_c, c), \quad t(x, c) = \begin{cases} 1, & x \geqslant c \\ 0, & x < c \end{cases} \quad (7\text{-}7)$$

其中，c 是自适应阈值，在实验中被设定为局部图像的均值。

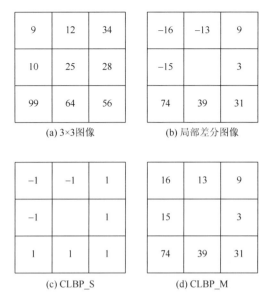

图 7-2　CLBP 算子

7.3　DisCLBP 算子

由于 CLBP 比传统 LBP 提取的特征信息更为全面，CLBP 算子提取的特征维数也相对增加。通常高维的特征量很大一部分对最后的识别影响不大，反而给后面的计算带来巨大的时间消耗。为了避免得到维数很大的特征，一般都需要进行降维。因此，需要对 CLBP 特征筛选处理，在减小特征维数的同时，挑选出分类能力强的特征，去除干扰性的冗余特征。Guo 等[5, 6]提出了基于 Fisher 准则的筛选特征方法，并提出了基于 Fisher 准则的局部二值模式（Fisher criterion learning LBP，FCL-LBP）算子和 DisCLBP 算子，通过考虑类内间距最小、类间间距最大的方法，筛选出更具有鲁棒性的纹理特征。

首先，筛选出每张图片的一组特征模式类型集，将图片 i 的 CLBP 特征按大小排列，然后筛选出特征值的总和占所有特征值总和百分比大于 $n\%$ 的特征，这样就将样本特征中贡献率较小的特征去除，如式（7-8）所示：

$$J_i = \arg\min_{|J_i|}\left(\frac{\sum_{j\in J_i} f_{i,j}}{\sum_{k=1}^{p} f_{i,k}}\right) \geqslant n\%, \quad J_i \subseteq [1, 2, \cdots, p] \tag{7-8}$$

其中，J_i 为筛选出的特征模式类型的集合；$|J_i|$ 为集合 J_i 中元素个数；p 为原始模式类型的总数；$f_{i,j}$ 为图片 i 的第 j 模式类型的特征值。

其次，对同一类的样本，选择出每类共有的特征模式类型，如图 7-3 所示，选择出的三个样本的共有特征模式类型为 T3 和 T5。

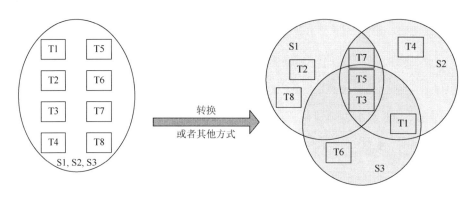

图 7-3　DisCLBP 选择特征

由此可见，DisCLBP 特征可以更加全面地描述图像信息，又全面地考虑了特征的鲁棒性、可辨别性和代表性，去除了对表情识别影响不大的冗余信息，使得信息表达既充分，又具有辨别性，更有利于分类识别。

7.4　基于 Fisher 准则改进的 DisCLBP 特征筛选算法描述

虽然 CLBP 比传统 LBP 提取的特征更为全面，但 CLBP 算子提取的特征维数也相对增加，而其中有很大一部分特征对最后的识别或造成干扰或影响不大。所以，需要对提取的 CLBP 特征进行筛选。DisCLBP 是基于 Fisher 准则的改进的 CLBP 特征算子。因为 Fisher 准则使得类内距离更近，类间距离更远，可以筛选出更有效的特征。

DisCLBP 筛选出的每一类特征类型都相同，而艾克曼等的研究表明，不同表情的运动单元各不相同，说明不同的表情有着不同的特征属性。基于此，与原始 DisCLBP 的几种表情筛选共同特征不同，本节算法针对每种表情分别筛选出其特有的特征，得到比共同特征更具有辨别性的表情特征，因而更有利于表情识别。特征筛选过程如图 7-4 所示。

具体步骤如下。

（1）提取样本的 CLBP 特征，对提取出的 CLBP 特征集 $\{\vec{f}_{i,j}|i=1,\cdots,6,j=1,\cdots,n_i\}$ 进行筛选，首先初始化每个样本特征对应的模式类型：

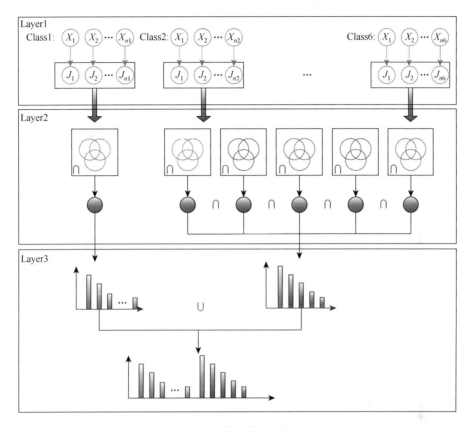

图 7-4　特征筛选过程

$$\vec{V}_{i,j} = [0,1,\cdots,p-1] \qquad (7\text{-}9)$$

其中，p 为特征集 $\vec{f}_{i,j}$ 的特征维数；向量 $\vec{V}_{i,j}$ 为 $\vec{f}_{i,j}$ 的对应的特征模块。

其次，基于 Fisher 准则提取每一类的表情特征类型。先对 CLBP 按特征值由大到小排序得到 $\hat{\vec{f}}_{i,j}$ 和对应的 $\hat{\vec{V}}_{i,j}$。最后选择出特征向量 $\hat{\vec{f}}_{i,j}$ 中特征值的总和占所有特征值总和百分比大于阈值 ξ 的特征类型：

$$\arg\min_{q} \sum_{l=1}^{q} \frac{\hat{\vec{f}}_{i,j,l}}{\sum_{l=1}^{p} \hat{\vec{f}}_{i,j,l}} \geqslant \xi \qquad (7\text{-}10)$$

其中，q 表示选择出的特征值有 q 个。这 q 个特征为该样本块的 CLBP 特征中更具代表性的特征，其对应的 q 个特征类型为

$$J_{i,j} = [\hat{\vec{V}}_{i,j}[1],\cdots,\hat{\vec{V}}_{i,j}[q]] \qquad (7\text{-}11)$$

（2）筛选每类的 CLBP 特征，即对同一类样本的特征类型取交集，筛选出该类共有的特征类型：

$$JC_i = \bigcap_{j=1}^{n_i} J_{i,j} \qquad\qquad (7\text{-}12)$$

当识别第 d 类表情时，则将其他表情类样本作为负样本，提取负样本共有的特征，所以将负样本的特征类型取交集，得到负样本类的特征类型：

$$JN = \bigcap_{i \neq d}^{6} JC_i \qquad\qquad (7\text{-}13)$$

（3）最终，得到识别 d 类表情时的特征类型：

$$JC_{\text{global}} = JC_i \bigcup JN \qquad\qquad (7\text{-}14)$$

特征筛选算法描述的具体过程如算法 7-1 所示。

算法 7-1　基于 Fisher 准则改进的 DisCLBP 特征筛选

输入：

所有样本 k 区域 CLBP 特征 $\{\vec{f}_{i,j}|i=1,\cdots,6, j=1,\cdots,n_i\}$；

$\vec{f}_{i,j}$ 维数 p；

阈值 $\xi \in [0,1]$；

识别 d 类表情。

输出：识别 d 类表情时样本 k 区域对应的特征 JC_{global}。

begin

1. 初始化 $\vec{V}_{i,j} = [0,1,\cdots,p-1]$；

2. 基于 Fisher 准则筛选每个样本的主要特征类型：

   a. 将 $\vec{f}_{i,j}$ 由大到小排序得到 $\hat{\vec{f}}_{i,j}$，并得到对应的 $\hat{\vec{V}}_{i,j}$；

   b. 通过式（7-10）对每个样本筛选出主要特征；

   c. 得到每个样本的主要特征类型 $J_{i,j}$；

3. 得到每类的共有特征类型：$JC_i = \bigcap_{j=1}^{n_i} J_{i,j}$；

4. 非 d 类的特征类型取交集：$JN = \bigcap_{i \neq d}^{6} JC_i$；

5. 得到识别 d 类表情时样本 k 区域对应的特征：JC_{global}；

end

7.5　基于 DisCLBP 的人脸表情识别

　　基于 DisCLBP 的人脸表情识别算法主要分为图像预处理、特征提取、特征筛选、特征融合和分类器分类五个步骤，整体流程图如图 7-5 所示。

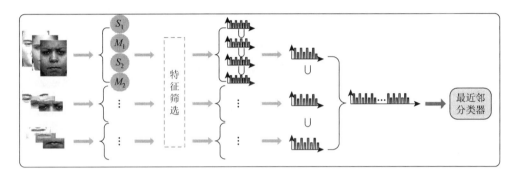

图 7-5　整体流程图

1. 图像预处理

　　对人脸表情图像进行预处理，将表情图像裁剪归一化为尺寸大小相同的图片。因为心理学研究表明，表情特征主要位于嘴巴、鼻子和眼睛附近，将图片裁剪出表情子区域（眼睛、嘴部），不仅能够提取出主要表情区域特征，还能解决人脸被划分的单元过多带来的计算复杂度增加的问题。预处理后的表情图像和子区域的图像如图 7-6 所示。

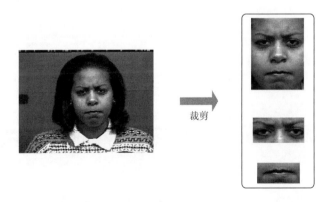

裁剪

图 7-6　图像预处理

处理后的图像集为

$$\Omega_{\text{train}} = \{(x_{i,j,k}, \ y_{i,j}) | i = 1, \cdots, 6, j = 1, \cdots, n_i, k = 1, 2, 3\}$$

$$\Omega_{\text{test}} = \{(x_{i,j,k}, \ y_{i,j}) | i = 1, \cdots, 6, j = 1, \cdots, m_i, k = 1, 2, 3\}$$

其中，Ω_{train} 为训练样本；Ω_{test} 为测试样本；$x_{i,j}$ 为表情 i 中第 j 个样本；$k = 1$ 为整幅图像，$k = 2$ 为眼睛子区域图像，$k = 3$ 为嘴巴子区域图像；$y_{i,j} = i$ 为样本所属类别；n_i 为表情 i 对应的训练样本数；m_i 为表情 i 对应的测试样本数。

2. 特征提取

首先，将多分类问题转化为二分类问题，分别对表情 $i(i = 1, \cdots, 6)$ 训练其相应的分类器。对处理后的每张图片和表情子区域分别提取 CLBP 特征，得到它们对应的 $\text{CLBP}\_S_{8,1}$、$\text{CLBP}\_M_{8,1}$、$\text{CLBP}\_S_{16,2}$、$\text{CLBP}\_M_{16,2}$ 这四种特征。所有样本的特征集表示为

$$S_{1k} = \{\text{CLBP}\_S_{8,1}(x_{i,j}) \,|\, i = 1, \cdots, 6, j = 1, \cdots, n_i\}$$

$$M_{1k} = \{\text{CLBP}\_M_{8,1}(x_{i,j}) \,|\, i = 1, \cdots, 6, j = 1, \cdots, n_i\}$$

$$S_{2k} = \{\text{CLBP}\_S_{16,2}(x_{i,j}) \,|\, i = 1, \cdots, 6, j = 1, \cdots, n_i\}$$

$$M_{2k} = \{\text{CLBP}\_M_{16,2}(x_{i,j}) \,|\, i = 1, \cdots, 6, j = 1, \cdots, n_i\}$$

其中，当 $k = 1$ 时，表示人脸整个面部的特征；当 $k = 2$ 时，表示人脸眼部区域的特征；当 $k = 3$ 时，表示人脸嘴部区域的特征。

3. 特征筛选

通过算法 7-1 的基于 Fisher 准则特征筛选算法，分别筛选出与这四种特征相对应的贡献率较高的表情特征，分别为 $\hat{S}_{1k}$、$\hat{M}_{1k}$、$\hat{S}_{2k}$、$\hat{M}_{2k}$。

4. 特征融合

将这四种特征的直方图联合，得到对应表情子区域的特征直方图：

$$JR_k = \hat{S}_{1k} \bigcup \hat{M}_{1k} \bigcup \hat{S}_{2k} \bigcup \hat{M}_{2k} \tag{7-15}$$

再将三个区域块的特征直方图联合，得到该二分类问题下对应的表情特征直方图：

$$JG_i = JR_1 \bigcup JR_2 \bigcup JR_3 \qquad (7\text{-}16)$$

5. 分类器分类

用最近邻分类器对第 i 类表情的整体特征直方图分类，得到二分类结果：

$$JH_i \in \mathrm{R}^{1 \times m_i}, \quad jh_{i,j} \in \{-1,1\}$$

最后将 6 个分类结果综合。当 6 个分类结果中，结果为正的类别只有 1 个时，该样本属于这类；否则，选择距离最近的一类作为该样本所属类别。具体过程如算法 7-2 所示。

算法 7-2　基于 DisCLBP 的人脸表情识别算法

输入：

$$\Omega_{\text{train}} = \{(x_{i,j,k}, y_{i,j}) | i = 1,\cdots,6, j = 1,\cdots,n_i, k = 1,2,3\};$$

$$\Omega_{\text{test}} = \{(x_{i,j,k}, y_{i,j}) | i = 1,\cdots,6, j = 1,\cdots,m_i, k = 1,2,3\}。$$

输出：$H = \{h_{i,j} | i = 1,\cdots,6, j = 1,\cdots,m_i\}$。

begin

　　　　for $i = 1:6$ 分别对 6 种表情分类

　　　　　　1. 多分类转为二分类：$\hat{y}_{i,j} = 1$，$\hat{y}_{l,j} = -1(l \neq i)$；

　　　　　　2. for $k = 1:3$ 分别提取人脸、眼睛、嘴部区域特征

　　　　　　　　a. 提取样本集 Ω_{train} 中每个样本 k 区域的 CLBP 特征：CLBP_$S_{8,1}$，CLBP_$M_{8,1}$，CLBP_$S_{16,2}$，CLBP_$M_{16,2}$；

　　　　　　　　b. 得到所有样本特征集 S_{1k}、M_{1k}、S_{2k}、M_{2k}；

　　　　　　　　c. 通过算法 7-1 筛选出有效特征直方图：$\hat{S}_{1k}$、$\hat{M}_{1k}$、$\hat{S}_{2k}$、$\hat{M}_{2k}$；

　　　　　　　　d. 得到 k 区域特征 $JR_k = \hat{S}_{1k} \bigcup \hat{M}_{1k} \bigcup \hat{S}_{2k} \bigcup \hat{M}_{2k}$；

　　　　　　end

　　　　　　3. 得到识别表情 i 的特征 $JG_i = JR_1 \bigcup JR_2 \bigcup JR_3$；

　　　　　　4. 用最近邻分类器对测试集 Ω_{test} 分类，得到 JH_i；

　　　　end

　　　　综合 6 个分类器结果得到最终分类结果 $h_{i,j}$

end

7.6　特征块初始化

心理学研究表明，人脸表情特征主要位于嘴角、鼻子、眼睛附近，而且这些

部位的运动带来了人脸表情的变化。Eisenbarth 等[7]发现大多数表情由很少的面部肌肉运动形成。基于该理论，研究人员提出了基于人脸运动编码系统（facial action coding system，FACS）的人脸表情识别方法，并取得了良好的识别效果。在这些方法中，钟林等将人脸划分为网格状的固定区域，如图 7-7 所示，再用多任务稀疏学习方法得到具有判别性的表情区域块。

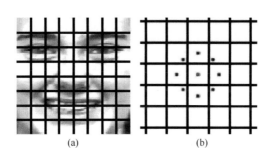

图 7-7　网格状人脸划分

　　这些预先划分的块，也许不能很好地表达每种表情。随着人脸特征点标定方法的发展，基于特征点标定得到感兴趣的特征块的人脸表情识别方法被提出，并有效地提高了表情识别率。其中，文献[8]只使用了特征点周围的几个区域特征块，没有涉及特征选择，虽然降低了时间复杂度，但是该方法有可能忽略了一些重要的特征块。Huang 等[9]通过特征点得到很多人脸表情特征块，然后从中选择出有效的特征块集。这类方法的难点是，如何筛选出有效的表情特征块来提高表情识别率。通过观察，我们发现有些样本容易区分，而有些样本很难区分，也就是说我们需要多元的分类器来区分不同的样本。为了获得更具辨别性的表情特征块，针对不同的样本提取出不同的表情特征。

　　人脸表情识别的重点在于如何提取出具有辨别性的表情特征，好的表情特征能提高表情识别率。根据心理学理论，表情主要由人脸肌肉运动形成，即人脸肌肉运动区域的特征可以表征表情特征。由于好的表情特征能提高表情识别率，为得到优秀的表情特征，则需得到主要肌肉运动区域，从而可以提取出更有利于分类的表情特征。如何找到构成表情变化的肌肉运动区域在表情识别研究中显得极为重要。然而找到一组最佳的特征块集合有着一定的挑战性。因此，为找到肌肉运动区域，将人脸划分为多个特征区域块，并从多个特征区域块中筛选出重要的肌肉运动区域。根据已知理论，我们可以得到初始的特征块，而初始的特征块选择的优劣对后面的识别结果有着重要影响。初始的特征块应满足两点：①初始特征块需要包含尽量多的特征块，从而确保它能包含有效的特征块；②初始特征块中的每个特征块应该具有一定的表情辨别性。

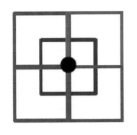

图 7-8 特征点获取
初始化特征块

我们将特征点附近的特征块作为初始化的特征块。图 7-8 显示了某个特征点附近的特征块的选择方法。

首先,以特征点分别作为特征块的中心点、四个顶点画矩形框,得到五个特征块。此方法的具体实现结果如图 7-8 所示。改变矩形框的边长可以得到更多的特征区域块。很显然,通过此方法,可以得到很多人脸特征区域块,并且大部分重要的表情特征块都被裁剪出,这很有利于下一步的工作。

7.7 初次筛选特征块

在训练阶段,所有训练数据被分为两部分:训练数据集和认证数据集。训练数据集: $P = \{P_1, P_2, \cdots, P_N\}$, $P_i = \{P_{i1}, P_{i2}, \cdots, P_{iN}\}$,其中 N 表示块数, P_i 表示第 i 块的特征, P_{ij} 表示第 i 块第 j 个表情的特征矩阵。类似地,认证数据集: $V = \{V_1, V_2, \cdots, V_N\}$, $V_i = \{v_{i1}, v_{i2}, \cdots, v_{im}\}$,其中 m 是认证样本集中样本数, v_{ik} 表示第 k 个样本第 i 块的特征。所以对于某个样本特征块 v_{ik} ,由其他训练样本对应相同位置的特征块重构:

$$\min_x \| v_{ik} - p_i x \|_2^2 + \lambda \| x \|_2^2 \tag{7-17}$$

根据 CRC 计算得到重构系数 x 。对于特征块 i ,每类的样本的重构样本 k ,得到特征块 i 样本 k 对应的 7 个重构误差:

$$\text{error}_{ik} = [e_{ik1}, e_{ik2}, \cdots, e_{ik7}], \quad e_{ikj} = \| u_{ik} - p_{ij} x_j \|_2^2 \tag{7-18}$$

其中, e_{ikj} 为第 j 类表情样本重构第 k 个样本的第 i 块特征。同理,可以得到第 i 块对应的所有样本的重构误差:

$$E_i = \begin{bmatrix} e_{i11} & e_{i12} & \cdots & e_{i17} \\ e_{i21} & e_{i22} & \cdots & e_{i27} \\ e_{i31} & e_{i32} & \cdots & e_{i37} \end{bmatrix} \tag{7-19}$$

根据 SRC 的理论可知,同类样本重构的误差应当小,不同类样本重构的误差应当大。如果某个特征块符合该理论,则认为该特征块有利于区分不同表情。基于上述重构误差,可以得到每个特征块的分类能力。根据第 i 块第 k 个样本的重构误差,定义一个评价标准来衡量该块的区分力:

$$d_{ik} = \begin{cases} 1, & \text{label}(v_{ik}) = \arg\min_j e_{ijk} \\ 0, & \text{其他} \end{cases} \tag{7-20}$$

其中, $\text{label}(v_{ik})$ 为块的正确标签。在我们看来,一个有区分力的特征块,能够很好地重构大部分样本。所以，对于第 i 个特征块，可以通过式（7-21）得到该特征块的区分力度：

$$d_i = \sum_{k=1,2,\cdots,m} d_{ik} \qquad (7\text{-}21)$$

很显然，d_i 越大表明第 i 块越能很好地识别认证样本，即该块越具有区分力。也就是说，d_i 的值可作为衡量第 i 块的区分力的重要标准。从而，可以通过选择前 n 个 d_i 值最大的特征块作为候选块。因为当所有块的特征联合作为特征用于决策时能获得更高的识别率，所以组合前 $n(n=1,\cdots,N)$ 个块的特征共同决策，选择在认证数据集上取得最高识别率时对应的 n。n 的取值具体过程如算法 7-3 所示。

算法 7-3　初次筛选特征块算法
输入：
　　　　排序后的训练样本集：$\overline{P} = \{\overline{P}_1, \overline{P}_2, \cdots, \overline{P}_n\}$；
　　　　排序后的认证样本集：$\overline{V} = \{\overline{V}_1, \overline{V}_2, \cdots, \overline{V}_n\}$。
输出：候选块数：n。
begin
　　　　for $k = 1:N$
　　　　　　$\mathrm{Train}P = \{\overline{P}_1, \cdots, \overline{P}_k\}$；
　　　　　　$\mathrm{Validation}V = \{\overline{V}_1, \cdots, \overline{V}_k\}$；
　　　　　　$\mathrm{Accuracy}(k) = \mathrm{CRC}(\mathrm{Train}P, \mathrm{Validation}V)$；
　　　　end
　　　　得到 $n = \max\limits_{k}(\mathrm{Accuracy})$
end

7.8　再次筛选特征块并分类

通过算法 7-3，得到 n 个候选特征块，而且训练集也由这些候选特征块重新构成：$\overline{P} = \{\overline{P}_1, \overline{P}_2, \cdots, \overline{P}_n\}$。在训练阶段，对每个测试样本 y，根据候选特征块得到 n 个特征块的特征，表示为 $y = \{y_1, y_2, \cdots, y_n\}$。其中，$y_i$ 表示该测试样本的第 i 块提取出的特征向量。由于不同的人有不同的特征，每个人都是不同的，我们认为对于不同的测试样本，应该更有针对性地提取出不同的表情特征。所以，提出在测试阶段再次筛选特征，从而进一步降低特征块的数目。测试样本 y_i 可以分别由训练样本集中各类样本的第 i 块特征重构，目标函数为

$$\min_{\overline{x}} \| y_i - \overline{p}_i \overline{x} \|_2^2 + \lambda \| \overline{x} \|_2^2 \qquad (7\text{-}22)$$

显然，可以得到 y_i 对应七类的重构误差：

$$\text{error}_i = [e_{i1}, e_{i2}, \cdots, e_{i7}], \quad e_{ij} = \| y_i - p_{ij}\overline{x}_j \|_2^2 \tag{7-23}$$

其中，$\overline{x}_j$ 是由第 i 类样本重构 y_i 的稀疏系数。对该测试样本来说，如果 i 块特征是一个有区分力的特征块，则重构误差应该符合如下限定：①重构误差最小值与第二小值之间的边距应该大；②除去最小的重构误差，剩余的其他重构误差的方差应该小；③所有重构误差的方差与剔除最小值后所剩的重构误差的方差之间的边距应该大。所以，定义样本 y 第 i 块的重要程度为

$$\text{IM}_i = e_i^{\min} - \min(\text{error}_{i\_}) + \lambda \left(\frac{\text{Var}(\text{error}_{i\_})}{\text{Avg}(\text{error}_{i\_}) - e_i^{\min}} \right) \tag{7-24}$$

其中，$e_i^{\min} = \min(\text{error}_i)$；$\text{error}_{i\_}$ 表示将 $e_i^{\min}$ 从 error_i 中剔除后的重构误差集；$\text{Var}(\text{error}_{i\_})$ 表示 $\text{error}_{i\_}$ 集中元素的方差；$\text{Avg}(\text{error}_{i\_})$ 表示 $\text{error}_{i\_}$ 集中元素的均值。在式（7-24）中，前两项代表了限制条件 1，第三项代表了限制条件 2 和限制条件 3。所以，IM_i 的值越大，特征块 i 越具有区分力。

因此，可以得到样本 y 特征块对应的重要度向量：

$$\text{IM} = [\text{IM}_1, \text{IM}_2, \cdots, \text{IM}_n] \tag{7-25}$$

其中，IM_i 为第 i 块特征 y_i 的重要性。然后基于向量 IM 决策最终选择多少个特征块用于最后的分类。例如，某个测试样本 y，假设选择了 n_s 块，特征为 $\hat{y} = \{\hat{y}_1, \cdots, \hat{y}_{n_s}\}$，其中，$\hat{y}$ 是 y 的一个子集，并且根据重要程度进行了排序。假设，相关的训练样本集为 $\hat{P} = \{\hat{P}_1, \cdots, \hat{P}_{n_s}\}$，其中 $\hat{P}$ 是 P 的一个子集。

在分类阶段，合并一个样本所有选择出的特征块的特征，作为一个特征向量 $\hat{y} = \{\hat{y}_1, \cdots, \hat{y}_{n_s}\}$。用于重构 $\hat{y}$ 的训练数据集为 $Q = [Q_1, \cdots, Q_7]$，其中 $Q_j = [\hat{p}_{1j}, \cdots, \hat{p}_{n_s j}]$ 表示第 j 类训练样本的特征矩阵。所以，测试样本 y 可以式（7-26）重构：

$$\min_{\hat{x}} \| \hat{y} - Q\hat{x} \|_2^2 + \lambda \| \hat{x} \|_2^2 \tag{7-26}$$

重构误差的计算公式为

$$r = [r_1, r_2, \cdots, r_7], \quad r_j = \| \hat{y} - Q_j \hat{x}_i \|_2^2 \tag{7-27}$$

其中，$\hat{x}_j$ 为第 j 类的重构系数。从而可以求得测试样本 y 的分类结果：

$$\text{Identity}(y) = \arg \min_j \{r_j\} \tag{7-28}$$

上述分类方法，只需要筛选出 n_s 个特征块就能得到样本 y 的分类结果。在再次筛选特征块的方法中，n_s 个特征块是有效特征块，也就是说不同的测试样本可以筛选出不同的 n_s 个特征块。从而，每个测试样本可以筛选得到各自的特征块，更有助于分类器分类。

7.9 实验结果与分析

7.9.1 DisCLBP 的人脸表情识别实验

Cohn-Kanade 人脸库（简称 CK 库）是卡内基·梅隆大学机器人研究所和心理系于 2000 年共同建立的人脸表情数据库，它包含了 100 个 18～30 岁的成年人的不同表情序列。本次实验选取 CK 库中一个人每个表情中的 3 幅图片，6 种表情共 1230 幅表情图片。在预处理阶段，根据眼睛位置裁剪每幅图片，大小为 150 像素×110 像素。经过预处理后，图像实例如图 7-9 所示，从左到右依次为：生气、厌恶、恐惧、高兴、悲伤、惊讶。

图 7-9　CK 库上 6 种表情样本

本章算法在 CK 库上做 8 次循环实验，每次实验从实验库中随机选择每种表情图像中 3/4 的图像作为训练样本，其余 1/4 作为测试样本。

1. DisCLBP 和 Adaboost 的人脸表情识别实验结果

每次实验中，先将六分类问题转化为二分类问题。得到 6 个分类器以及分类结果。8 次循环实验，6 种表情分别识别的结果如表 7-1 所示。

表 7-1　二分类实验结果（8 次重复实验）

次数	表情识别率/%					
	生气	厌恶	恐惧	高兴	悲伤	惊讶
1	100.00	99.02	98.69	99.02	99.02	98.69
2	98.03	100.00	99.02	99.02	99.02	99.02
3	99.02	100.00	99.34	98.03	99.02	100.00
4	99.67	99.67	99.34	98.36	100.00	99.67

次数	表情识别率/%					
	生气	厌恶	恐惧	高兴	悲伤	惊讶
5	99.02	98.36	98.69	99.02	99.02	100.00
6	99.02	100.00	99.67	99.34	98.69	98.69
7	99.02	99.02	98.03	96.72	99.02	100.00
8	99.67	100.00	99.34	99.02	100.00	100.00
平均/%	99.18	99.51	99.02	98.57	99.22	99.51

表 7-1 的实验结果显示，当 6 种表情分别用二分类器分类时，识别率很高，表明本章算法将多分类问题转化为二分类问题的方法具有一定的优越性。

在二分类问题下，不同表情筛选出的 DisCLBP 特征维数如表 7-2 所示。

表 7-2　6 种表情筛选出的特征数

特征	DisCLBP 特征数/CLBP 特征数					
	生气	厌恶	恐惧	高兴	悲伤	惊讶
S_1	4/30	4/30	4/30	4/30	4/30	5/30
M_1	12/35	12/35	13/35	12/35	13/35	15/35
S_2	8/274	7/274	8/274	8/274	8/274	8/274
M_2	39/505	35/505	36/505	41/505	37/505	37/505

由表 7-2 可知，不同的表情筛选出的特征维数各不相同，说明不同表情有着不同的特征属性，更具有辨别性的表情特征能够提高表情的识别率。对比筛选出的特征维数与总维数，本章算法中提取的 DisCLBP 特征的维数远远小于原始 CLBP 的特征维数，这也有效地降低了时间复杂度。

获得二分类结果之后，将每次重复实验中的 6 个二分类结果综合，得到样本最终所属类别。表 7-3 为一次实验结果的混淆矩阵。

表 7-3　6 种表情识别的混淆矩阵　　　　　　（单位：%）

表情	生气	厌恶	恐惧	高兴	悲伤	惊讶
生气	96.67	0.00	0.00	3.33	0.00	0.00
厌恶	0.00	100.00	0.00	0.00	0.00	0.00
恐惧	0.00	0.00	97.73	2.27	0.00	0.00
高兴	0.00	1.56	1.56	95.31	0.00	1.56
悲伤	0.00	0.00	0.00	0.00	100.00	0.00
惊讶	0.00	0.00	0.00	0.00	0.00	100.00

如表 7-3 所示，厌恶、悲伤、惊讶三种表情的分类结果能达到很高的识别率，表明本章算法针对不同表情提取不同特征的方法，对识别率有积极影响。但是高兴等表情的识别率较低，与人类直观认知不符，这可能与数据选取的随机性有关，为了保证实验的客观性，进行 8 次重复实验。对 8 次实验得到的混淆矩阵求均值，得到平均识别率，结果如表 7-4 所示。

表 7-4　平均实验结果　　　　　　　　　　（单位：%）

表情	生气	厌恶	恐惧	高兴	悲伤	惊讶
生气	94.58	0.83	0.00	2.92	1.25	0.42
厌恶	0.00	98.18	0.00	1.30	0.26	0.26
恐惧	0.00	1.14	96.88	1.99	0.00	0.00
高兴	0.39	0.78	0.98	97.66	0.00	0.20
悲伤	0.00	0.00	1.50	0.25	97.25	1.00
惊讶	0.54	0.72	0.36	0.00	0.54	97.83

整体识别率为正确分类的样本数在总样本数中的比例。对 8 次重复实验的整体识别率取均值，得到本章算法的整体识别率为 97.3%。

2. 多个特征与单个特征对比结果

人脸表情的主要特征区域在眼睛和嘴巴附近，因此，用本章算法分别提取了人脸、眼睛、嘴部的 DisCLBP 特征，得到 8 次重复实验的平均识别率，如表 7-5 所示。

表 7-5　主要特征区域的识别结果　　　　　　（单位：%）

特征区域	生气	厌恶	恐惧	高兴	悲伤	惊讶
人脸	88.75	90.36	91.19	90.23	90.25	91.67
眼睛	83.75	85.42	87.78	85.16	86.75	88.04
嘴部	80.00	86.20	93.18	88.48	88.75	93.66
综合	94.58	98.18	96.88	97.66	97.25	97.83

从表 7-5 可以看出，虽然单一区域的识别率没有达到很高的值，但综合人脸、眼睛、嘴巴区域特征的识别率比任何单一特征的识别率都高。

3. LBP、CLBP 与 DisCLBP 对比结果

提取不同特征做 8 次重复实验，识别结果如表 7-6 所示。表中纵向数据显示，

CLBP 特征虽然比原始 LBP 特征信息更全面，但是识别效果并没有比 LBP 特征的识别效果好，因为 CLBP 特征在保证信息全面性的同时，增加了冗余信息，并且其中很大一部分特征信息是干扰信息，所以去除了冗余信息的 DisCLBP 特征更有助于提高识别率。横向数据也表明，综合的特征比单一的特征识别率高。此外，三种特征下，相对于其他表情，生气表情的识别率较低，分析可能的原因有两点：一是生气的表情相对于其他表情较为不明显，二是训练样本较其他表情略少。

表 7-6　LBP、CLBP、DisCLBP 特征对比结果

特征	人脸特征/综合人脸、眼睛、嘴部特征（识别率/%）					
	生气	厌恶	恐惧	高兴	悲伤	惊讶
LBP	73/90	81/91	71/86	83/86	80/92	82/89
CLBP	73/82	79/86	86/89	79/83	82/87	87/93
DisCLBP	89/95	90/98	91/97	90/98	90/97	92/98

4. 实验结果分析

该人脸表情识别算法，与目前主要的算法相比，在识别率上有一定的优越性。

（1）有效地降低了特征维数，既保留了 CLBP 特征的全面性的优点，又去除了 CLBP 特征中冗余的特征，筛选出更具辨别性的人脸表情特征，提高识别率的同时，降低了时间复杂度。

（2）本章算法针对不同表情，筛选出不同的表情特征，使得在识别不同表情时筛选出的特征更具有针对性和辨别性。

（3）综合人脸、眼睛、嘴部区域的特征，使得表情丰富区域的特征得到增强，提高了表情识别率。

7.9.2　筛选特征块实验

我们在 Cohn-Kanade 扩展库（CK＋）和 JAFFE 人脸库这两个数据库上进行实验。首先，介绍 CK＋上具体实验设置和实验结果分析。然后展示在 JAFFE 人脸库上的实验结果。

1. 数据库和实验设置

为了测评上述方法的可行性，我们在 CK＋上做了多次重复实验。CK＋是人脸表情识别研究领域中最常用的一个库，其中有 123 人的 593 个图片序列。实验中，包括正常表情在内共 7 种表情。本章共选择了 611 幅表情图片，生气、厌恶、恐惧、高兴、正常、悲伤、惊讶分别有 45、88、81、113、79、90、115 幅图片。唯一的选择标准是选择出的图片可以被标记为 7 种表情中的一种。对于每个图片序列，只有最后一幅表情丰满的作为被选择的图片。同时，将每个图片序列中的第一幅作为正常的表情图片。与文献[10]和文献[11]的不同之处在于，他们选择用每个图片序列中的最后三幅作为表情图片，这就不可避免地存在一个问题：如果某个样本被分为某一类，是否是因为在训练样本集中有一个与测试样本有着极高的相似度的训练样本。此外，这种巧合也可能造成某种识别错误，因为我们选择出的特征可能有利于人脸识别而不是表情识别。为了避免训练数据和测试数据的重叠，实验中，选择单一的图片作为一个表情样本，也就是说，每种表情每个人只选择一幅表情图片。与文献[11]中的设置类似，将每种表情分为 8 份，为训练集和测试集数据做准备。每次只选择 8 份中的一份用于测试，其他则用于训练。

　　在预处理阶段，根据文献[12]对人脸特征点进行检测，可以得到每幅图片中人眼的位置信息。然后将图片旋转使得左眼和右眼处于同一水平线，使得人眼对齐。此外，根据两眼间距，将图片归一化为相同尺寸 60 像素×100 像素，如图 7-10 所示。

　生气　　　　　厌恶　　　　　恐惧　　　　　高兴　　　　　正常　　　　　悲伤　　　　　惊讶

图 7-10　裁剪后 7 种表情

2. 特征块筛选

　　人脸表情识别研究表明，人脸表情可以分解成一组几个相关动作单元（action unit，AU）[13]。基于此理论，人脸表情可能是由一组肌肉运动形成，例如，眼睛、嘴角、眉毛周围的肌肉。所以可以提取人脸主要运动区域的特征来识别人脸表情。基于此，先得到 22 个人脸特征点的位置，即眼睛、嘴角、鼻子的位置信息。每个特征点周围，得到 5 个 12×12 和 5 个 15×15 大小的矩形块。通过一些实验之后，我们发现一些潜在的表情特征区域，如脸颊附近，所以增加了脸颊上的 6 个区域，如图 7-11 所示，最终得到 222 个特征块。

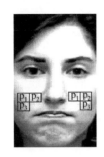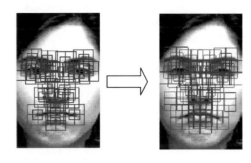

图 7-11　特征块筛选

　　在筛选候选块时，需要从预处理得到的 222 个特征块中选择出有效的特征块。训练数据集将被分为两部分：一部分用于训练（1_2-fold），另一部分用于认证（2_2-fold）。为了确保统计的健壮性，进行了 2-fold 实验。前 k 个最好的特征块的识别率如图 7-12 所示。最高识别率时对应的 k 的值，即筛选出的候选块数。

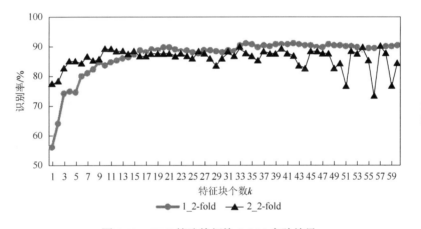

图 7-12　CRC 筛选特征块 2-fold 实验结果

3. CK＋上的实验及分析

　　在候选块筛选阶段，较优的特征块被选择出来，这些较优的特征块对训练样本有较好的识别率，但是并不一定有利于识别测试样本。所以，在测试阶段，筛选出更能代表测试样本的特征块，也就是根据重构误差筛选测试样本的特征块。

　　为验证该方法是否正确，首先将所有筛选出的特征块用于识别测试样本。不经过测试阶段再次筛选过程的识别结果如表 7-7 所示。8 次重复实验的平均识别率为 88.68%。

表 7-7　CK + 上筛选一次特征块（LBP1CRC）的实验结果（单位：%）

表情	生气	厌恶	恐惧	高兴	正常	悲伤	惊讶
生气	66.67	13.33	0.00	0.00	15.83	4.17	0.00
厌恶	3.41	87.50	1.14	1.14	4.55	2.27	0.00
恐惧	0.00	2.50	83.861	9.89	2.50	1.25	0.00
高兴	0.00	0.00	3.57	95.54	0.89	0.00	0.00
正常	2.50	1.25	0.00	2.64	83.61	7.50	2.50
悲伤	1.14	1.14	0.00	0.00	3.41	93.18	1.14
惊讶	0.00	0.00	0.89	0.00	4.40	0.00	94.70

　　而经过测试阶段再次筛选过程的识别结果如表 7-8 所示，且 8 次重复实验的平均识别率为 90.81%。表 7-7 和表 7-8 对比可知，在测试阶段再次筛选特征块有助于提高识别率。

表 7-8　CK + 上两次筛选特征块（LBP2CRC）的实验结果（单位：%）

表情	生气	厌恶	恐惧	高兴	正常	悲伤	惊讶
生气	69.17	10.83	0.00	0.00	15.83	4.17	0.00
厌恶	3.41	92.05	1.14	1.14	1.14	1.14	0.00
恐惧	0.00	1.25	87.61	8.64	1.25	1.25	0.00
高兴	0.00	0.00	3.57	95.54	0.89	0.00	0.00
正常	2.50	0.00	0.00	0.00	86.25	10.00	1.25
悲伤	0.00	1.14	0.00	0.00	2.27	95.45	1.14
惊讶	0.00	0.00	0.89	0.00	3.51	0.00	95.60

　　从表 7-8 中，可以看到生气的表情识别率相比于其他表情的识别率较低，可能的原因是生气的样本仅有 45 个，远少于其他表情的样本数。由于样本的不均衡导致了训练阶段生气表情的训练不够充分。

　　如上所述，为了找到合适的候选块，将训练样本分为两份：subset1 和 subset2。一个用于训练，另一个用于认证。然后，通过实验得到每个 fold 分别筛选出的特征块对应的识别率，探讨 2-fold 实验得到的候选特征块是否更具稳定性。首先，将 subset1 作为训练数据集，subset2 作为认证数据集，并根据重要程度选择了前 60 个特征块观察实验结果。混淆矩阵如表 7-9 所示，得到的平均识别率为 88.48%。

表 7-9　训练 subset1 筛选特征块识别结果　　　　（单位：%）

表情	生气	厌恶	恐惧	高兴	正常	悲伤	惊讶
生气	64.58	12.92	2.08	0.00	6.67	13.75	0.00
厌恶	4.55	90.91	1.14	1.14	1.14	1.14	0.00
恐惧	0.00	3.75	82.61	9.89	2.50	1.25	0.00
高兴	0.00	0.00	3.57	94.64	1.79	0.00	0.00
正常	3.75	0.00	0.00	2.62	83.61	8.75	1.25
悲伤	1.14	0.00	0.00	0.00	6.82	90.91	1.14
惊讶	0.00	0.00	0.00	0.00	4.40	0.00	95.60

其次，将上述实验的样本交换，subset2 作为训练数据集，subset1 作为认证样数据集，重复上述实验，得到混淆矩阵如表 7-10 所示，平均识别率为 87.19%。

表 7-10　训练 subset2 筛选特征块识别结果　　　　（单位：%）

表情	生气	厌恶	恐惧	高兴	正常	悲伤	惊讶
生气	55.42	15.00	0.00	0.00	15.83	13.75	0.00
厌恶	4.55	86.36	2.27	1.14	3.41	2.27	0.00
恐惧	0.00	1.25	85.11	8.64	3.75	1.25	0.00
高兴	0.00	0.00	4.46	94.64	0.89	0.00	0.00
正常	3.75	2.50	1.25	1.39	81.11	8.75	1.25
悲伤	2.18	0.00	0.00	0.00	4.55	91.10	2.18
惊讶	0.00	0.00	0.89	0.00	4.40	0.00	95.60

显然，综合两次筛选得到的候选特征块比单独筛选得到的特征块，每个表情的识别结果都更好。实验表明，通过 2-fold 筛选得到的候选特征块更具有鲁棒性。

此外，该算法与其他文献的识别率对比如表 7-11 所示。

表 7-11　CK + 上本章算法与其他算法识别率对比结果　　　　（单位：%）

表情	文献[14]	文献[9]	文献[15]	文献[8]	LBP2CRC
生气	62.22	75.56	84.44	48.75	69.17
厌恶	84.48	87.93	91.38	93.18	92.05
恐惧	68.00	72.00	80.00	83.75	87.61
高兴	98.55	98.55	98.55	93.75	95.54
正常	72.22	55.56	77.78	76.94	86.25

续表

表情	文献[14]	文献[9]	文献[15]	文献[8]	LBP2CRC
悲伤	42.86	74.29	67.86	81.16	95.45
惊讶	96.34	100.00	100.00	92.02	95.60
平均	81.48	85.07	90.47	84.74	90.81

从表 7-11 中可以看出，该算法相比于其他算法更优越。从 7 种表情的识别结果，可以看到识别每种表情的难度各不相同。例如，生气表情比惊讶表情的识别率要低很多，这也证明了识别不同的样本应该有针对性地筛选出不同的特征块。

4. JAFFE 人脸库上的实验结果

JAFFE 人脸库包含 10 个人共 213 幅 6 种表情的图片。类似 CK＋上的实验，本章选择每个人的一幅表情图片放入样本集，得到 178 幅图片用于训练和测试。8 次重复实验得到的平均混淆矩阵如表 7-12 所示。

表 7-12　JAFFE 人脸库实验结果　　　　　（单位：%）

表情	生气	厌恶	恐惧	高兴	悲伤	惊讶
生气	100.00	0.00	0.00	0.00	0.00	0.00
厌恶	0.00	92.71	0.00	0.00	7.30	0.00
恐惧	0.00	0.00	100.00	0.00	0.00	0.00
高兴	0.00	0.00	0.00	100.00	0.00	0.00
悲伤	3.13	3.13	0.00	4.17	89.59	0.00
惊讶	0.00	0.00	0.00	3.13	0.00	96.88

对比表 7-12 和表 7-8 的结果，JAFFE 人脸库上 6 种表情的识别结果相对更均衡，由此可以证实 CK＋上生气表情识别率较低是由训练样本不均衡导致的。此外，JAFFE 人脸库上与其他算法的对比结果如表 7-13 所示。本章算法的平均识别率相对于其他文献的流行算法更好。

表 7-13　JAFFE 人脸库上本章算法与其他算法对比结果　（单位：%）

表情	文献[14]	文献[9]	文献[15]	文献[8]	LBP2CRC
生气	94.00	89.00	97.00	90.63	100.00
厌恶	93.75	93.75	98.75	86.46	92.71
恐惧	91.43	94.27	98.57	80.21	100.00

续表

表情	文献[14]	文献[9]	文献[15]	文献[8]	LBP2CRC
高兴	85.83	93.33	95.83	100.00	100.00
悲伤	78.33	80.83	86.67	92.71	89.59
惊讶	94.00	91.00	92.00	88.54	96.88
平均	89.09	90.30	94.70	89.71	96.10

7.10 本 章 小 结

本章主要研究了人脸表情识别方法，主要的研究内容如下。

（1）DisCLBP 人脸表情识别算法研究。基于 LBP 改进的 CLBP 提取的特征比较全面且具有较强的鉴别能力，将其应用在纹理分类中，可取得较高的识别率。但 CLBP 在提取全面信息的同时，不可避免地提取了干扰信息，不仅增加了时间复杂度，还影响了识别率。为了提高算法的鉴别能力，在此基础上引入 Fisher 准则，得到 DisCLBP 特征，并将其应用于人脸表情识别。在 CK＋和 JAFFE 两个表情图像库上进行实验，其结果也证明该算法拥有较好的识别率。

（2）基于 CRC 筛选特征块的人脸表情识别算法研究。本章提出的基于 CRC 筛选特征块的表情识别算法，对人脸具有更强的抗干扰能力，它对不同的人脸筛选出不同的特征块，更有针对性的提取了表情特征。在人脸库 CK＋和 JAFFE 的实验中，本章选择每个人的某种表情的一幅图片作为训练或测试，从而避免了某表情因同一个人而被划分为一类，而不是因表情将其划分为同类。在两个人脸库上和其他算法的对比实验结果，充分证明了本章提出的基于 CRC 筛选特征块的人脸表情识别算法的有效性。

参 考 文 献

[1] Liao S，Fan W，Chung C S，et al. Facial expression recognition using advanced local binary patterns，tsallis entropies and global appearance features. IEEE International Conference on Image Processing（ICIP），2006：665-668.

[2] Hadid A，Pietikäinen M，Ahonen T. A discriminative feature space for detecting and recognizing faces. IEEE Conference on Computer Vision and Pattern Recognition（CVPR），2004：797-804.

[3] Ojala T，Pietikainen M，Maenpaa T. Multiresolution gray-scale and rotation invariant texture classification with local binary patterns. IEEE Transactions on Pattern Analysis and Machine Intelligence，2002，24（7）：971-987.

[4] Guo Z，Zhang D. A completed modeling of local binary pattern operator for texture classification. IEEE Transactions on Image Processing，2010，19（6）：1657-1663.

[5] Guo Y，Zhao G，Pietikäinen M，et al. Descriptor learning based on fisher separation criterion for texture

classification//Computer Vision-ACCV 2010. Berlin: Springer, 2011: 185-198.

[6] Guo Y, Zhao G, Pietikäinen M. Discriminative features for texture description. Pattern Recognition, 2012, 45 (10): 3834-3843.

[7] Eisenbarth H, Alpers G W. Happy mouth and sad eyes: Scanning emotional facial expressions. Emotion, 2011, 11 (4): 860-865.

[8] Happy S, Routray A. Automatic facial expression recognition using features of salient facial patches. IEEE Transactions on Affective Computing, 2015, 6 (1): 1-12.

[9] Huang M W, Wang Z W, Ying Z L. A new method for facial expression recognition based on sparse representation plus LBP. Image and Signal Processing (CISP), 2010, 3 (4): 1750-1754.

[10] Lyons M J, Budynek J, Akamatsu S. Automatic classification of single facial images. IEEE Transactions on Pattern Analysis and Machine Intelligence, 1999, 21 (12): 1357-1362.

[11] Essa I, Pentland A. Coding, analysis, interpretation, and recognition of facial expressions. IEEE Transactions on Pattern Analysis and Machine Intelligence, 2002, 19 (7): 757-763.

[12] Bartlett M S, Littlewort G, Frank M, et al. Movellan, recognizing facial expression: Machine learning and application to spontaneous behavior. IEEE Conference on Computer Vision and Pattern Recognition (CVPR), 2005: 568-573.

[13] Zhang Y, Ji Q. Active and dynamic information fusion for facial expression understanding from image sequences. IEEE Transactions on Pattern Analysis and Machine Intelligence, 2005, 27 (5): 699-741.

[14] Zhang L, Yang M, Feng X. Sparse representation or collaborative representation: Which helps face recognition. IEEE International Conference on Computer Vision (ICCV), 2011: 471-478.

[15] Lee S H, Plataniotis K, Konstantinos N, et al. Intra-class variation reduction using training expression images for sparse representation based facial expression recognition. IEEE Transactions on Affective Computing, 2014, 5(3): 340-351.

第8章 人脸特征点检测与 2D 矫正

非线性优化的许多方法对计算机视觉这一领域的问题提供了很好的求解方法。二阶下降法是处理光滑函数非线性优化的一个常用的方法。然而，在计算机视觉背景下，二阶下降法有两个主要缺点：一个是函数可能无法解析，另一个是 Hessian 矩阵可能不正定。

为了解决这些问题，SDM[1]作为一种最小化非线性最小二乘（non-linear least squares，NLS）函数的引导下降法被提了出来。SDM 在学习了一系列的下降方向后，最小化在不同点采样的 NLS 函数的均值，这样可以让目标函数在很快的速度下求得其最小值，从而在没有计算 Jacobian 矩阵和 Hessian 矩阵的情况下达到目的。

SDM 是基于回归的方法，通过训练得到的初始状态，再经过不断迭代最终回归到一个图像上近似于真解的位置。

8.1 牛 顿 法

数学优化的这些方法对处理计算机视觉中的许多问题具备根本性的影响。这一事实是显而易见的，在计算机视觉的许多重要学术会议上，有相当数量的论文使用优化技术。计算机视觉中的许多重要问题，如运动结构、图像对齐、光流或摄像机标定等都可以归结为解决非线性优化问题的一种方法。对于基于一阶和二阶方法的连续 NLS 函数优化问题，目前已有许多种解决方法，如梯度下降法[2]、LM（levenberg-marquardt）[3]算法、Gauss-Newton[4]法等。近年来各种方法都进行了优化，有了长足的发展，新方法也不断被提出，但是如果目标函数可以进行二阶求导，牛顿法仍然可以发挥很大的作用。

牛顿法[5]在二阶导数可用的情况下，是光滑函数的主要优化工具。牛顿法假设一个光滑函数 $f(x)$ 在一个很小的邻域内可以很好地近似于二次函数。Hessian 矩阵在部分极小值处是正定的，可以通过解一个线性方程组来找到最小值。通过赋予一个初步估计的初值 $x_0 \in R^{P \times 1}$，我们可以发现，牛顿法可以表示为

$$x_{k+1} = x_k - H^{-1}(x_k)J_f(x_k)$$ (8-1)

其中，$H^{-1}(x_k) \in \mathbf{R}^{p \times p}$ 是在 x_k 点的 Hessian 矩阵；$J_f(x_k) \in \mathbf{R}^{p \times 1}$ 是在 x_k 点的 Jacobian 矩阵。牛顿法有其他方法无法比拟的两个优势：①当牛顿法收敛时，它会以 2 的次方的速率进行收缩；②若是开始赋给的初值和最小值的距离非常近，则该方法收敛起来是必然可行的。

　　但是牛顿法在实际应用于计算机视觉时，出现了三个问题：①在极小值的附近 Hessian 矩阵并不是全局正定，这会让牛顿法不一定在下降的方向上。②必须要这些函数可以求出二次微分。例如，在图像处理中会使用的尺度不变特征变换（scale-invariant feature transform，SIFT）特性，SIFT 可以看作不可导的图像操作符。在这些情况下，我们可以估计梯度或 Hessian 矩阵，可是这样计算要付出很大的代价。③Hessian 矩阵在一般情况下是比较大的，若是想要计算它的逆，实施起来是非常麻烦的，操作复杂程度是 $O(p^3)$，其中 p 是参数的维数。这三个缺陷使得牛顿法在实际应用中计算困难，所以才会有人推导出用来学习梯度下降方法的 SDM。图 8-1 中的曲线就表达出了牛顿法对于最小二乘问题的求解，图 8-2 的曲线表明了 SDM 的主要思想。

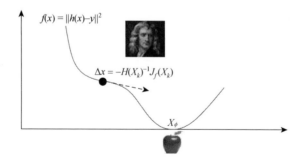

图 8-1　利用牛顿法将 $f(x)$ 最小化

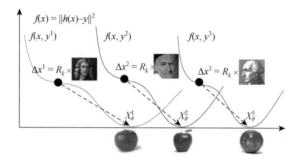

图 8-2　SDM 的主要思想

8.2　从牛顿法推导 SDM

8.2.1　牛顿法表达式

给定一个含有 m 个像素的图像 $d \in \mathrm{R}^{m \times 1}$，该图像上有 p 个特征点 $d(x) \in \mathrm{R}^{p \times 1}$，$h(\bullet)$ 是一个非线性特征提取函数。为了再现测试场景，我们在训练图像上进行面部检测，以提供与平均形状相对应的标志（x_0）的初始配置。为此需要把最小的 Δx 求出来：

$$f(x_0 + \Delta x) = \| h[d(x_0 + \Delta x)] - \varphi_* \|_2^2 \tag{8-2}$$

其中，$\varphi_* = h[d(x^*)]$ 代表手动标记人脸特征点的筛选值标记，在进行训练的时候，Δx 和 φ_* 是已知的。而对 x_0 不断迭代使其能从初始状态回归到正确的实际状态的位置，如图 8-3 所示，（a）是回归后的标记图像，图像上的矩形形状代表了人脸检测器，（b）是平均值，即 x_0，这是用检测器初始化得到的。

(a) x^*　　　　　　　　　　　(b) x_0

图 8-3　SIFT 特征点回归

要从特征点周围提取出 SIFT 特征来实现对光照的鲁棒性，注意，SIFT 运算符不可导，若是使用一阶或二阶方法来最小化上面的函数，就需要对 Hessian 矩阵和 Jacobian 矩阵进行数值逼近，但是这样做成本很高。SDM 提出的方针是学会一系列的下降方向和重构因子。

为了便于推导，假设 $h(\bullet)$ 是可以二次求导的，这个假设会在后面省去。

首先取一个初始的状态 x_0，之后算出全部的训练样本的实际的状态，得到一个平均值给 x_0 赋值。迭代得出的初值可以见式（8-3）：

$$x_0 = \frac{1}{N} \sum_{i=1}^{N} x_i^* \qquad (8\text{-}3)$$

根据式（8-2）计算 $f(x_0)$，由 x_0 可得到接近最小值的 $f(x_1)$，使 $f(x_1) = f(x_0 + \Delta x)$，当处于点 x_0 时，用泰勒公式展开，得

$$f(x) = f(x_0) + J_f(x_0)^{\mathrm{T}}(x - x_0) + \frac{1}{2}(x - x_0)^{\mathrm{T}} H(x_0)(x - x_0) + o(|x - x_0|^2) \qquad (8\text{-}4)$$

该式的最高阶可以忽略，因为要极小化 $f(x)$，所以要让 x 求导后为 0，这样可以得到优化的方向和大小。求导后得

$$\nabla f(x) = 0 + J_f(x_0) + H(x_0)(x - x_0) \qquad (8\text{-}5)$$

当导数为 0 时，可得

$$\nabla f(x) = J_f(x_0) + H(x_0)(x - x_0) = 0 \qquad (8\text{-}6)$$

解得

$$x = x_0 - H^{-1}(x_0) J_f(x_0) \qquad (8\text{-}7)$$

即

$$x_1 = x_0 - H^{-1}(x_0) J_f(x_0) \qquad (8\text{-}8)$$

这就是牛顿法的表达式。

使用牛顿法求解可以得到第一次迭代步长：

$$\Delta x_1 = -H^{-1}(x_0) J_f(x_0) \qquad (8\text{-}9)$$

如果用到的函数可以进行二次微分，利用牛顿法计算可以得到 $\Delta x_2, \Delta x_3, \cdots,$ Δx_k，逐一计算，一直到取得需要的最佳的解。

$$x_{k+1} = x_k + \Delta x_k \qquad (8\text{-}10)$$

但是牛顿法每一次求解 Δx 都要计算一次 Jacobian 矩阵和 Hessian 矩阵，计算量非常大，况且函数不一定可以二次求导。

8.2.2　SDM

接着上面牛顿法的推导，下面开始推导 SDM。

首先要引入矩阵的链式求导法则：

$$\frac{\mathrm{d}f(g(x))}{\mathrm{d}x} = \frac{\mathrm{d}g^{\mathrm{T}}(x)}{\mathrm{d}x} \frac{\mathrm{d}f(g)}{\mathrm{d}g} \qquad (8\text{-}11)$$

应用式（8-11）得到：

$$J_f(x_0) = \frac{df(x)}{dx}\bigg|_{x=x_0} = \frac{d\|h(d(x)) - \varphi_*\|_2^2}{dx}\bigg|_{x=x_0}$$

$$= \frac{d(\varphi_x - \varphi_*)^{\mathrm{T}}}{dx}\bigg|_{x=x_0} \cdot \frac{d\|\varphi_x - \varphi_*\|_2^2}{d(\varphi_x - \varphi_*)}\bigg|_{x=x_0} \qquad (8\text{-}12)$$

其中

$$\frac{d(\varphi_x - \varphi_*)^{\mathrm{T}}}{dx}\bigg|_{x=x_0} = \frac{d\varphi_x^{\mathrm{T}}}{dx}\bigg|_{x=x_0} = \frac{d\mathrm{H}^{\mathrm{T}}(d(x))}{dx}\bigg|_{x=x_0} = J_h^{\mathrm{T}}(x_0) \qquad (8\text{-}13)$$

$$\frac{d\|\varphi_x - \varphi_*\|_2^2}{d(\varphi_x - \varphi_*)}\bigg|_{x=x_0} = \frac{d[(\varphi_x - \varphi_*)^{\mathrm{T}}(\varphi_x - \varphi_*)]}{d(\varphi_x - \varphi_*)}\bigg|_{x=x_0} \qquad (8\text{-}14)$$

$$= 2(\varphi_x - \varphi_*)|_{x=x_0} = 2(\varphi_0 - \varphi_*)$$

所以

$$J_f(x_0) = 2J_h^{\mathrm{T}}(x_0)(\varphi_0 - \varphi_*) \qquad (8\text{-}15)$$

$$x = x_0 - H^{-1}(x_0)J_f(x_0) = x_0 - 2H^{-1}(x_0)J_h^{\mathrm{T}}(x_0)(\varphi_0 - \varphi_*) \qquad (8\text{-}16)$$

记 $\Delta x_1 = x - x_0$，得到 SDM 的 Δx_1 为

$$\Delta x_1 = -2H^{-1}(x_0)J_h^{\mathrm{T}}(x_0)(\varphi_0 - \varphi_*) \qquad (8\text{-}17)$$

利用链式法则有 $R_0 = -2H^{-1}(x_0)J_h^{\mathrm{T}}(x_0)$，$b_0 = -2H^{-1}(x_0)J_h^{\mathrm{T}}(x_0)\varphi_*$。

第一个牛顿法可以看作 $\Delta\varphi_0 = \varphi_0 - \varphi_*$ 在矩阵 $R_0 = -2H^{-1}J_h^{\mathrm{T}}$ 的行向量上的投影，R_0 就称为下降方向。这个下降方向的计算要求函数 h 是 Jacobian 矩阵和 Hessian 矩阵二阶可导的。通过学习 $\Delta x^* = x^* - x_0$ 与 $\Delta\varphi_0$ 之间的线性回归，可以直接从训练数据中估算出 R_0。因此 SDM 不会只局限于具有二次可导性质的函数。为了在测试中使用下降方向，将式（8-17）重写为特征向量的一般线性组合，则

$$\Delta x_1 = R_0\varphi_0 + b_0 \qquad (8\text{-}18)$$

这样，第一次增量 Δx_1 变成了 φ_0 的一次函数，只需要知道 R_0 和 b_0 就可以直接算出第一次的增量 Δx_1。

总之，SDM 在更新 x 时，改变了更新增量 Δx 的方法，避免在用牛顿法计算时需对 Hessian 矩阵和 Jacobian 矩阵进行求解，变成了通过计算 R_k 和 b_k 来得到 Δx，大大减少了计算量，并且还克服了二阶优化方案的许多缺点。

8.3　人脸特征点检测 SDM

8.3.1　SDM 流程

整个 SDM 的流程可以分为这几个步骤：图像预处理、载入数据和测试。

首先，图像预处理是从人脸库和网上下载需要用到的人脸数据集，为了方便之后的工作，把这些高度和宽度各不相同的图像统一到一个尺寸下，就是对样本集归一化。

（1）先取第一幅图像的包围盒。

（2）再将包围盒的左上角向坐标系左上角平移包围盒一半的宽和高，作为新的包围盒的左上角，宽和高分别取原来的 2 倍。这样裁剪出的人脸基本上就是人的正脸了，同时相应地变换特征点的位置。

（3）重新得到包围盒，缩放新得到的图像，把图像规范化成 250 像素×250 像素，同时相应地变换特征点的位置。

（4）通过拉普拉斯分析将其他图像的特征点与第一幅正则化的图像的特征点对齐，获得统一尺寸下的特征点，生成规范化后的图像的对应关键点集。

预处理前后的图像如图 8-4 所示。

(a) 预处理前　　　　　　　　　(b) 预处理后

图 8-4　预处理前后的图像

预处理完成之后，要对 SDM 载入数据进行训练，下面是训练的过程。

（1）首先载入经过预处理的规范化数据，这里包括了 250 像素×250 像素的图像以及特征点；

（2）计算当前人脸图像的特征点集与标记的特征点集的偏差；

（3）求出均值人脸，将其移动到训练图像上，让它和原始人脸的外形中间对齐；

（4）计算每个均值人脸的标记点的 SIFT 特征；

（5）集合全部点的特征，构建出一个全部特征的样本，即让全部样本都来构建矩阵 I；

（6）估算均值人脸和真实人脸之间的偏移量，形成矩阵 R；

（7）解线性方程 $x = I/R$；

（8）使用上面计算得出的结果，供给梯度下降法，计算出最小值及其相关数据，然后保存起来。

面部关键点集合见图 8-5，最后的测试结果见 8.7 节实验部分。

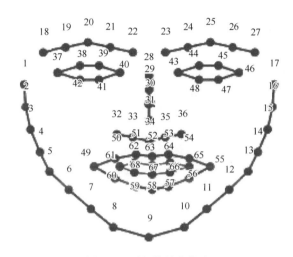

图 8-5　面部关键点集合

8.3.2　SDM 流程图

经过上面的训练和分析，我们可以看出 SDM 的原理和检测出特征点的流程，如图 8-6 所示。

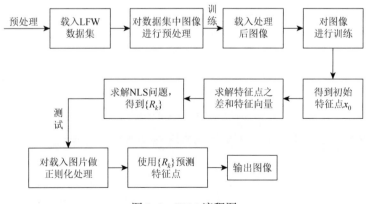

图 8-6　SDM 流程图

8.3.3　SIFT 特征点检测

SIFT[6]是尺度不变特征变换的一种方法，它是一种可以用来对图像进行处理的描述子。这个描述子有一种特性，在尺度改变后其中一种特性会保持不变，就因为这种特性可以方便地找出一幅图像中的关键点。

SIFT 可以在尺度空间中确定极值，还可以从这个空间中提取出极值点的各种相关的信息。

综合一下可以发现 SIFT 具备以下一些比较优良的共性：

（1）SIFT 的功能是用于寻找图像的局部包含的特征的，对仿射变换形成的改变、明暗强度的改变、遮挡和视觉变化等拥有很好的不变性，而且可以稳定地寻找变化的特征。

（2）有较好的独特性，它有大量的信息冗余，即使面对浩瀚的特征数据库也能很快地找出丝毫不差的特征。

（3）多量性，即便图像上面只有少量的很简易的形状，SIFT 特征也会找出许多信息。

（4）速度快，只要通过一些优化，SIFT 就能很有效率地匹配各种特征。

（5）可扩展性强，可以轻易地与其他特征向量融合。

SIFT 匹配特征点流程见图 8-7。

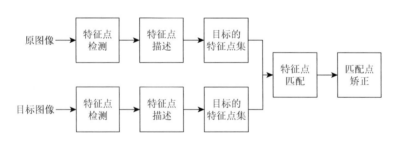

图 8-7　SIFT 匹配特征点流程

（1）尺度空间极值检测。该步骤可检索图像任意的地方，可以定位到图像上随意的一个尺寸，然后才可以用高斯微分函数找出对于变换不变的点。

（2）特征点定位。用上一步找出的候选点，在模型的基础上选择一个稳定的关键点。

（3）特征方向赋值。这个步骤是在找出了所有在部分图像上的关键点以后，赋予这些点一个或者几个不同的方向。之后的所有操作都是在图像数据上关于关键点的各种改变，这样可以提供关于变换的不变性。

（4）特征点描述。可以选出一部分图像，计算出任意特征点上的梯度，这样算出的梯度可以代表图像局部的变形。

若要生成 SIFT 特征，需要完成以下几步。

（1）构建尺度空间，找到极值的点，获悉尺度不变性，如图 8-8 所示。

图 8-8　粗检特征点

人眼可以轻易获取图像信息，计算机却不能轻易地获得，因此机器需要在不同的尺度下对物体有和人眼相似的分辨率。如果要达到此目标就要对于视网膜上接收图像的方式进行模拟，然后规行矩止地复制到高斯尺度空间上去展现。而检测目标对象与其所观察的对象距离越接近，查看到的对象就会不停地被放大，同时像素间距放宽使图像不清晰。我们可利用高斯尺度空间从图像中获得：

$$L(x,y,\sigma) = G(x,y,\sigma) * I(x,y) \tag{8-19}$$

其中，$G(x,y,\sigma)$ 是高斯核函数。

$$G(x,y,\sigma) = \frac{1}{2\pi\sigma^2} e^{\frac{x^2+y^2}{2\sigma^2}} \tag{8-20}$$

其中，σ 是尺度空间因子，是一个标准差，代表的是显示的图像的模糊程度，所以它越大说明图像越模糊不清。

尺度空间构造的目的就是找出各种尺度中都有的特征点，$\Delta^2 G$（高斯拉普拉斯（Laplace of Gaussian，LOG））是一个能够较好地找出关键点的算子，只是这个方法运算起来消耗很大，所以我们才会利用差分高斯（difference of Gaussian，DOG）来类似地计算它。假设有两个靠近的尺度空间标准差比值为 k，则

$$D(x,y,\sigma) = [G(x,y,k\sigma) - G(x,y,\sigma)] * I(x,y)$$
$$= L(x,y,k\sigma) - L(x,y,\sigma) \tag{8-21}$$

其中，$L(x,y,\sigma)$是图像的高斯尺度空间。

（2）过滤第一次检测中不需要的特征点然后对剩下的一些特征点定位见图 8-9。

图 8-9　过滤、定位特征点

由前面的步骤得到的离散的空间极值点是从 DOG 部分得到的，这些点有一些并没有什么用，这一步的目的就是找出这些无用的点并把它们剔除。这些点都可以明显地看出，它们在 DOG 上的曲线并不合乎预期。

假设有一极值点 x，使其偏移 Δx 的位置，对比度为 $D(x)$，得到对比度的泰勒展开式：

$$D(x) = D + \frac{\partial D^{\mathrm{T}}}{\partial x}\Delta x + \frac{1}{2}\Delta x^{\mathrm{T}}\frac{\partial^2 D}{\partial x^2}\Delta x \tag{8-22}$$

对式（8-22）求导，令其为 0，之后把 Δx 代入式（8-22）中得到

$$D(\hat{x}) = D + \frac{1}{2}\frac{\partial D^{\mathrm{T}}}{\partial x}\hat{x} \tag{8-23}$$

这就完成了对比度的求解，只有对比度大于阈值才可以保留该点。

而判断边缘的点就要从 Hessian 矩阵的特征值入手，因为要避免求解具体的值，利用特征值的比。设这个矩阵的特征值最大为 $\alpha = \lambda_{\max}$，最小为 $\beta = \lambda_{\min}$，可得

$$\mathrm{tr}(H) = D_{xx} + D_{yy} = \alpha + \beta \tag{8-24}$$

$$\det(H) = D_{xx} + D_{yy} - D_{2xy} = \alpha \cdot \beta \qquad (8\text{-}25)$$

这里，$\mathrm{tr}(H)$ 为 Hessian 矩阵的迹，$\det(H)$ 为矩阵 H 的行列式。如果假设 $\gamma = \alpha/\beta$ 可以作为这个矩阵的最大和最小的特征值的比，则

$$\frac{\mathrm{tr}(H)^2}{\det(H)} = \frac{(\alpha + \beta)^2}{\alpha\beta} = \frac{(\gamma\beta + \beta)^2}{\gamma\beta^2} = \frac{(\gamma + 1)^2}{\gamma} \qquad (8\text{-}26)$$

当最大和最小特征值一样时，式（8-26）的值最小，最后的判断就是检测其曲率：

$$\frac{\mathrm{tr}(H)^2}{\det(H)} > \frac{(\mathrm{tr} + 1)^2}{\mathrm{tr}} \qquad (8\text{-}27)$$

如果式（8-27）成立，这个特征点就要删除。

（3）给从前两步筛选出来的点分配方向值。在找出了任意的标准下都存留的点后，应该给这些点赋值以此来实现不变性。操纵特征点使其按照呈梯度分布的那些邻域像素来确定梯度方向。如果用特征点作为中心可以计算出梯度方向，计算方法为

$$\theta(x, y) = \arctan \frac{L(x, y+1) - L(x, y-1)}{L(x+1, y) - L(x-1, y)} \qquad (8\text{-}28)$$

之后可以通过统计关键点像素的直方图来得到相应的方向。SIFT 描述子表明，如果一个特征点有多个方向，那么在这些副本之后，可以复制这个点来增加一个值。

（4）最后生成 SIFT 特征。先对 SIFT 的特性进行各种数据的计算，然后对其特征进行解释，只由一组向量就可以实现。这个描述子是独立的，为了保证它的正确性，由这个点的主方向设立一个坐标轴，像素经过改变后的坐标是

$$\begin{bmatrix} x' \\ y' \end{bmatrix} = \begin{bmatrix} \cos\theta & -\sin\theta \\ \sin\theta & \cos\theta \end{bmatrix} \begin{bmatrix} x \\ y \end{bmatrix} \qquad (8\text{-}29)$$

当把坐标轴旋转以后，以该方向为基确定一个像素为 8×8 的方框。如图 8-10 所示，图 8-10（a）的带箭头的为特征点，该点就处于这么一个空间里面，其中的一个格子就是里面的一个像素，而里面朝向四面八方的箭头就是用来计算一个格子的梯度的幅值和方向的。由图 8-10（b）可以看到，为了得到所有的梯度方向的幅值，画出了在像素为 4 的格子上朝向各方向的图，如此可以得到一个关键点。4 个这样的关键点就能形成一个特征点，它们包含之前计算出来的向量的朝向信息，能够提高定位错误时的容错率，提高了这些信息的抗干扰性。

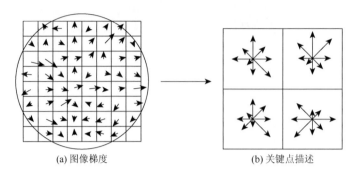

(a) 图像梯度　　　　　　　　　　(b) 关键点描述

图 8-10　特征描述子

综上所述，SIFT 特征本身就是一种特别稳定的可以用来检测特征的变化的局部特征，它对于缩放和旋转等各种会发生的改变都可以保持尺度不变。这个特征本身虽然特别复杂，但是用起来作用很大。

8.4　Delaunay 三角剖分介绍

对输入图像进行 MeshWarp 的过程主要是用 Delaunay 三角形[7]覆盖整个面部，再由仿射变换完成矫正。这是三个步骤中完成的：面部检测、面部标记的检测和面部变形。前两个步骤已经在前几节介绍了，下面就开始介绍最后的面部变形。

三角剖分的问题就是如何把离散几何图形分割成三角网格的问题，这是一项经典的图形学处理技术。该问题如图 8-11 所示。

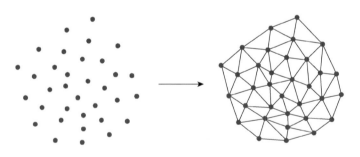

图 8-11　三角剖分问题

8.4.1　三角剖分定义

定义 8-1　假设一个在二维实数域的有限点的集合 V，以 V 中的点为端点构成线段 e，所有 e 的集合为 E，则平面图 G 称为点集 V 的一个三角剖分 $D = (V, E)$，那么 G 满足以下条件。

（1）图 G 中的线段 e 在点集中只包含它的端点。

（2）线段与线段之间不会交叉。

（3）在平面图 G 中，相近的点构成了三角面。

8.4.2　Delaunay 三角剖分定义

在多数三角剖分中，通常用到的都是 Delaunay 三角剖分。要诠释 Delaunay 三角剖分的意义首先要了解 Delaunay 边。

定义 8-2　假设线段集 E 中有一条端点为 a、b 的边 e，若边满足条件：存在经过 a、b 两点的圆，圆内不含点集 V 中任何点，这个点集里面也不会有 4 个点在同一个圆上，这就是空圆特性。若边 e 上面的点 a、b 有空圆特性，则称 e 为 Delaunay 边。

定义 8-3　如果有限点集 V 的一个三角剖分 D 中的所有线段 e 都是 Delaunay 边，则 D 称为 Delaunay 三角剖分。

将离散点连成 Delaunay 三角，见图 8-12。

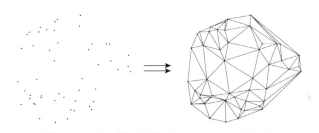

图 8-12　将离散点连接成 Delaunay 三角部分

8.4.3　Delaunay 三角剖分准则

若要满足 Delaunay 三角剖分的定义，必须符合以下两个准则。

（1）空圆特性。一个 Delaunay 三角剖分的三角网在 V 中是唯一的，在 D 的三角形网中，任意一个三角形的外接圆内不会有点集中其他点存在，如图 8-13 所示。

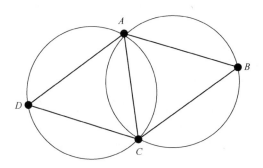

图 8-13　Delaunay 三角的空圆特性

（2）最大化最小角特性。点集 V 的一个 Delaunay 三角剖分中，Delaunay 三角部分所形成的三角形的最小角最大。可以说成由一个四边形的一条对角线形成的三角形的内角，换成另外一条对角线形成的三角形后，这个内角的大小不会改变，如图 8-14 所示。

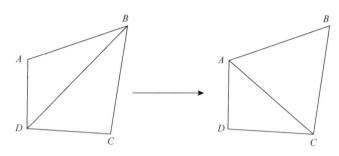

图 8-14　Delaunay 三角的最大化最小角特性

8.4.4　Delaunay 三角剖分特性

Delaunay 三角剖分含有下列特质。

（1）最接近：用点集中距离较近的三点连成一个三角形，并且使三角形的各条边之间没有交集。

（2）唯一性：只要在点集中，无论构建的起点在何处，最后得到的结果都是一样的。

（3）最优性：任意两个相邻三角形形成的凸四边形的对角线如果可以互换，那么两个三角形六个内角中最小的角度不会变大。

（4）最规则：若将一个点集三角网中的所有三角形的最小角从小到大排序，则 Delaunay 三角网的角排序得到的数值最大。

（5）区域性：改变点集内的其中一个点，只会影响这个点周围的三角形。

（6）具有凸边形的外壳：如果把点集最边上的点全部顺序连接成一个闭合多边形，那么它一定是向外凸出的。

8.4.5　局部最优化处理

因为想要画出 Delaunay 三角网，有人提出了对于三角剖分的局部优化的方法（local optimization procedure，LOP），一般情况下，一个普通三角网被该方法优化后，会变成 Delaunay 三角网，它的基本处理程序如下。

（1）把两个相邻三角形合并成四边形。

（2）用最大空圆准则来对比，看在一个三角的外接圆上或者里面有没有其他点。

（3）如果有，就把对角线对调，这样就完成了局部优化。

LOP 处理过程见图 8-15。

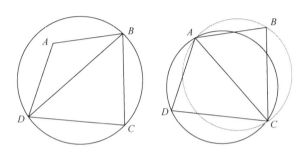

图 8-15　LOP 处理过程

8.5　Delaunay 三角剖分算法

8.5.1　Lawson 算法

Lawson 算法[8]是一个思路简明扼要、编程容易、把点一个接一个插入图表的算法。基本原理为：先在空间里画一个相对来说较大的能把所有数据包裹起来的三角形或者多边形，然后在这个空间里面插入一个点，使其与三角形的几个顶点能够用线段连起来，构成几个三角形。这个步骤完成后就可以查看这些三角形，看它们是否有空外接圆，并且一边检测一边使用 LOP 对它们进一步处理，就可以构筑出一个 Delaunay 三角网。

上述构网算法是一个相对来说理想的算法。这个算法把点一个接一个插入图表来构筑出三角网，并且如果在这个过程中遇到了非 Delaunay 边，可以对这样的边进行调整，通过点的移动使这些边成为 Delaunay 边。而且之后要增加新的点时也不需要调整其他网，只要对增加的点所影响的范围联网，而且局部构网很方便。这种算法下，如果要对点进行其他修改，如删除、移动，都可以很快地进行。只是这种算法只能在点集中点的数量比较少的情况下使用，如果这个点集较大，那么使用这个方法来构网的速度也会随之降低。

不过还有一些不利因素，如果这个点集中所有点的边缘连起来是一个凹进去的图形，那么这样构建起来的三角形就不对了，见图 8-16 和图 8-17。

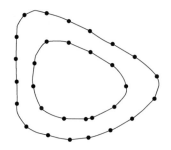
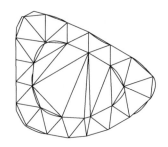

图 8-16　构成圆环的离散点集　　图 8-17　Lawson 算法产生的非法三角形

8.5.2　Bowyer-Watson 算法

前面所讨论的算法是以前采用比较多的，目前研究者又推导出了一种新的方法，就是 Bowyer-Watson 算法[9]，这同样是一个把点逐一插入平面的算法，操作的顺序如下。

（1）建立一个能覆盖整个点集的超级三角形，将其插入三角形链表。

（2）按顺序把点放入链表，边放边找有没有不是空圆特性的点，如果有，要把这些点关系到的边处理掉，然后把它所有影响到的三角形的顶点全都连起来，这样就把这个点成功地插入 Delaunay 三角链表了。

（3）对新形成的三角形进行优化，优化完成后放入 Delaunay 三角形链表。

（4）重复上面的步骤，直到全部的点都轮转过一圈。

下面演示了 Bowyer-Watson 算法的过程：如图 8-18 所示，平面上有 3 个随机点，根据这 3 个点的最大分布，首先，建立一个超级三角形，它可以覆盖所有的点。如果要解这个问题，只要知道相似三角形，从图中右半边的矩形中可以求出另外一个对应的三角形，这个直角三角形相对来说会变得比较大，与此同时会有一个点处于其斜边之上，只不过超级三角形要覆盖平面上任意一点，所以稍微把三角形右下角的顶点扩展一点以便把三点都包含在内。这样计算三角就简单了。

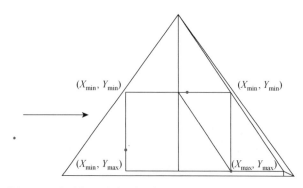

图 8-18　由随机三点得到一个超级三角形

其次，将这个超级三角形放入一个临时建立的空间中，对其遍历并计算出它的外接圆，见图 8-19。

然后，对点集中最左边的一个点进行判断，如果该点在圆内，可知建立的这个不是 Delaunay 三角形，把它的边保存至缓冲边中，在缓存的空间中删掉这个三角形。让这个点与缓冲边的每条边都连接起来，形成新的三角形，再放入临时三角形中，如图 8-20 所示。

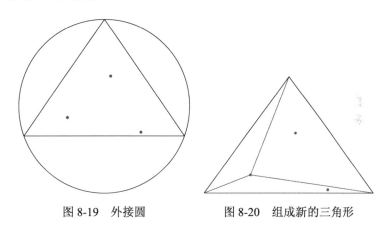

图 8-19 外接圆　　　　　图 8-20 组成新的三角形

现在有一些新的三角形，像之前一样遍历并画外接圆，这次要用左边第二个点来观察它，见图 8-21。

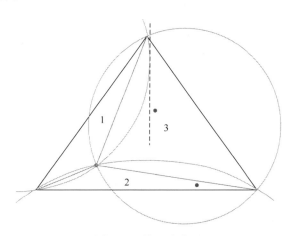

图 8-21 第二次遍历

（1）发现此点存在于三角形 1 的外面，那么说明该三角形是符合要求的，这个三角形要保存到暂用空间中；

（2）这个点在三角形 2 的外面，不能确定，略过这个三角形；

（3）发现此点存在于三角形 3 的里面，此时就该把这个三角形加入缓存，然后用该点和缓存边重新组成新的三角形。

对临时三角形第三次遍历，见图 8-22。

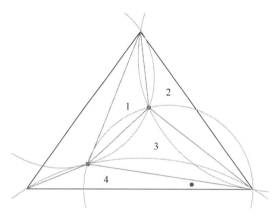

图 8-22　第三次遍历

现在这里已经有 4 个三角形：

（1）该点不在三角形 1 的外接圆内，因此这是一个 Delaunay 三角形，保存它，并在临时三角形中删除该点；

（2）该点不在三角形 2 的外接圆内，跳过；

（3）该点在三角形 3 的外接圆中，把此三角形放入临时缓冲区；

（4）该点在三角形 4 的外接圆中，三角形加入临时缓冲区。

现在的临时缓冲区中就有 6 条边了，除去这 6 条边的重复边，就剩下 5 条边，让这个点和 5 条边加入临时三角形并构成 5 个三角形，此时临时三角形中就存在 6 个三角形，如图 8-23 所示。

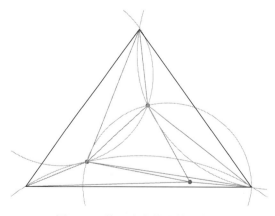

图 8-23　第三个点构成的三角形

在三个点全部结束遍历后，就不需要让最后一个点组成的三角形画外接圆了，然后合并三角形和临时三角形得到合并后的数组，并且除去数组中和超级三角形相关的数据，就可以得到最终结果，见图 8-24。

图 8-24　Delaunay 三角形

8.6　基于网络变形的人脸矫正

8.6.1　包围盒

在人脸检测的过程中，检测的算法中经常用到包围盒[10]，它对于人脸检测有很大的帮助，因为可以帮助找出关于人脸的一些信息。它的基本思想是：特征比较复杂的几何对象，可以分解为若干比较简单的几何体。使用包围盒是为了能很快地实施碰撞检测或是进行检测前的过滤。包围盒常用的类型有球体、轴对齐包围盒（axis aligned bounding box，AABB）、有向包围盒（oriented bounding box，OBB），如图 8-25 所示。

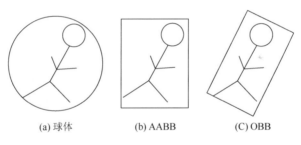

(a) 球体　　　　　(b) AABB　　　　　(C) OBB

图 8-25　包围盒

8.6.2　人脸矫正的流程

经过上面介绍的有关人脸检测的 VJ（Viola Jones）算法，以及寻找特征点的 SDM，还有三角剖分及下面要介绍的仿射变换，我们可以清晰地看出人脸矫正的流程，见图 8-26。

8.6.3　面部变形

在检测到人脸和 68 个人脸特征点之后，需要在人脸边缘添加一些等距点，使得可以在人脸上构造 Delaunay 三角网格，并计算这个覆盖了整个面部图像的三角网格，如图 8-27 所示。

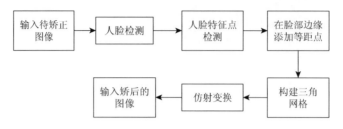

图 8-26　人脸矫正流程图

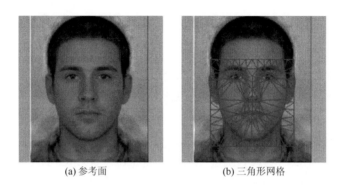

(a) 参考面　　　　　　(b) 三角形网格

图 8-27　面部图像的三角网格

将这些三角形的每条边都曲折，并且都投映到参考面网格上相对的三角形上面。这是一个由旋转、缩放和平移组成的仿射变换完成的，以便将输入面上的点 $[x, y]^T$ 映射到参考面上的点 $[x', y']^T$ 上：

$$\begin{bmatrix} x' \\ y' \end{bmatrix} = \begin{bmatrix} a & b \\ c & d \end{bmatrix} \begin{bmatrix} x \\ y \end{bmatrix} + \begin{bmatrix} t_x \\ t_y \end{bmatrix} \tag{8-30}$$

其中，a、b、c、d 是用来对三角网格进行扭转和缩放的参数；t_x、t_y 是翻译参数。这样得到的扭曲的图像是一致的，在所有的图像中，眼睛之间的水平距离和眼睛的距离大致相同。由以下转换完成：

（1）旋转迫使眼睛水平对齐；

（2）重新扫描以获得固定的眼睛和眼距；

（3）将左眼的位置设置为固定的预定义值；

（4）裁剪相关的 30 像素的人脸图像。

这样就完成了面部对齐的操作。训练的面孔是预先处理的，如上所述。为了进行识别，每个候选图像都要服从相同的对齐过程。将所有三角形映射到参考结果中，其关键点与参考图像的标记点一致。这样的一种变形致使输入图像"前化"，如图 8-28（c）和图 8-29（c）所示。

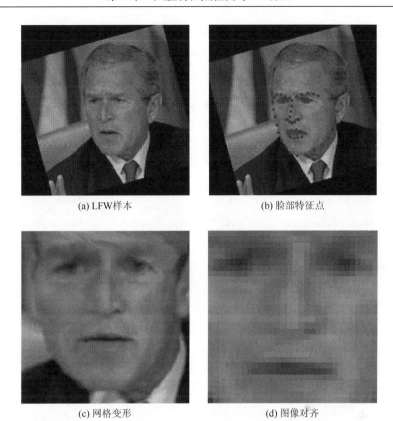

(a) LFW样本　　　　　　　　　　　(b) 脸部特征点

(c) 网格变形　　　　　　　　　　(d) 图像对齐

图 8-28　对布什 LFW 样本图像进行校准

　　人脸矫正的步骤：首先在正面模板的人脸图像上画出三角网格，其次在待矫正的人脸上面标注出特征点，最后进行 MeshWarp 完成矫正，输出如图 8-28（d）所示的对齐后剪裁和调整大小的图片。

　　图 8-29 就是把姿势不正的人脸，经由覆盖在面部的三角网进行仿射变换，把这些人脸的姿态进行纠正，虽然经过变换之后照片上的图像出现了一些扭曲，但通过扭曲所得到的图像，即原始图像（a）的扭曲图像（c），更适合于识别。

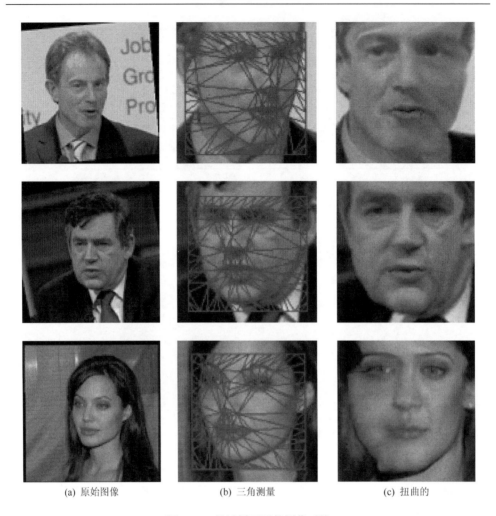

<table>
<tr><td>(a) 原始图像</td><td>(b) 三角测量</td><td>(c) 扭曲的</td></tr>
</table>

图 8-29　经过矫正后的图像对比

8.6.4　仿射变换

　　进行图像处理的过程有两种需要用到图像变换，一种是自己想要转换的图像，另一种就是想通过点序列计算变换。要完成后者必须提取图像的关键点，然后计算出需要变换的矩阵，这样才能实现图像的旋转和缩放。

　　图像的仿射变换[11]就是基于 2×3 矩阵的变换，就是使原来的图像变成平行四边形。

　　仿射变换是在几何体上让一个空间向量进行一次线性变换再加上一次平移，变换为另一个向量空间。

简单来说，仿射变换就是能够让图形在平面上任意平移、旋转、伸缩的一种变换，见图 8-30。

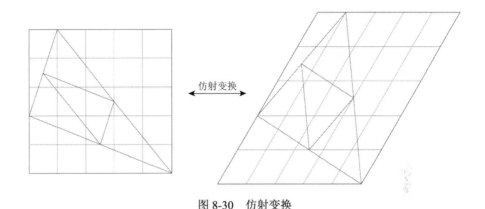

$\longleftrightarrow$ 仿射变换

图 8-30　仿射变换

这种变换方法能够使点与线、线与线之间的相对的关系同变换之前保持一致，也可以维持同一直线上的线段比例不发生改动。但是原来线段的长度与夹角的角度就无法保持。

定义 8-4　仿射变换的一般定义是一个对向量 x 的平移 b 和旋转缩放 A。仿射映射为 $y = Ax + b$，这个式子稍做转换就可以在坐标上等同于式（8-31）。

$$\begin{bmatrix} y \\ 1 \end{bmatrix} = \begin{bmatrix} A & b \\ 0 & 1 \end{bmatrix} \begin{bmatrix} x \\ 1 \end{bmatrix} \tag{8-31}$$

该变换的矩阵是一种齐次的变换矩阵，是融合了不同变换的矩阵，矩阵如下：

$$\begin{bmatrix} \cos\theta & \sin\theta & t_x \\ -\sin\theta & \cos\theta & t_y \\ 0 & 0 & 1 \end{bmatrix} \tag{8-32}$$

图 8-31 为仿射变换推导图。

一个点 P 在原始坐标系下的坐标是 (X_{sp}, Y_{sp})。旋转操作是基于原点的，如何得到旋转之后的点的坐标，这里用到一个技巧，坐标系中某个点的旋转可以等价为旋转坐标轴，所以有了图 8-31 中以 (X_{s0}, Y_{s0}) 为中心的虚线与屏幕水平垂直的坐标系。在这个坐标系中确定点 P 的坐标，和在 X_s-Y_s 坐标系中确定旋转之后点 P 的坐标是等价的。基于这个结论，我们可以通过简单的立体几何知识确定点 P 在新坐标系中的坐标。点 P 的新坐标是 $(Y_{sp}\sin\varepsilon_y + X_{sp}\cos\varepsilon_x,\ Y_{sp}\sin\varepsilon_y - X_{sp}\cos\varepsilon_x)$。

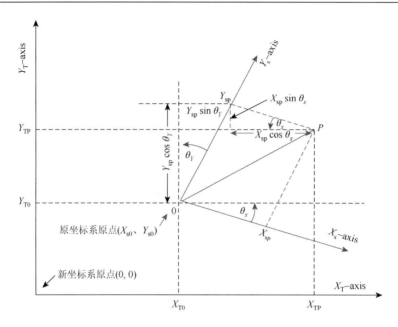

图 8-31　仿射变换推导图

整理之前的式子就能得到仿射变换的模型，见式（8-33）：

$$\begin{bmatrix} x' \\ y' \end{bmatrix} = \begin{bmatrix} \cos\theta_x & \sin\theta_y \\ -\sin\theta_x & \cos\theta_y \end{bmatrix} \begin{bmatrix} X_{sp} \\ Y_{sp} \end{bmatrix} \tag{8-33}$$

以上就是仿射变换中旋转的原理。以下将说明平移的部分。

确定了点 P 经过旋转变换之后的新的位置，只要再往这个位置上添加点 P 关于 X 轴和 Y 轴的偏移，见式（8-34）：

$$\begin{bmatrix} x' \\ y' \end{bmatrix} = \begin{bmatrix} \cos\theta_x & \sin\theta_y \\ -\sin\theta_x & \cos\theta_y \end{bmatrix} \begin{bmatrix} X_{sp} \\ Y_{sp} \end{bmatrix} + \begin{bmatrix} t_x \\ t_y \end{bmatrix} \tag{8-34}$$

式（8-34）是在仿射变换中需要用到的相关的矩阵。图 8-31 对仿射变换的处理是十分巧妙的，它推导仿射变换不是运用传统的几何图形来计算点的坐标，而是用移动坐标系的策略，通过把点应该移动的位置替换成反向移动坐标系相同的距离来实现。这类方式展示出图 8-31 所画出的经典仿射变换模型。在整个仿射变换的过程中，实际上点 P 从头到尾都没有变动位置，反而是坐标系的相对位置在不断地改变，这样可以间接地达成点 P 的位移，这深刻体现了运动是相对的这个哲学思想。

8.7　实验结果及分析

8.7.1　人脸库简介

1. LFW 人脸库

LFW（labeled faces in the wild）人脸库，是一个在不受控制的环境下研究与人脸识别有联系的问题的人脸库，它蕴含了从许多网站搜寻到的万张以上的、符合研究需求的图片，这些人脸图的命名都是直接用它们的来源的名字。这万余张的图中有不少图片来自于同一个人。该数据集中的图片可通过 VJ 算法查找出来，该集合广泛地适用于人脸识别算法性能的评价。

本节实验使用了数据集的 LFW-a 版本，LFW-a&c 是 LFW 人脸库的子集，包含 1116 个以"a"或"c"开头的人名。每幅图像都有相同的 66 个标记。该数据集由 LFW 人脸库中的图像组成。

2. LFPW 人脸库

LFPW 人脸库包含了从各个网站上下载的图像，这些图像显示了姿势、光照和面部表情的巨大变化。

8.7.2　LFW 人脸库上的实验

以下几幅图显示了 SDM 在图片各种情况下标注出的特征点。

图 8-32 显示了在一张人的脸部边缘被遮挡的图像上 SDM 方法的示例结果，虽然脸部轮廓并不清晰，但是 SDM 仍然准确地标注出了特征点。

图 8-33 是不同的面孔部位遮挡或变化的图片，SDM 也准确地显示了结果。

(a) 眼睛被遮挡　　　　(b) 人脸角度倾斜　　　　(c) 人脸表情测试

图 8-32　遮挡测试　　　　　　　　图 8-33　不同的面孔部位被遮挡

　　图 8-34 是有多张人脸的图片，SDM 会检测图中的每一张人脸，检测完成之后会通过包围盒计算所有人脸的大小，然后对它们进行排序，选出其中最大的一张人脸进行特征点检测。

　　图 8-35 是一张非正面的人脸，图中人的面部是侧面的，但是 SDM 仍然可以标注出面部的特征点。

(a) 测试一

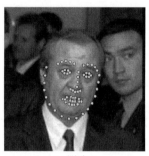
(b) 测试二

图 8-34　多张人脸测试　　　　　　　　　　　　　图 8-35　非正面的人脸

　　以上就是 SDM 的实验结果，接下来看一下人脸矫正的结果图。

　　该算法通过 Delaunay 三角剖分和仿射变换使得待矫正的人脸改变形状，主要是让笼罩整个面部的三角网格以参考面为模板弯曲，完成仿射变换，使得原本不是正面的人脸被矫正成正面的图像。人脸矫正效果图如图 8-36 所示。

图 8-36　人脸矫正效果图

　　如图 8-36 所示，把原本不是正面的人脸图像，按照正面模板矫正以后，虽然输出的图像略微扭曲，但是输出的人脸确实是摆正了位置。

8.7.3　对比分析

首先将 SDM 与牛顿法进行了四种解析函数的比较，本实验对比了 SDM 在四种解析函数上的速度和精度值与牛顿法的性能。通过这些方法来完善一个有关于 NLS 的问题是

$$\min_{x} f(x) = [h(x) - y^*]^2 \qquad (8\text{-}35)$$

其中，$h(x)$是一个标量函数（表 8-1）；y 是赋值过的常数。

表 8-1　SDM 在解析函数上的实验设置

函数	训练设置	逆函数	实验设置
$h(x)$	y	$x = h^{-1}(y)$	y^*
$\sin(x)$	$[-1:0.2:1]$	$\arcsin y$	$[-1:0.05:1]$
x^3	$[-27:3:27]$	$y^{1/3}$	$[-27:0.5:27]$
$\mathrm{erf}(x)$	$[-0.99:0.11:0.99]$	$\mathrm{erf}^{-1}(y)$	$[-0.99:0.03:0.99]$
e^x	$[1:3:28]$	$\ln y$	$[1:0.5:28]$

表 8-1 中的 $\mathrm{erf}(x)$ 是误差函数。

每个函数的训练和测试设置如表 8-1 所示，这里选择了可以求逆的函数。否则，对于一个已经赋值的 y^* 可以获得多个解决方案。在训练数据中，输出变量 y 在 $h(x)$ 的局部区域内均匀采样，其对应的输入 x 通过 $h(x)$ 的逆函数求 y 来计算。测试数据生成 y^* 比训练更好的分辨率。

为了测量 SDM 与牛顿法这两种方法的准确性，前 10 步迭代步利用了归一化最小二乘法。图 8-37 所显示的为使用 SDM 与牛顿法的四种解析函数的归一化误差。

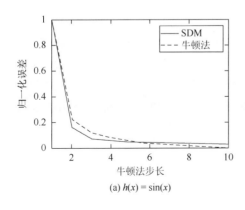

(a) $h(x) = \sin(x)$

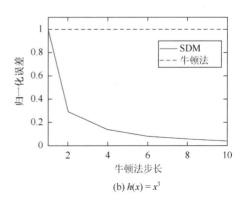

(b) $h(x) = x^3$

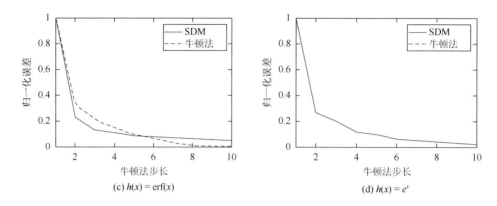

图 8-37　使用 SDM 和牛顿法的四种解析函数的归一化误差

我们把 SDM 与牛顿法进行相同的迭代数量比较，但 SDM 每次迭代都会有更加快的速度。此外，SDM 对于不好的初始化和坏条件（$f<0$）更加健壮。例如，当 $h(x) = x^3$ 时（图 8-37（b）），牛顿法从一个鞍点开始，并在后续的迭代中停留（保持在 1）。在 $h(x) = e^x$ 的情况中（图 8-37（d）），牛顿法是发散的，因为它是病态的。不足为奇的是，当牛顿法收敛时，它能比 SDM 提供更精确的估计，因为 SDM 使用了一个通用的下降方向。如果 f 是二次型（如 h 是 x 的线性函数），SDM 将在一次迭代中收敛，因为在不同位置的平均梯度与线性函数相同。

下面的实验中，我们在两个标准人脸库 LFPW 和 LFW 中测试 SDM 在人脸特征检测问题上的性能，并将 SDM 与最先进的方法进行比较。评估是在一张脸可以被检测到的图像上进行的。LFPW 和 LFW-a&c 的面部检出率分别为 96.7% 和 98.7%。通过归一化正方形的平均脸，给出了初始形状估计。遵循 Belhumeur 等[12]提出的评价指标，其中误差被测量为 29 个标记和预测的标记之间的平均欧氏距离。

比较 SDM 和文献[12]中的方法。图 8-38 显示了 SDM、文献[12]的方法累积误差的散布图形，该误差通过一次线性回归。显然，SDM 优于文献[12]的方法和线性回归方法。

SDM 在此数据集上维持最先进的结果。名字以"a"开始的人的图像被用来进行训练，总共 604 幅图片，剩下的图像用于测试。这些图像都会采取均方根误差（root mean squared error，RMSE）来度量并且定位精度。由于我们把全部的图像存放为 250 像素×250 像素，这样的偏差并不准确。PRA（principle regression analysis）报告中值为 2.8，而我们的平均值为 2.7。在图 8-39 中给出了累积误差分布曲线的比较，SDM 优于 PRA 和线性回归。

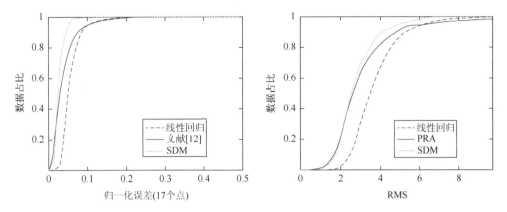

图 8-38　LFPW 人脸库的累积误差分布曲线　　　图 8-39　LFW-a&c 人脸库的累积误差分布曲线

当测试的图片中面部有部分被遮挡时，将 SDM 和文献[12]的方法进行比较，如图 8-40 所示。

图 8-40　SDM 与文献[12]的方法测试结果的比较

图 8-40 中第一行为 SDM，第二行为文献[12]的方法。从图中可以看到，SDM 能提供一个可靠的结果，而文献[12]的方法则会产生误差。因此，SDM 对于遮挡有足够强的鲁棒性。

8.8　本　章　小　结

本章实现了人脸姿态的矫正算法，以一个标准正面的人脸图像为模板，对待矫正的人脸图像进行网格扭曲，使其中的人脸姿态与模板图像中的人脸姿态对齐。算法的实现过程可以分为三步：

（1）使用 VJ 算法进行人脸检测。

（2）使用 SDM 来进行人脸的特征点标记，输出标注了人脸特征点的人脸图像，研究过程中采集面部轮廓、眉毛、鼻子、眼睛、嘴唇的形状作为特征点集合。

（3）运用 MeshWarp 实现人脸矫正，输入待矫正的图像后，利用检测出的特征点计算出覆盖整个面部的 Delaunay 三角网，经过仿射变换，把这些三角形的每条边都映射到参考面网格对应的三角形上，实现图像对齐，即可完成矫正。

参 考 文 献

[1] Xiong X，Torre F D L. Supervised descent method and its applications to face alignment. Computer Vision & Pattern Recognition，2013，9（4）：532-539.

[2] Yamazoe，K，Mochi I，Goldberg K A. Gradient descent algorithm applied to wavefront retrieval from through-focus images by an extreme ultraviolet microscope with partially coherent source. Journal of the Optical Society of America A-Optics Image Science and Vision，2014，31（12）：34-43.

[3] Kaminski M，Orlowska-Kowalska T. An on-line trained neural controller with a fuzzy learning rate of the Levenberg-Marquardt algorithm for speed control of an electrical drive with an elastic joint. Applied Soft Computing，2015，32（7）：509-517.

[4] Shirangi M G，Emerick A A. An improved TSVD-based Levenberg-Marquardt algorithm for history matching and comparison with Gauss-Newton. Journal of Petroleum Science & Engineering，2016，143：258-271.

[5] Jin Z J，Bai Y Q，Han B S. A full-Newton step polynomial-time algorithm based on a local self-concordant barrier function for linear optimization. OR Transactions，2008，12（1）：1-15.

[6] Lowe D G. Distinctive image features from scale-invariant keypoints. International Journal of Computer Vision，2004，60（2）：91-110.

[7] Shewchuk J R. Delaunay refinement algorithms for triangular mesh generation. Computational Geometry Theory & Applications，2014，47（7）：741-778.

[8] Alonso-Mallo I，Cano B，Reguera N. Analysis of order reduction when integrating linear initial boundary value problems with Lawson methods. Applied Numerical Mathematics，2017，118（8）：64-74.

[9] 周雪梅，黎应飞. 基于 Bowyer-Watson 三角网生成算法的研究. 计算机工程与应用，2013，49（6）：198-200.

[10] 张正昌，何发智，周毅. 基于动态任务调度的层次包围盒构建算法. 计算机辅助设计与图形学学报，2018，30（3）：491-498.

[11] 汪文英，张冬明，张勇东，等. 利用仿射变换的快速空间关系验证. 计算机辅助设计与图形学学报，2010，22（4）：625-631.

[12] Belhumeur P N，Jacobs D W，Kriegman D J，et al. Localizing parts of faces using a consensus of exemplars. IEEE Conference on Computer Vision and Pattern Recognition（CVPR），2011，35（12）：545-552.

第 9 章　人脸特征检测与深度学习

人脸检测是机器视觉任务中对象识别的一个特定应用，至今已经开发了大量的人脸检测算法，这些算法的大致框架是：在一张图片上进行窗口滑动，提取给定窗口的特征（如 Haar[1]、SIFT[2]、HoG[3]），然后将这些特征送入训练好的分类器中，判定输出是否为人脸，最后对预测结果进行后处理（如 NMS）。提取的特征是由机器视觉领域的专家基于纹理、轮廓、色彩等方面精心设计的。尽管这些特征经过精心设计，但是在面对复杂多变的现实情况（光照、表情、视角等变化）时，像 Haar 级联检测算法的精度仍然会有很大的下降。

近几年，CNN 成为对象检测领域的主导，它与传统的对象特征提取方式的不同之处在于，CNN 提取的特征是由神经网络针对识别任务设计的，整个流程完全脱离人类控制。由于 CNN 在计算机视觉任务中的高性能，近些年提出了一些基于 CNN 的人脸检测方法，如 R-CNN 系列：R-CNN[4]、Fast R-CNN[5]、Faster R-CNN[6]、Mask R-CNN[7]等。

9.1　背　投　影

对于对象检测而言，颜色是一条不可忽略的线索，每个对象都有自己的颜色分布，自然界中动物可以根据颜色来检测自己的天敌是否入侵从而给自己的族群报警。对于人脸来说，人的肤色有黄、白、黑等几种，利用人脸颜色的先验分布知识，可以对一张给定图片中的每个像素归属于人脸的概率进行估计，然后通过模糊、形态变化、发现轮廓、人脸面积大小过滤等操作，对检测的结果掩码进行后处理，以降低结果的噪声，确定人脸位置。

假设人脸的颜色分布为

$$P(\text{Color}\,|\,\text{Face}) \tag{9-1}$$

那么根据贝叶斯理论，有

$$P(\text{Face}\,|\,\text{Color}) = \frac{P(\text{Color}\,|\,\text{Face})P(\text{Face})}{P(\text{Color})} \propto \frac{P(\text{Color}\,|\,\text{Face})}{P(\text{Color})} \tag{9-2}$$

这样就可以对给定图像中每个像素属于人脸的概率进行粗略的估计，将每个像素对应的概率值记录下来，然后在图像上根据像素概率表对每一个像素重新渲染，从而得到一张概率掩码图。接着就可以在这张掩码图上进行一些图像处理，从而检测出人脸的位置。

具体的算法如下。

算法 9-1　背投影算法

1. 计算人脸的颜色直方图 M；
2. 计算给定图片的颜色直方图 I；
3. 对于每个直方图，计算

$$R_j = \frac{M_j}{I_j}$$

4. 对于每个坐标点 (x, y)，有

$$b_{x,y} = \min(R_{h(c_{x,y})}, 1)$$

5. 通过卷积过滤噪声：

$$b = D^r * b$$

6. 对结果掩码进行后处理以此进行人脸检测：

$$(x_t, y_t) = \mathrm{loc}(\max_{x,y} b_{x,y})$$

9.2　特征检测和描述

实时性的对象检测算法始于 2001 年的 Viola 和 Jones 的文献[1]，他们在网络摄像头上进行实时人脸检测 Demo 轰动了当时的机器视觉界，很快该算法就在 OpenCV 中实现，并且人脸检测成为了 VJ 算法的代名词。2005 年，Dalal 和 Triggs 提出了 HoG，这一特征描述优于当时已有的检测算法，见图 9-1。

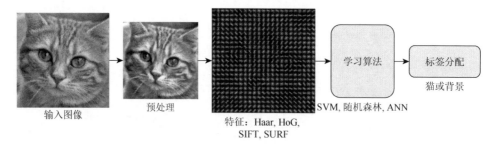

图 9-1　利用特征进行对象分类和检测

9.2.1　Haar 级联检测

1. Haar 特征描述

Haar 特征描述可以看作一种特殊的卷积核，它计算黑色矩形下的像素和与白色矩形下的像素和的差，见图 9-2。

$$\sum_{(x,y)\in \text{black}} p_{x,y} - \sum_{(x,y)\in \text{white}} p_{x,y} \qquad (9\text{-}3)$$

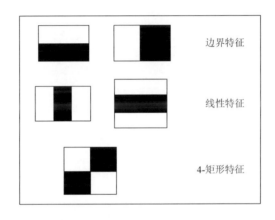

图 9-2　Haar 特征描述符

2. AdaBoost

不同的大小、黑白矩形个数和所处位置等导致不同的 Haar 特征描述符，形成 Haar 特征描述子空间，那么现在的问题在于如何从这个无限的 Haar 特征描述空间中寻找出合适的 Haar 特征描述子来执行分类任务？可以采用 AdaBoost 算法，具体步骤如下：

（1）生成大量的（约 160000）候选 Haar 特征描述子，可以利用的算法有遗传算法、随机生成等。

（2）在这些 Haar 特征上运行弱分类为决策树桩的 AdaBoost 算法，以便获得一个强分类器。AdaBoost 算法的特殊性，使得最终的分类器可以以级联的形式来降低对显著非人脸区域的计算量。图 9-3 显示了 AdaBoost 的级联结构。

文献[1]中报告了 200 个 Haar 特征就可以提供 95%的识别率，文献中最终采用了 6000 个 Haar 特征。

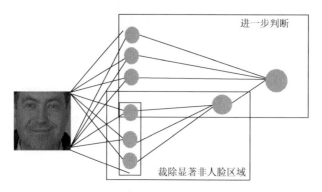

图 9-3　AdaBoost 的级联结构

9.2.2　HoG

1. HoG 算法

HoG[3]的基本思想是对象的局部外观可以有效地被边缘方向的分布描述，算法如下。

算法 9-2　HoG 算法

（1）计算梯度：利用下面的两个滤波器对灰度图滤波得到 x 的梯度图 g_x 和 y 的梯度图 g_y：

$$\begin{bmatrix} -1 & 0 & 1 \end{bmatrix}\begin{bmatrix} -1 \\ 0 \\ 1 \end{bmatrix}$$

使用梯度图 g_x 和 g_y 计算梯度的幅度和方向：

$$g = \sqrt{g_x{}^2 + g_y{}^2}$$

$$\theta = \arctan\frac{g_y}{g_x}$$

（2）建立 cell 方向直方图：把图片分成 3×3 或 6×6 的 cell，在每个 cell 内建立 9 channel 的方向直方图，每个像素以梯度幅值对自己的梯度方向投票。

（3）block 归一化：cell 方向直方图对光照和对比度的变化鲁棒性差，这就需要将 cell 集结成更大的 block（2×2cell），然后在 block 中进行局部的归一化。归一化的可选函数有

$$L_2 : f = \frac{v}{\sqrt{\|v\|_2^2 + e^2}}$$

$$L_1 : f = \frac{v}{(\|v\|_1 + e)}$$

（4）计算 HoG 特征向量：将 block 归一化以 1cell 的步幅在 cell 方向直方图上滑动，生成 36 channel 的归一化方向直方图，整个 HoG 图就是 HoG 特征向量（图 9-4）。

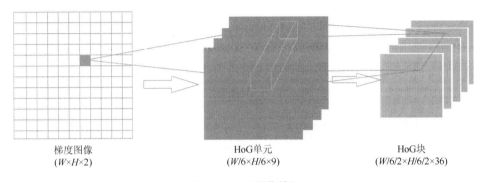

梯度图像　　　　　　　　　　HoG 单元　　　　　　　　　HoG 块
$(W \times H \times 2)$　　　　　　　$(W/6 \times H/6 \times 9)$　　　　　$(W/6/2 \times H/6/2 \times 36)$

图 9-4　HoG 图像特征

2. SVM 算法

在标定的正类和负类样本上，计算出 HoG 特征，然后学习一个 SVM 分类器，寻找一个最优的超平面作为决策函数。

9.3　R-CNN 系列

9.3.1　R-CNN

受动物视觉皮层中的神经元组织的启发，CNN 利用局部连通性处理空间信息，通过共享权重来得到平移不变性和大范围的参数缩减，由池化来获得信息摘要。

CNN 特征提取是使用学习到的卷积核来发现特征描述。假设输入图片是 $I_{W,H,C}$（W 是图片宽，H 是图片高，C 是图片的 channel 数）。对于图片 I 中的一个局部补丁 $L_{w,h,c}$（$w<W$, $h<H$），有

$$O_L = \sigma(L_{w,h,c} * K_{w,h,c} + b) \tag{9-4}$$

其中，$K_{w,h,c}$ 是一个 CNN 核，与 L 大小相同；$*$ 是卷积操作；b 是偏差；σ 是激活函数，在实践中通常使用 ReLu；O_L 是在图片区域 L 处的特征输出值。

将卷积核 K 应用在图片 I 的每一处就可以获得一个特征图 M，它会被后续的处理当作图像特征向量。

R-CNN[4] 与传统的机器视觉技术的不同之处在于，其特征由 CNN 计算得出，

相比于传统的 Haar、SIFT、HoG 由机器视觉领域的专家经过多年的研究、实验、论证得出，CNN 是在大量的数据上针对特定的机器视觉任务训练出来的。

1. 工作流程

R-CNN 的工作流程如图 9-5 所示，具体算法见算法 9-3。

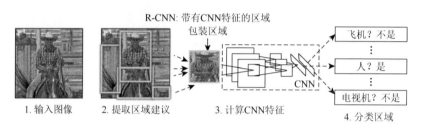

图 9-5　R-CNN 的工作流程

算法 9-3　R-CNN 算法

1. 区域建议算法从输入图片中提取出约 2000 个可能存在对象的区域建议；
2. 将这些不同形状和大小的图片区域包装成固定大小的 CNN 输入；
3. 利用 CNN 从这些包装后的输入中提取特征；
4. 将"特征-标签"数据送入类别指定的 SVM（one vs all）中进行识别；
5. 利用非最大抑制（基于 IoU 和 SVM score）过滤掉重叠的区域；
6. 利用 bbox 回归对区域位置进行修正。

2. 训练模型

1）CNN 特征提取器

（1）监督预训练。

数据：ILSVRC 2012 Classification（1000-class）

模型：卷积神经网络 + softmax 层（1000-class）

损失：Cross Entropy

（2）监督微调（迁移学习）。

数据：特定任务所用的图片和标签（K-class）

模型：预训练后的卷积网络（移除顶层的 softmax 层）+ softmax（$K + 1$-class）

损失：Cross Entropy

数据细节：

训练数据标记：

$$+：与真相框 IoU \geqslant 0.5（类标签）$$

　　　　　　　　　　−：与真相框 IoU＜0.5（背景标签）

采样比例：32（+）：96（−）

2）对象分类器

数据：特定任务所用的图片和标签（*K*-class）

模型：Linear SVM（one vs all）

数据细节：

训练数据标记：

　　　　　　　　　　+：真相框（类标签）

　　　　　　　　　　−：与真相框 IoU＜0.3（背景标签）

采样比例：32（+）：96（−）

3）边界盒回归

对每一类，利用区域特征修正区域建议的定位偏差，如图 9-6 和图 9-7 所示。

数据：pool5 特征-offset

模型：线性回归

损失：smoothL_1

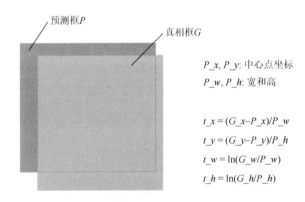

预测框*P*　　真相框*G*

P_x, P_y: 中心点坐标

P_w, P_h: 宽和高

$t\_x = (G\_x - P\_x)/P\_w$

$t\_y = (G\_y - P\_y)/P\_h$

$t\_w = \ln(G\_w/P\_w)$

$t\_h = \ln(G\_h/P\_h)$

图 9-6　定位偏差

3. 剥蚀学习分析

（1）首先查看 pool5 的 features unit，将 pool5 中的每个神经元视为一个特征检测器，可以接收不同区域的输入。

（2）当学习过程未进行参数微调时，CNN 参数可以通过 ILSVRC 2012 训练得到，然后在 VOC 2007 上进一步分析 CNN 的性能，具体如下。

① 泛化性能上：pool5＞fc6＞fc7。

② 移除 fc6 和 fc7，模型的参数减少 94%，但检测的性能并未降低。这表明 CNN 的表示学习全在卷积层。

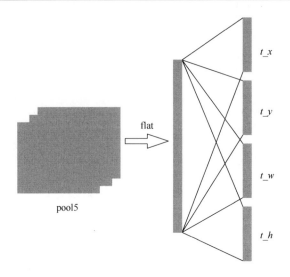

图 9-7　bbox 回归

③ 卷积操作的可扩展性和维持空间分布的特点，可以进一步得到利用（后续的 Fast R-CNN 就利用了这一点），见图 9-8。

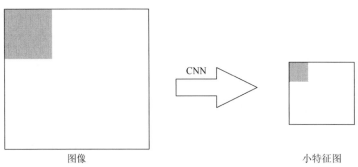

图 9-8　CNN 的剥蚀学习分析 1-未微调

（3）当学习过程进行微调时，CNN 参数通过 ILSVRC 2012 训练得到，并在 VOC 2007 trainval 上进行微调，然后再分析 CNN 的性能。

① 微调改善了性能；

② 性能的提升主要体现在 fc6 和 fc7 上，这表明预训练的 pool5 学习到的特征已经是某些通用特征；

③ 性能的提升主要来自于学习了特定任务的非线性分类器。

（4）Linear SVM 代替 softmax 层是不必要的，见图 9-9。

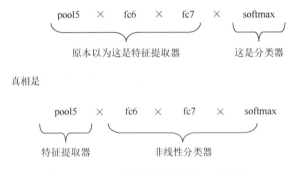

图 9-9　CNN 的剥蚀学习分析 2-已微调

9.3.2　Fast R-CNN

1. 对 R-CNN 的改进

R-CNN 是多阶段模型。虽然 R-CNN 工作得很好，但是速度较慢。

（1）区域建议算法会生成约 2000 个区域/image，然后为每一个区域建议进行 CNN 前馈计算，计算出特征，即一张图片需要约 2000 次前馈计算。

（2）训练三个模型——CNN 特征提取器、对象分类器、边界盒回归器。多阶段训练不优雅。

改进 1：RoI（region of interest）Pooling。

CNN 的表示学习发生在卷积层，卷积操作保持空间特性和可扩展性，这两点使得重用计算成为可能，见图 9-10。

改进 2：所有模型整合为一个网络框架。

在 R-CNN 中，RoI Pooling 使得对于不同尺度的对象提取指定大小的特征图无须对输入图片进行包装，而是使用 RoI Pooling 进行特征提取。在 R-CNN 中的分析结果中显示，不需要一个专门的 SVM 进行分类，softmax + cross–entropy 就足够得到一个好的线性分类器，同时 bbox 回归可以提升检测的精确度，从而在 Fast R-CNN[5]中不再需要一个多阶段的模型而是形成一个整合的网络框架，见图 9-11。

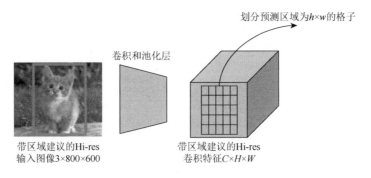

图 9-10　利用卷积操作的特性进行特征提取

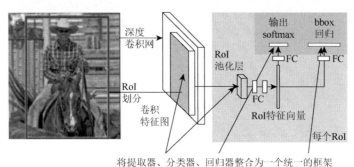

图 9-11　整合所有模型到一个网络

2. RoI 池化

CNN 的表示学习发生在卷积层，而卷积操作保持空间特性和可扩展性，这两点使得可以从原始图片计算出的深度卷积特征图中，粗略地估计出原始图像中某个补丁的深度卷积特征，这一点重用计算使整个模型的速度加快。

Fast R-CNN 的 RoI 池化层使用最大值池化，将任何感兴趣区域内的特征转换为具有固定空间范围 $H \times W$ 的小特征图，其中 H 和 W 是独立于任何特定的 RoI 的超参数。每一个 RoI 窗口都由一个四元组 (r, c, h, w) 定义（左上角的坐标 (r, c) 和高宽 (h, w)）。RoI 最大池将 $h \times w$ 的 RoI 窗口分成一个 $H \times W$ 的子窗口（$h/H \times w/W$）网格，然后每一个子窗口中的最大值作为相应的网格的最大池输出。池化被独立地用在每一个特征图 channel 上，作为标准的最大值池化，见图 9-12。

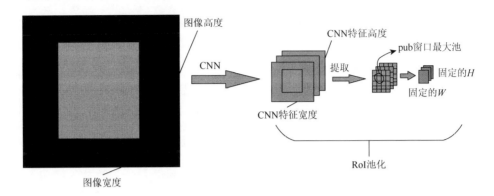

图 9-12　RoI 池化

3. 训练模型

（1）预训练 CNN。

（2）整合 CNN、softmax、bbox 回归。

（3）多任务损失：Cross Entropy + $\lambda \times$ smooth$L1$。

（4）分层抽样 + SGD 微调：

（a）从图片中抽出 N 幅图片；

（b）从每幅图片中抽出 R/N 个 RoI，RoI>0.5 为正类，否则为背景；

（c）SGD 超参数：

i 用于 softmax 的全连接层 weight$\sim N$（0，0.01），bias = 0；

ii 用于 bbox 回归的全连接层 weight$\sim$（N，0.001），bias = 0；

iii 每层 weight 的学习率为 1，bias 的学习率为 2，全局学习率为 0.001；

iv 在运行 30000 次迭代后，改学习率为 0.0001，然后运行 10000 次动量为 0.9，参数衰退为 0.0005。

4. 微调分析

（1）对于不太深的网络而言，微调仅发生在全连接层，精度得到改善。

（2）对于深层网络，卷积层发生微调是十分必要的，在训练 Fast R-CNN 时，冻结卷积层仅学习全连接层，精度有所下降。所以，对于非常深的网络而言，通过 RoI 层对卷积层进行微调是十分必要的。

（3）并不是所有卷积层都要进行微调。对于"small"和"medium"的网络而言，conv1 是独立于任务的，对 conv1 进行进一步学习没有意义。

（4）对于 VGG16 网络而言，学习 conv3_1 和更上面的层是必要的。当学习 conv2 时，花费了更多的时间，但改善并不明显。

9.3.3 Faster R-CNN

Faster R-CNN[6]网络将一整幅图片作为输入,具体步骤如下。

（1）网络使用若干个卷积（conv）层和最大池化层来处理图片,产生一个卷积特征图。

（2）为了产生区域建议,在最后一层卷积特征输出图上滑动一个小型的网络,这个小型网络接收一个 $n×n$ 的输入卷积特征图空间窗口,每一个滑动窗口都将被映射到一个低维的特征上（对于 ZF 是 256-d,对于 VGG 是 512-d,使用 ReLU[8]神经元）,这个特征将被送给两个兄弟全连接层——一个锚回归层（reg）和一个锚分类层（cls）,以锚分类层得分为凭据,通过非最大抑制输出高质量的区域建议。

（3）对每一个对象区域建议,RoI 池化层从特征图中提取出一个固定长度的特征向量。

（4）每一个特征向量被送到一系列的全连接（fc）层,最终插入两个兄弟输出层:一个产生关于 $K+1$ 个对象类（加"背景"类）的 softmax 概率估计,另一个为 K 个对象类,每一个输出四个实数值（每一个 4 值集都编码了对边界盒位置的修正）。

1. 对 Fast R-CNN 的改进

在 Fast R-CNN 中,区域建议是使用 Selective Search 生成的,这是一个相当缓慢的过程,是整个程序的瓶颈。

区域建议网络（region proposal network,RPN）相当于一个判断是否包含识别对象的简易版 Fast R-CNN,最初的区域可以由简单的滑动窗口提供,在 CNN 特征图上滑动,在每个窗口位置,网络为每个锚点输出一个分数和一个边界框。RPN 的优雅之处在于与 Fast R-CNN 对象检测器共用前面的 CNN 层,这使得区域建议的生成几乎是免费的,并且有足够的理由相信 Fast R-CNN 对象检测器前面的 CNN 层拥有足够的信息来判断一个区域是否拥有对象。

2. RPN

Faster R-CNN 中在深度卷积特征层之上铺设一个完全卷积网,创建 RPN,然后在深度卷积特征图上进行窗口滑动,给 k 个可能的锚框（这 k 个锚框是 K 个常见的高宽比的矩形框）打分,同时为每一个可能的锚框输出一个可能的边界框。RPN 相当于一个小型网络在 CNN 特征图上进行窗口滑动,这一特殊性使得 RPN 可以通过全卷积网实现（1×1 的核）,RPN 结构图见图 9-13。

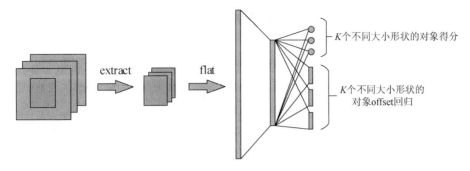

图 9-13　RPN 结构

对于 RPN 的边界盒回归，采用下面 4 个参数化的坐标：

$$t_x = (x - x_a)/w_a, \qquad t_y = (y - y_a)/h_a$$
$$t_w = \ln(w/w_a), \qquad t_h = \ln(h/h_a)$$
$$t_x^* = (x^* - x_a)/w_a, \qquad t_y^* = (y^* - y_a)/h_a \qquad (9\text{-}5)$$
$$t_w^* = \ln(w^*/w_a), \qquad t_h^* = \ln(h^*/h_a)$$

其中，x、y、w、h 是盒子的中心坐标和它的宽度以及高度。变量 x、x_a 和 x^* 分别表示预测盒、锚盒和真相盒（y、w、h 也是一样）。这可以看作一个锚盒对近邻的真相盒的回归。

RPN 的边界盒回归的损失函数融入 RPN 的多任务损失中：

$$L(\{p_i\},\{t_i\}) = \frac{1}{N_{\text{cls}}}\sum_i L_{\text{cls}}(p_i, p_i^*) + \lambda \frac{1}{N_{\text{reg}}}\sum_i p_i^* L_{\text{reg}}(t_i, t_i^*) \qquad (9\text{-}6)$$

其中，i 是一个迷你批次中锚的索引；p_i 是对象锚 i 的预测概率。真相标签 p_i^* 只在锚为正的时候为 1，其他均为 0。t_i 是一个表示预测边界盒坐标的 4 元向量，t_i^* 是与正锚关联的真相盒。分类损失 L_{cls} 是二类的对数损失（是对象 vs 不是对象）。对于回归损失，使用 $L_{\text{reg}}(t_i, t_i^*) = R(t_i, t_i^*)$，$R$ 是训练模型定义的鲁棒损失函数（smoothL_1）。$p_i^* L_{\text{reg}}$ 项意味着回归损失仅会被正锚激活（p_i^*=1），对于其他锚则被禁止（p_i^*= 0）。cls 和 reg 层的输出包括 $\{p_i\}$ 和相对应的 $\{t_i\}$。这两项会被 N_{cls} 和 N_{reg} 标准化，并且参数 λ 加权控制二者之间的平衡。

3. 训练模型

RPN 损失定义：Generalized Cross Entropy $+\lambda\times$ smoothL_1
训练方法（目的：共享）如下。
1）交替训练
（1）用 ImageNet-预训练卷积层初始化 RPN，微调 RPN。

（2）用 ImageNet-预训练卷积层初始化 Fast R-CNN，使用 RPN 的区域建议进行微调。

（3）用 Fast R-CNN 的卷积层初始化 RPN 并冻结卷积层，然后微调其他层。

（4）冻结 Fast R-CNN 的卷积层，使用 RPN 的区域建议微调其他层。

2）近似联合训练

将 RPN 产生的区域建议看成固定的，总损失 = RPN 损失 + Fast R-CNN 损失，然后正常反向传播即可。RPN 产生与交替训练相似的解，但是 RPN 易实现且节省训练时间。

3）非近似联合训练

Fast R-CNN 的 RoI 池化层接受卷积特征和预测的边界盒作为输入，实现 RoI 池化层对边界盒的微分，总损失 = RPN 损失 + Fast R-CNN 损失，然后反向传播。

9.4　BoVW

在 CNN 对计算机视觉界产生了极大的冲击，改善了许多应用领域的艺术水平之后，机器视觉领域的文献提出的方法被分成了两类，使用 deep learning 的称为 "deep"，不使用的称为 "shallow"。

"shallow" 方法首先通过使用手工制作的局部图像描述符（如 SIFT、LBP、HOG）提取人脸图像的表示，然后使用池化机制将这些局部描述符聚合成一个整体描述符，如 Fisher Vector[9]。

"deep" 方法主要使用深度结构来进行人脸识别，这类方法使用一个 CNN 特征提取器（通过组合几个线性和非线性算子获得的可学习函数），其中代表性的系统是 DeepFace[10]，该系统在 4000 个身份 400 万张人脸的数据库上训练一个 CNN 来对人脸进行分类。训练的目标是最小化相同身份的 CNN 描述符之间的距离，最大化不同身份的 CNN 描述符之间的距离，这是一种 "度量学习"。当 DeepFace 提出时，它获得了 LFW 和 YFW 的最佳表现。之后又通过提高 2 个数量级的数据（1000 万个身份，每个身份 50 幅图片）来对工作进行扩展，除此之外，提出了一种 bootstrapping 策略来选择身份训练网络，结果表明通过控制完全连接层的维度可以提高网络的泛化能力。

DeepFace 后来又被 DeepID[11-14]系列论文进一步扩展，每一篇 DeepID 论文都逐渐稳定地提升了在 LFW 和 YFW 上的表现。这一系列论文纳入了许多新的想法，其中包括：使用多个 CNN[12]、贝叶斯学习框架[15]来训练度量，分类和验证的多任务学习[11]，不同的 CNN 体系结构在每个卷积层之后插入一个完全连通的层[13]，以及受文献[16]和文献[17]启发的非常深的网络。与 DeepFace 相比，DeepID 不使用 3D 人脸对齐，而是使用更简单的 2D 仿射对齐，并结合 CelebFaces[12]和 WDRef 进行训练。然而，文献[14]的最终模型相当复杂，大约涉及 200 个 CNN。

2015 年，Google 的研究人员提出了 FaceNet[18]，使用了一个包含 2 亿个身份和 8 亿个人脸图像对的庞大数据集来训练类似于文献[17]和文献[8]的 CNN。不同之处在于他们使用"三样本损失"，其中两个相同的（a, b）和第三个不一致的（c）相比较。训练目标是使得 a 比 c 更接近 b；换句话说，与其他度量学习方法不同之处在于，比较总是相对于"锚"脸。这种比较方法更接近实际应用，即通过查询人脸与数据库中的人脸比较来匹配人脸。此方法在 LFW 和 YFW 上表现最佳。

在文档分类和检索领域，之前最流行的文档描述方法便是 Bag-of-Words（BoW）模型，BoW 将单词看作特征，一篇文档可以以一个稀疏向量（单词出现的频率）、一个在词汇表上的稀疏直方图表示。而在机器视觉领域中可以将局部的特征描述当作文档中的单词，Bag-of-Visual-Words（BoVW）就是一个在局部图像特征表上的稀疏直方图。

9.4.1　BoVW 模型

要使用 BoVW 模型表示图像需要定义单词，这通常包括以下三个步骤：特征检测、特征描述和码本生成。

（1）特征检测。特征检测包括常用的角检测、斑点检测等，常用的角检测器有 Haar、Shi 和 Tomasi、FAST 等，常用的斑点检测器有 LoG、DoG 等。

（2）特征描述。在特征检测之后，每个图像都被许多的局部补丁抽象出来。特征描述将把这些补丁以数值向量进行描述，这些数值向量被称为特征描述符。一个好的描述符应该能够在一定程度上处理强度、旋转、缩放和仿射变换。最著名的描述符莫过于 SIFT。SIFT 将每个补丁转换为 128 维向量。在此步骤之后，每个图像将被描述成同一维度的向量集合，其中不同向量的顺序无关紧要。

（3）码本生成。BoVW 模型的最后一步是将数值向量代表的补丁转换为"codeword"（类似于文本文档中的单词），同时生成一个"codebook"（类似于词汇表）。"codeword"可以认为是几个类似补丁的代表。一种简单的方法是对所有向量执行 K-Means，"codeword"定义为学习到的集群的中心。集群的数量就是"codebook"的大小（类似于词汇表的大小）。

因此，图像中的每个补丁通过聚类过程被映射到特定的"codeword"，图像最后可以通过"codeword"的直方图表示。

9.4.2　基于 BoVW 模型的学习和识别

基于 BoVW 进行人脸识别的方法可以大致分成两类，即生成模型和判别型模型。

假设"codebook"的大小是 V，人脸图像以 $w=[w_1, w_2, \cdots, w_V]$ 进行描述，w_i 代表第 i 个"codeword"的出现频次。

1. 生成模型

因为 BoVW 模型类似于 NLP 中的 BoW 模型，这使得在文本领域开发的生成模型同样适用于机器视觉领域。

$$c^* = \arg\max_c p(c \mid w) \propto \arg\max_c p(c)p(w \mid c) \qquad (9\text{-}7)$$

对于给定的训练集，分类器可以通过最大似然估计为每个身份学习 w。假设不同的 w 分布导致不同的分类器（例如，朴素贝叶斯假设对于给定类别，每个"codeword"的分布彼此独立），这些在机器学习领域已有成熟的研究。

2. 判别模型

在判别模型中，将图像表示 w 看成 V 维空间的数据点，现在的问题在于找出决策边界将这些高维空间的数据点进行区分。对于这一问题，机器学习领域同样有成熟的研究，如 SVM、随机森林等方法。

9.5　DeepFace

最近几年，许多机器视觉研究员将工作的重心放在工程特征描述上。当这些特征描述应用于人脸识别时，特征描述操作可应用在面部图片的所有地方。最近由于有大量的实际应用数据，基于学习的特征描述方法备受重视，因为这些特征往往是针对具体的应用目标训练得到的。DeepFace[10]就是通过一个深度网络来学习一个通用的面部图片的特征描述。

9.5.1　DNN 架构和训练

DeepFace 训练 DNN（deep neural network）作为一个面部分类任务。整个网络架构如图 9-14 所示。

从图 9-14 可以看到，一个经过 152×152 的 3D 对齐的 RGB 面部图片，输入一个卷积层（C_1, 32×11×11×3@152×152），卷积之后的特征图被放入一个最大池层（M_2, 32×3×3×32@71×71）中，接着输入另一个卷积层（C_3, 16×9×9×32@63×63），这三层旨在提取图像边缘、纹理一类的低层次特征，最大池层使得卷积网络的输出特征对于位置具有一定的鲁棒性。当应用于对齐的面部图像时，它们使网络对

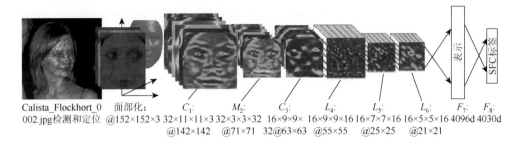

Calista_Flockhort_0 面部化：　　　C_1：　　　M_2：　　　C_3：　　　L_4：　　　L_5：　　　L_6：　　　F_7：　F_8：
002.jpg 检测和定位 @152×152×3 32×11×11×3 32×3×3×32 16×9×9× 16×9×9×16 16×7×7×16 16×5×5×16 4096d 4030d
　　　　　　　@142×142　　@71×71　32@63×63　@55×55　　@25×25　　@21×21

图 9-14　DeepFace 的网络架构

于小的注册错误更加鲁棒。但是，多层次的池化会导致网络丢失详细的面部结构和微观纹理的精确位置信息。因此，DeepFace 只在第一个卷积层之后应用了一个最大池。这些层仅将输入图片扩展为一组简单的局部特征。

后续层（L_4、L_5、L_6）像卷积层一样保持局部的连通性，但是计算出的特征图的每一个位置都是不同的滤波器。因为对齐图像的不同区域拥有不同的局部统计量，这使得卷积的空间稳定性假设无法成立。例如，相较于鼻子和嘴巴之间的区域，眼睛和眉毛之间的区域表现出非常不同的外观并且具有更高的辨别能力。换句话说，DeepFace 借由输入图像是经过对齐的事实来自定义 DNN 的架构。局部层的使用不会给特征提取造成计算负担，但是确实影响了受训练参数的数量。由于一个大的标记数据集可以让 DeepFace 负担三个大的本地连接层，每个本地连接层的输出单元是受输入的一个非常大的补丁影响的，这使得使用本地连接层是合理的。例如，L_6 受到输入图片中 74×74×3 的补丁影响，在这些大补丁之间几乎没有任何共享的统计量。

最上面两层（F_7 和 F_8）是全连接的：每一个输出单元和所有的输入相连。这些层可以捕获脸部图像的远处部分所捕捉到的特征之间的相关性，例如，眼睛的位置和形状以及嘴的位置和形状。网络的第一个完全连接层（F_7）的输出将作为人脸特征描述向量。网络的最后一个全连接层将给一个 K（K 是类别的个数）路的 softmax 输出一个类别的概率分布。

训练的目标是最大化正确类的概率，这可以通过 SGD（stochastic gradient descent）最小化 cross-entropy 损失得到。

9.5.2　标准化

对于一个给定的图片 I，描述 $G(I)$ 由前馈网络产生：

$$G(I) = g_\phi^{F_7}\{g_\phi^{L_6}[\cdots g_\phi^{C_1}(I)\cdots]\} \tag{9-8}$$

将特征向量标准化到[0, 1]范围以降低对光照的敏感度：特征向量的每一个成分都除以它在训练集上的最大值，接着进行 L_2 标准化，得到最终的结果：

$$\bar{G}(I)_i = G(I)_i / \max(G_i, \varepsilon)$$
$$f(I) = \bar{G}(I) / \| \bar{G}(I) \|_2$$

（9-9）

9.5.3　验证度量

为了验证两个输入实例是否属于同一类别（身份），人们已经在无约束的人脸识别领域进行了广泛的研究，监督方法显示出比无监督方法明显的性能优势。通过在目标域的训练集上训练，然后在特定分布的数据集上对特征向量（或分类器）进行微调可以获得更好的性能。例如，LFW 人脸库中大约 75%是男性人脸，大多数是专业摄影师拍摄的名人人脸。不同分布的训练和测试集会极大地影响识别的性能，这要求进一步调整特征向量（或分类器）以提高其泛化能力和性能。然而，将模型拟合到一个相对较小的数据集时，会降低其在其他数据集上的泛化能力。DeepFace 试着学习一个无监督的度量标准，使得可以将特征向量直接泛化到其他数据集。实验中尝试了无监督的内积＋阈值、监督的 χ^2 相似度和 Siamese 网络。

Siamese 网络由两部分组成：①将两个人脸特征向量做差并取绝对值；②在顶层铺设一个全连接层将向量差映射到一个 logistic 单元（相同或不同）。为了避免在小数据集上的过拟合，网络只训练最上面的两层。下面是 Siamese 网络引入的距离度量：

$$d(f_1, f_2) = \sum_i \alpha_i \, | f_1[i] - f_2[i] |$$

（9-10）

其中，α_i 是可训练的参数。

Siamese 网络以 cross-entropy 损失和反向传播训练。

9.6　基于 MT-CNN 和 FaceNet 的算法描述

9.6.1　人脸检测和识别的技术分析

1. 人脸检测技术分析

9.5 节介绍了几种经典的人脸检测算法并对每种算法进行了简单的分析。以肤色作为检测线索的背投影尽管是一种十分有效的、快速检测人脸的方法，但是在实际应用中由于图像采集的环境、光照等都不确定，颜色一致性问题、环境鲁棒性问题无法得到解决，所以没有使用背投影来作为通用型的人脸检测模块。

虽然 VJ 算法的实时人脸检测具有良好的性能，但是不少工作（如文献[19]～文献[21]）表明在现实世界中即使使用更加先进的特征和分类器，这种检测器还是会因为视角的变化而导致检测性能大幅度下降。

Faster R-CNN 在对象检测的精度、场景视角的鲁棒性等方面的作用都是毋庸置疑的，但是其依赖于一个深的网络架构，而深的网络架构则意味着更加复杂的计算，即使一张图片上仅有两三张人脸，Faster R-CNN 仍然要在大量非人脸区域上耗费大量的计算资源。

MT-CNN[22]作为一个基于 CNN 的人脸检测器，汲取了级联分类器的思想，利用多任务学习对人脸检测和人脸对齐两个任务进行整合，利用面部关键位置信息（眼睛、鼻子、嘴巴），进一步学习更加细节性的人脸描述，提升了人脸检测和对齐的性能，对于后续的人脸识别起到了巨大的作用；轻量级的网络架构保证了检测的速度。因此，本章采用 MT-CNN 作为人脸检测模块。

2. 人脸识别技术分析

BoVW 模型的优点在于将人脸识别任务转到文档分类和检索领域之后，存在大量现有成熟的研究。缺点主要有两方面：一方面，尽管存在许多高级的机器学习算法，但是从本质上看，识别仍然是基于特征的一种高级模式匹配，这造成的问题在于像 SIFT、LBP 这样的局部特征是否拥有足够的信息来对人脸进行标识；另一方面，BoVW 模型同样继承了 BoW 模型的缺点，以词频对文档进行描述，忽略了文档中单词序列的空间关系，BoVW 同样忽视了补丁之间的空间关系，这种空间关系对于图像表示要比文档重要得多。

DeepFace 使用 DNN 学习人脸特征描述器，它将 DNN 以分类任务的形式以 cross-entropy 损失进行训练，然后截取第一个全连接层作为嵌入层，并对嵌入层进行标准化，得到最终的人脸特征向量。然后以此人脸特征向量为基础进行度量学习，用最终的相似度量进行人脸验证来进行人脸识别。DeepFace 的嵌入层并不是直接以最后的应用标准训练而来，而是分类任务的附属物，虽然最后利用度量学习使得学习的嵌入层可以泛化到其他小数聚集上，但是嵌入层仍然不是直接针对人脸验证和识别学习到的。

FaceNet 用海量的人脸数据学习一种人脸嵌入层，使得同一个身份的 L_2 嵌入层距离小，而不同身份的 L_2 嵌入层距离大，这种嵌入层通过海量的数据克服了光照、表情等影响。与 DeepFace 不同的是 FaceNet 通过 Triplet Loss 设定最后要应用的度量直接学习嵌入层，这种嵌入层学习就是对 FaceID 的一种松散近似，学习一旦完成就有理由相信它对其他数据集具有一定的泛化性。FaceNet 在 LFW 数据集上达到了 99.63%的识别率，因此，采用 FaceNet 作为人脸识别模块。

9.6.2　MT-CNN

1. 总体框架

对于一幅给定的图像，首先构建图像金字塔，图 9-15 是 MT-CNN 三阶段级联网络架构的输入。

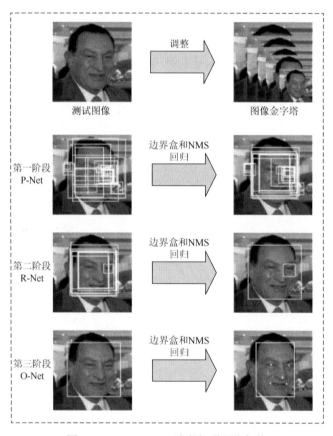

图 9-15　MT-CNN 三阶段级联网络架构

第一阶段：利用一个全卷积网络来执行对象建议（P-Net），然后利用得到的边界盒来标定候选并且利用 NMS 融合高度重叠的候选。

第二阶段：所有的候选区域被送给另一个 CNN，以进一步拒绝大量的错误的候选（R-Net），然后再进行一次边界盒标定和 NMS 融合。

第三阶段：与第二阶段相似，但是这一阶段旨在更加细节地对人脸进行描述，尤其是网络将输出五个面部关键位置（O-Net）。

2. 网络结构

MT-CNN 使用传统的堆积 CNN（卷积＋池化），以轻量级的网络保证检测的实时性。MT-CNN 级联结构见图 9-16。

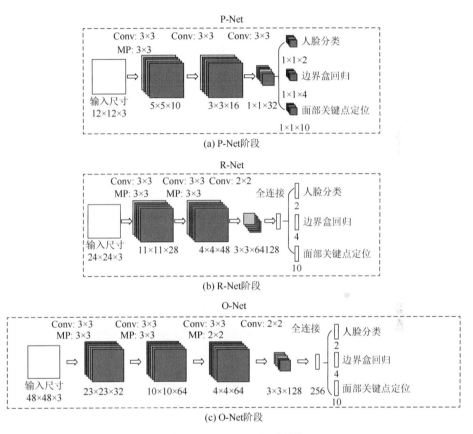

图 9-16　MT-CNN 级联结构

3. 多任务损失

MT-CNN 利用四个任务损失训练 CNN 检测器：人脸分类、边界盒回归、面部关键点定位和多源训练。

（1）人脸分类。人脸分类被表述成一个二类分类问题。对每一个样本，使用 cross-entropy 损失：

$$L_i^{\text{det}} = -[y_i^{\text{det}} \ln p_i + (1 - y_i^{\text{det}})(1 - \ln p_i)] \tag{9-11}$$

（2）边界盒回归。对于每一个候选窗口，预测它和最近真相框的 offset。这被表述为一个回归问题，使用 L_2 损失：

$$L_i^{\text{box}} = \parallel \hat{y}_i^{\text{box}} - y_i^{\text{box}} \parallel_2^2 \tag{9-12}$$

（3）面部关键点定位。和边界盒回归任务相似，面部关键点检测表现为一个回归问题，使用 L_2 损失：

$$L_i^{\text{landmark}} = \parallel \hat{y}_i^{\text{landmark}} - y_i^{\text{landmark}} \parallel_2^2 \tag{9-13}$$

（4）多源训练。因为每个阶段的 CNN 训练都使用不同的训练图片执行不同的训练任务，这使得某些损失函数不会被用到，例如，对于背景区域我们仅关注人脸判定而不关注其他两个损失。所以需要根据样本类型和学习阶段，使用不同的多任务损失：

$$\min \sum_{i=1}^N \sum_{j \in \{\text{det}, \text{box}, \text{landmark}\}} \alpha_j \beta_i^j L_i^j \tag{9-14}$$

其中，α_j 为任务的重要性；β_i^j 为针对样本的损失指示器。在 P-Net、R-Net 中任务的重要性分配为 $\alpha_{\text{det}} = 1, \alpha_{\text{box}} = 0.5, \alpha_{\text{landmark}} = 0.5$，旨在更加精确地检测脸部；在 O-Net 中任务的重要性分配为 $\alpha_{\text{det}} = 1, \alpha_{\text{box}} = 0.5, \alpha_{\text{landmark}} = 1$，旨在更加准确地定位面部关键点。

9.6.3　FaceNet

FaceNet[18]是 Google 于 2015 年发表的论文，其利用海量的人脸数据学习一种人脸嵌入层，使得同一个身份的 L_2 嵌入层距离小，而不同身份的 L_2 嵌入层距离大，这种嵌入层通过海量的数据克服了光照、表情等影响。

1. Triplet Loss

FaceNet 使用深度卷积网络学习一个欧氏嵌入层，网络被训练使得在嵌入层空间的 L_2 距离直接对应于人脸相似度：同一个人的人脸嵌入层距离较小，不同人的人脸距离较大。

嵌入层可以表示为 $f(x) \in \mathbf{R}^d$，它将一幅图片 x 投影到 d 维的欧氏空间，此外 FaceNet 的投影在一个 d 维的超球上，$\parallel f(x) \parallel_2 = 1$。FaceNet 将保证一个人的 x_i^a（锚）与同一个人的图片 x_i^p（正）相近，而与其他人的图片 x_i^n（负）相离，见图 9-17。

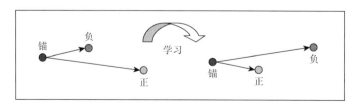

图 9-17　Triplet Loss

我们希望：

$$\| f(x_i^a) - f(x_i^p) \|_2^2 + \alpha < \| f(x_i^a) - f(x_i^n) \|_2^2 \tag{9-15}$$

其中，$\forall (f(x_i^a), f(x_i^p), f(x_i^n)) \in T$，$\alpha$ 强制正样本和负样本之间有间隔。上述等价于最小化下面的损失：

$$\sum_i^N \left[\| f(x_i^a) - f(x_i^p) \|_2^2 - \| f(x_i^a) - f(x_i^n) \|_2^2 + \alpha \right]_+ \tag{9-16}$$

采用反向传播和随机梯度下降来对网络参数进行更新，当学习完毕之后，可以直接通过在欧氏特征空间比较距离来进行人脸验证、人脸识别和人脸聚类。FaceNet 通过大量的人脸图片来解决光照、表情等的影响。

2. 网络架构

网络架构选择 Inception[17]类型网络。Inception 结构旨在在目前没有高效的稀疏矩阵乘积设备的情况下，利用现有的密集计算组件来近似视觉卷积网络中的滤波级别上的局部稀疏结构。可以将卷积网络看作一个黑盒来求取嵌入层，见图 9-18。

图 9-18　FaceNet 网络架构

9.6.4　多实例模型

FaceNet 将同一身份的人脸照片映射到 128-d 的超球上，同一身份的嵌入层聚合成超球上的一块块"斑"。这种映射仍然有些许随机性存在，不同身份的"斑"可能会有一定的重合，本书通过多实例模型来降低这种随机性和重合。

在图 9-19 中，每一个虚线的矩形框代表对一个身份进行识别，矩形中的每一个空心圆的神经元存储一个对应身份的人脸嵌入层，计算当前人脸图片的 FaceNet 嵌入层与它内部存储的嵌入层之间的 L_2 距离，如果距离小于阈值则输出 1，否则输出 0。实心圆的神经元将空心圆神经元的输出求和，如果和大于阈值则输出 1，否则输出 0。最终所有实心圆神经元的输出作为识别结果，如果其中有一个实心圆神经元输出 1，其他都输出 0，那么系统判定输入的人脸对应输出为 1 的实心圆神经元的身份；否则，此次识别失效。

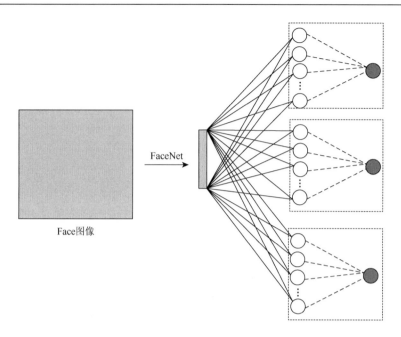

Face图像

图 9-19　多实例模型

9.7　实验结果及分析

9.7.1　FaceNet 分析

1. FaceNet 特征分析

LFW 数据集是专为研究无约束脸部识别问题而设计的脸部照片数据库。该数据集包含 13000 多幅从网络收集的脸部图像。每张脸都被标记上了人物的名字。数据集中有 1680 个人有两张或更多不同的照片。这些人脸照片唯一的限制是使用 VJ 人脸检测器进行检测。

FaceNet 的目标是使得相同身份的人脸图片计算出的嵌入层之间的距离小于不同身份人脸图片的嵌入层之间的距离。使用 LFW 数据集对 FaceNet 的嵌入层之间的距离分布进行分析,见图 9-20 和图 9-21。

图 9-20 和图 9-21 计算了每对人脸嵌入层之间的距离,FaceNet 的嵌入层距离呈现标准的高斯分布。不同身份的人脸嵌入层平均距离为 1.39,标准差为 0.11。同一身份的人脸嵌入层平均距离为 0.65,标准差为 0.14。从图 9-22 可以看出两组分布几乎完全分离。

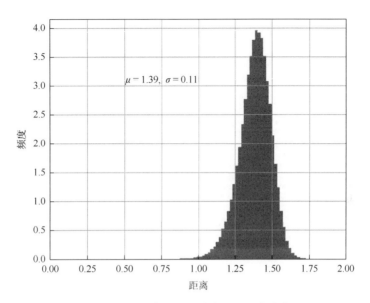

图 9-20　不同身份的人脸嵌入层距离分布

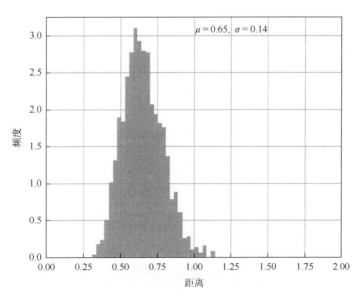

图 9-21　同一身份的人脸嵌入层距离分布

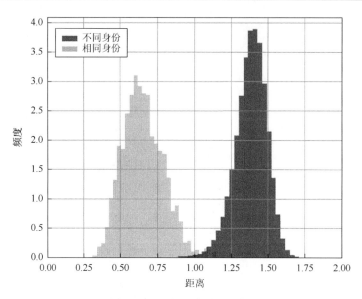

图 9-22　两组距离分布比较

由图 9-23 的 PR 曲线可以看出，FaceNet 在 LFW 数据集上的表现非常完美（事实上达到了 99.63% 的识别率）。

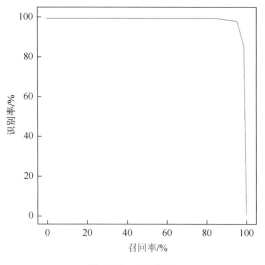

图 9-23　PR 曲线

2. 比较分析

迄今为止已开发出许多人脸识别算法，表 9-1 比较了在 LFW 数据集上的最新模型。

表 9-1　LFW 数据集上各个模型比较

编号	方法	图像大小/MB	网络	识别率/%
1	Fisher Vector Faces	—	—	93.10
2	DeepFace	4	3	97.35
3	Fusion	500	5	98.37
4	DeepID-2, 3	—	200	99.47
5	FaceNet	200	1	98.87
6	FaceNet + Alignment	200	1	99.63

9.7.2　多实例模型分析

1. 灵敏度分析

根据 9.7.1 节的分析，不同身份以及相同身份嵌入层之间的距离都服从高斯分布。现在模拟一种困难场景下的识别（两组嵌入层距离分布的重叠区域变大），假设不同身份的嵌入层距离服从均值为 1.08，标准差为 0.18 的高斯分布，同一身份的嵌入层距离服从均值为 0.7，标准差为 0.13 的高斯分布（图 9-24）。

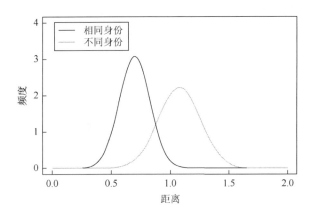

图 9-24　一种模拟的困难识别场景

上述的识别机制使得图 9-19 中的每个虚线框内实际上是一个二项实验，考虑到实际应用中用户的体验，要求每个用户上传 10 张不同的自拍照，也就是每个虚线框内有 10 个空心圆的神经元，阈值的选取与具体的应用场景有关，一般取 0.8 已经足够，实心圆神经元的阈值取 4，意味着有半数及以上的空心圆神经元输出 1。

一组虚线框中的神经元计算的距离服从特定的高斯分布（视同一身份或不同身份而定，见图 9-19），经过阈值处理后整个虚线框就是一个二项实验（当然实际上每个神经元的输出并不独立，但这对最终的结果影响比较小，甚至有益）。在相同身份的虚线框中，空心圆神经元以概率 p_1 输出 1，那么半数及以上空心圆神经元输出 1，即实心圆神经元输出 1 的概率就是

$$1 - \mathrm{pbinom}(4,10,p_1) \tag{9-17}$$

其中，pbinom(·) 函数给出事件的累积概率，它表示概率的单个值。

不同身份的虚线框中，空心圆神经元以概率 p_2 输出 0，那么半数及以上的空心圆神经元输出 0，即实心圆神经元输出 0 的概率为

$$1 - \mathrm{pbinom}(4,10,p_2) \tag{9-18}$$

如此，一个正类被正确编码的概率为

$$(1 - \mathrm{pbinom}(4,10,p_1)) \times (1 - \mathrm{pbinom}(4,10,p_2))^{\#\mathrm{people}} \tag{9-19}$$

其中，#people 表示人数（图 9-25）。

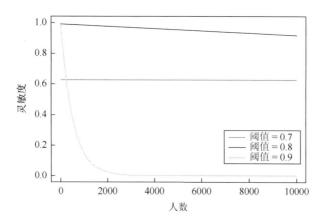

图 9-25　不同阈值和人数对识别灵敏度的影响

2. 正类错误率分析

当一个正类被错误的编码为一个 one-hot 向量时，身份被错认，其概率为

$$\mathrm{pbinom}(4,10,p_1) \times \mathrm{dbinom}(\#\mathrm{people}-1,\#\mathrm{people},1-\mathrm{pbinom}(4,10,p_2)) \tag{9-20}$$

其中，dbinom(·) 表示每个点的概率密度分布（图 9-26）。

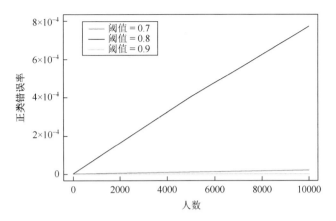

图 9-26　不同阈值和人数对正类错误率的影响

3. 特异度分析

如图 9-27 所示，陌生人被正确识别意味着所有灰色神经元都输出 0，其概率为

$$(1-\text{pbinom}(4,10,p_2))^{\#\text{people}} \tag{9-21}$$

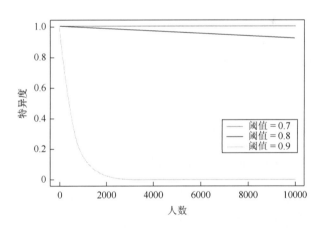

图 9-27　不同阈值和人数对特异度（陌生人识别）的影响

4. 陌生人错认率

如图 9-28 所示，陌生人被错认意味着灰色神经元中有一个输出 1，其概率为

$$\text{dbinom}(\#\text{people}-1,\#\text{people},1-\text{pbinom}(4,10,p_2)) \tag{9-22}$$

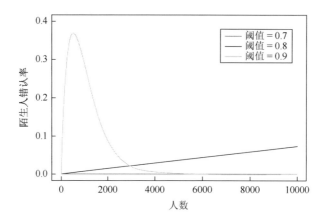

图 9-28　不同阈值对陌生人错认率的影响

9.8　本 章 小 结

　　本章回顾了人脸检测和人脸识别两个步骤。人脸检测本身是对象检测的一个特定应用，所以本章讨论了经典的对象检测框架，从背投影到基于 Haar、HoG 纹理特征的对象识别，再到如今最火热的 Faster R-CNN 对象检测框架。人脸识别回顾了从经典的 BoVW 模型，到 DeepFace 这样间接的 CNN 表示和直接的 FaceNet 的度量学习。最后本书选用 MT-CNN 和 FaceNet 作为系统的最终方案，并在 LFW 数据集上对 FaceNet 的特征进行分析，将分析的结果与多实例模型相结合，使得 FaceNet 在应用到其他人脸数据集时拥有较好的结果。

参 考 文 献

[1]　Viola P，Jones M. Rapid object detection using a boosted cascade of simple features. IEEE Computer Society Conference on Computer Vision and Pattern Recognition，2001，1（2）：511.

[2]　Lowe D G. Distinctive image features from scale-invariant keypoints. International Journal of Computer Vision，2004，60（2），91-110.

[3]　Dalal N，Triggs B. Histograms of oriented gradients for human detection. IEEE Computer Society Conference on Computer Vision and Pattern Recognition，2005，1（12）：886-893.

[4]　Zhang N，Donahue J，Girshick R，et al. Part-based R-CNNs for fine-grained category detection. European Conference on Computer Vision，2014，8689：834-849.

[5]　Girshick R. Fast R-CNN. IEEE International Conference on Computer Vision，2015：1440-1448.

[6]　Ren S，He K，Girshick R，et al. Faster R-CNN：Towards real-time object detection with region proposal networks. IEEE Transactions on Pattern Analysis and Machine Intelligence，2016，38（1）：142-158.

[7]　He K，Gkioxari G，Dollar P，et al. Mask R-CNN. IEEE International Conference on Computer Vision，2017：2980-2988.

[8]　Sermanet P，Eigen D，Zhang X，et al. Overfeat：Integrated Recognition，Localization and Detection Using

Convolutional Networks. Los Alamos：Eprint Arxiv，2013.

[9]　Parkhi O M，Simonyan K，Vedaldi A，et al. A compact and discriminative face track descriptor. IEEE Conference on Computer Vision and Pattern Recognition，2014：1693-1700.

[10]　Taigman Y，Yang M，Ranzato M，et al. Deep-Face：Closing the gap to human-level performance in face verification. IEEE Conference on Computer Vision and Pattern Recognition，2014：1701-1708.

[11]　Sun Y，Chen Y，Wang X，et al. Deep learning face representation by joint identificationverification. International Conference on Neural Information Processing Systems，2014，27：1988-1996.

[12]　Sun Y，Wang X，Tang X. Deep learning face representation from predicting 10, 000 classes. IEEE Conference on Computer Vision and Pattern Recognition，2014：1891-1898.

[13]　Sun Y，Wang X，Tang X. Deeply learned face representations are sparse，selective，and robust. IEEE Conference on Computer Vision and Pattern Recognition，Boston，2015：2892-2900.

[14]　Sun Y，Liang D，Wang X，et al. DeepID3：Face recognition with very deep neural networks. IEEE Conference on Computer Vision and Pattern Recognition，2015.

[15]　Chen D，Cao X，Wang L，et al. Bayesian face revisited：A joint formulation. European Conference on Computer Vision，2012，7574（1）：566-579.

[16]　Simonyan K，Zisserman A. Very deep convolutional networks for large-scale image recognition. International Conference on Learning Representations，2015.

[17]　Szegedy C，Liu W，Jia Y，et al. Going deeper with convolutions. IEEE Conference on Computer Vision and Pattern Recognition，2015：1-9.

[18]　Schroff F，Kalenichenko D，Philbin J. FaceNet：A unified embedding for face recognition and clustering. IEEE Conference on Computer Vision and Pattern Recognition，2015：815-823.

[19]　Yang B，Yan J，Lei Z，et al. Aggregate channel features for multi-view face detection. 北京：模式识别国家重点实验室，2014：1-8.

[20]　Pham M T，Gao Y，Hoang V D D，et al. Fast polygonal integration and its application in extending Haar-like features to improve object detection. IEEE Conference on Computer Vision and Pattern Recognition，2010：942-949.

[21]　Zhu Q，Yeh M C，Cheng K T，et al. Fast human detection using a cascade of histograms of oriented gradients. IEEE Computer Society Conference on Computer Vision and Pattern Recognition，2006：1491-1498.

[22]　Zhang K，Zhang Z，Li Z，et al. Joint face detection and alignment using multi-task cascaded convolutional networks. IEEE Signal Processing Letters，2016，23（10）：1499-1503.